창의력과학

세페이드

1F. 화학(상)

윤찬섭 저

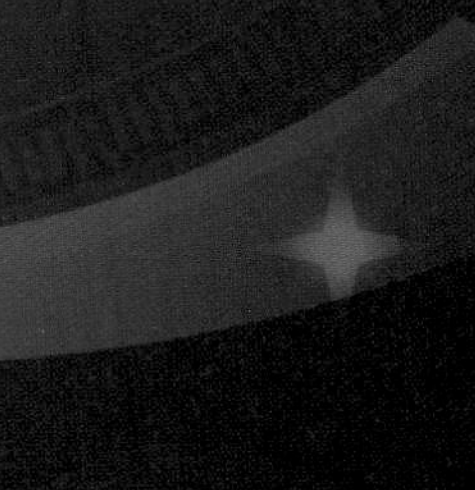

세페이드 | 변광성은 지구에서 은하까지의 거리를 재는 기준별이며 우주의 등대라고 불린다.

국내 최초로
중고등과정의 과학의 전부와 과학 창의력 문제의 전부를

중등기초 - 중등완성 - 고등기초 - 고등완성
- 실전 문제 풀이의 5단계로 구성한

세페이드 과학 시리즈 - 무한상상편!
이제 편안하게 과학공부를 즐길 수 있습니다.

cafe.naver.com/creativeini

결국은 창의력입니다.

창의력은 유익하고 새로운 것을 생각해 내는 능력입니다.
창의력의 요소로는 자기만의 의견을 내는 독창성, 다른 주제와 연관성을 나타내는 융통성,
여러 의견을 내는 유창성, 조금 더 정확하고 치밀한 의견을 내는 정교성,
날카롭고 신속한 의견을 내는 민감성 등이 있습니다.
한편, 각종 입시와 대회에서는 창의적 문제해결력을 측정하고 평가합니다.
최근 교육계의 가장 큰 이슈가 되고 있는 STEAM 교육도 서로 별개로 보아 왔던 과학, 기술 분야와
예술 분야를 융합할 수 있는"창의적 융합인재 양성"을 목표로 하고 있습니다.

창의력과학 세페이드 시리즈는 과학적 창의력을 강화시킵니다.

창의력과학

시리즈의 구성

과목	대상	단계	층
물리(상,하) 화학(상,하)	과학을 처음 접하는 사람 과학을 차근차근 배우고 싶은 사람 창의력을 키우고 싶은 사람	중등 기초(상,하)	1F
물리(상,하) 지구과학(상,하) 화학(상,하) 생명과학(상,하)	중학교 과학을 완성하고 싶은 사람 중등 수준 창의력을 숙달하고 싶은 사람	중등 완성(상,하)	2F
물리(상,하) 지구과학(상,하) 화학(상,하) 생명과학(상,하)	고등학교 과학 I 을 완성하고 싶은 사람 고등 수준 창의력을 키우고 싶은 사람	고등 I (상,하)	3F
물리(상,하) 지구과학(상,하) 화학(상,하) 생명과학(상,하)	고등학교 과학 II 을 완성하고 싶은 사람 고등 수준 창의력을 숙달하고 싶은 사람	고등 II (상,하)	4F
(물리, 화학), (생명, 지구과학) 영재학교 과학고 모의고사 5회분	고급 문제, 심화 문제, 융합 문제를 통한 각 시험과 대회를 대비하고자 하는 사람	실전 문제 풀이	5F

단원별 내용 구성

이론 - 유형 - 창의력 - 과제 등의 단계별 학습으로 가장 효과적인 자기주도학습이 가능합니다.

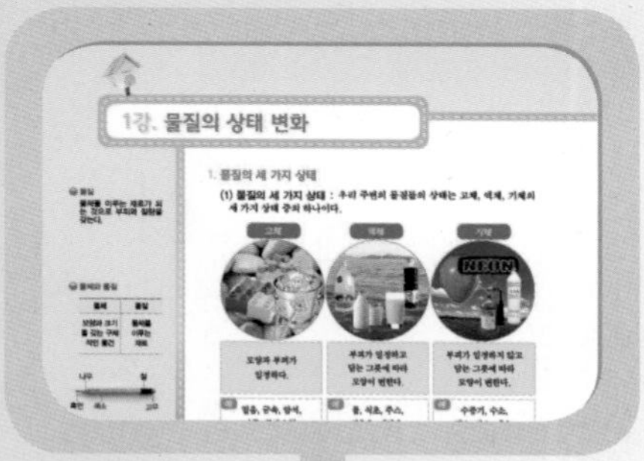

1. 강의

관련 소단원 내용을 4~6편으로 나누어 강의용/학습용으로 구성했습니다. 개념에 대한 이해를 돕기 위해 보조단에는 풍부한 자료와 심화 내용을 수록했습니다.

2. 간단 실험 / 생각해보기

간단 실험은 강의 및 학습 시 간단하게 할 수 있는 실험이며, 내용과 관련된 다양한 현상에 관한 질문을 하여 융합된 사고를 할 수 있도록 하였습니다.

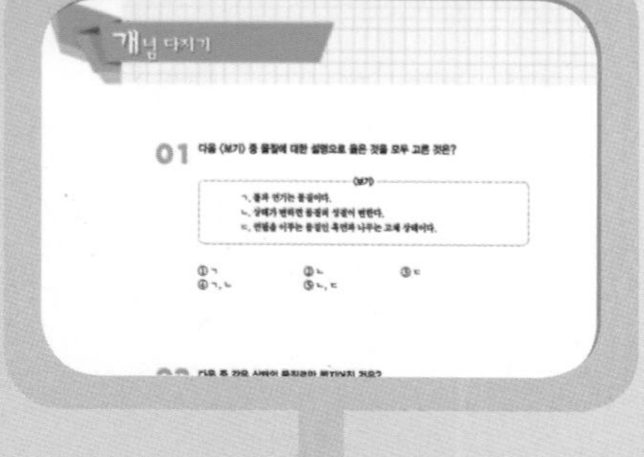

3. 개념확인, 확인+, 개념다지기

강의 내용을 이용하여 쉽게 풀고 내용을 정리할 수 있는 문제로 구성하였습니다.

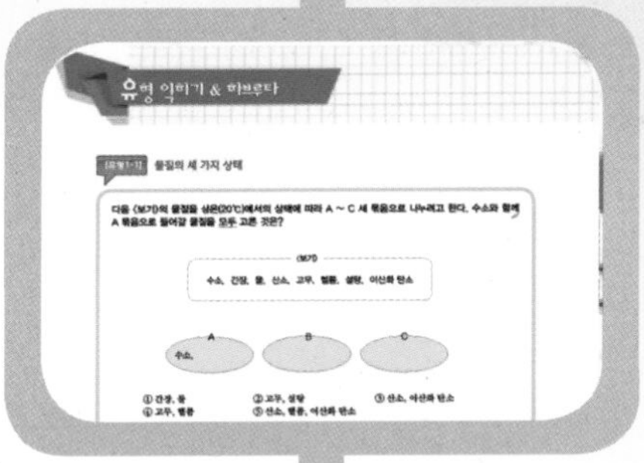

4. 유형 익히기 & 하브루타

관련 소단원 내용을 유형별로 나누어서 각 유형별로 대표 문제와 연습 문제를 제시하였습니다.

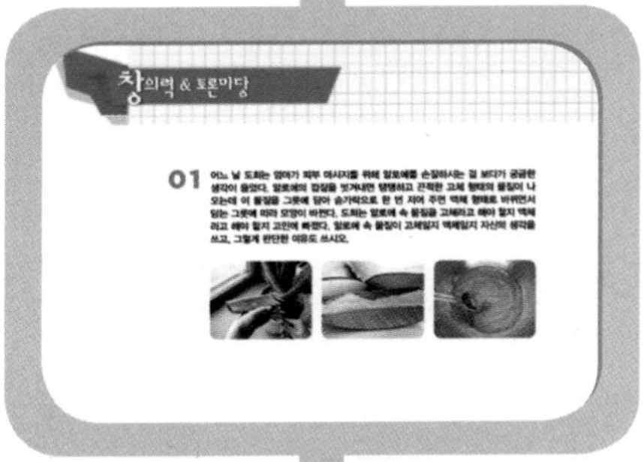

5. 창의력 & 토론 마당

관련 소단원 내용에 관련된 창의력 문제를 풍부하게 제시하여 창의력을 향상시킴과 동시에 질문을 자연스럽게 이끌어 낼 수 있도록 하였고, 관련 주제에 대한 토론이 가능하도록 하였습니다.

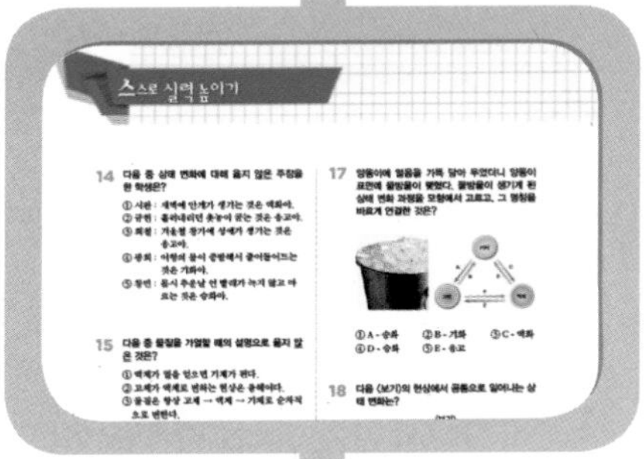

6. 스스로 실력 높이기

학습한 내용에 대한 복습 문제를 오답문제와 같이 충분한 양을 제공하였습니다. 연장 학습이 가능할 것입니다. 정답을 온라인으로 입력하고 채점할 수 있게 했습니다.

7. Project

대단원이 마무리될 때마다 충분한 읽기자료를 제공하여 서술형/논술형 문제에 답하도록 하였고, 단원의 주요 실험을 할 수 있도록 하였습니다. 융합형 문제가 같이 제시되므로 STEAM 활동이 가능할 것입니다.

Contents / 목차

1F 화학(상)

1F 화학(하)

I 물질의 특성

II 물질의 분리

III 물질의 결합과 변화

I

물질의 상태와 에너지

물이 얼음으로 될 때 부피가 증가하는 이유가 무엇일까?

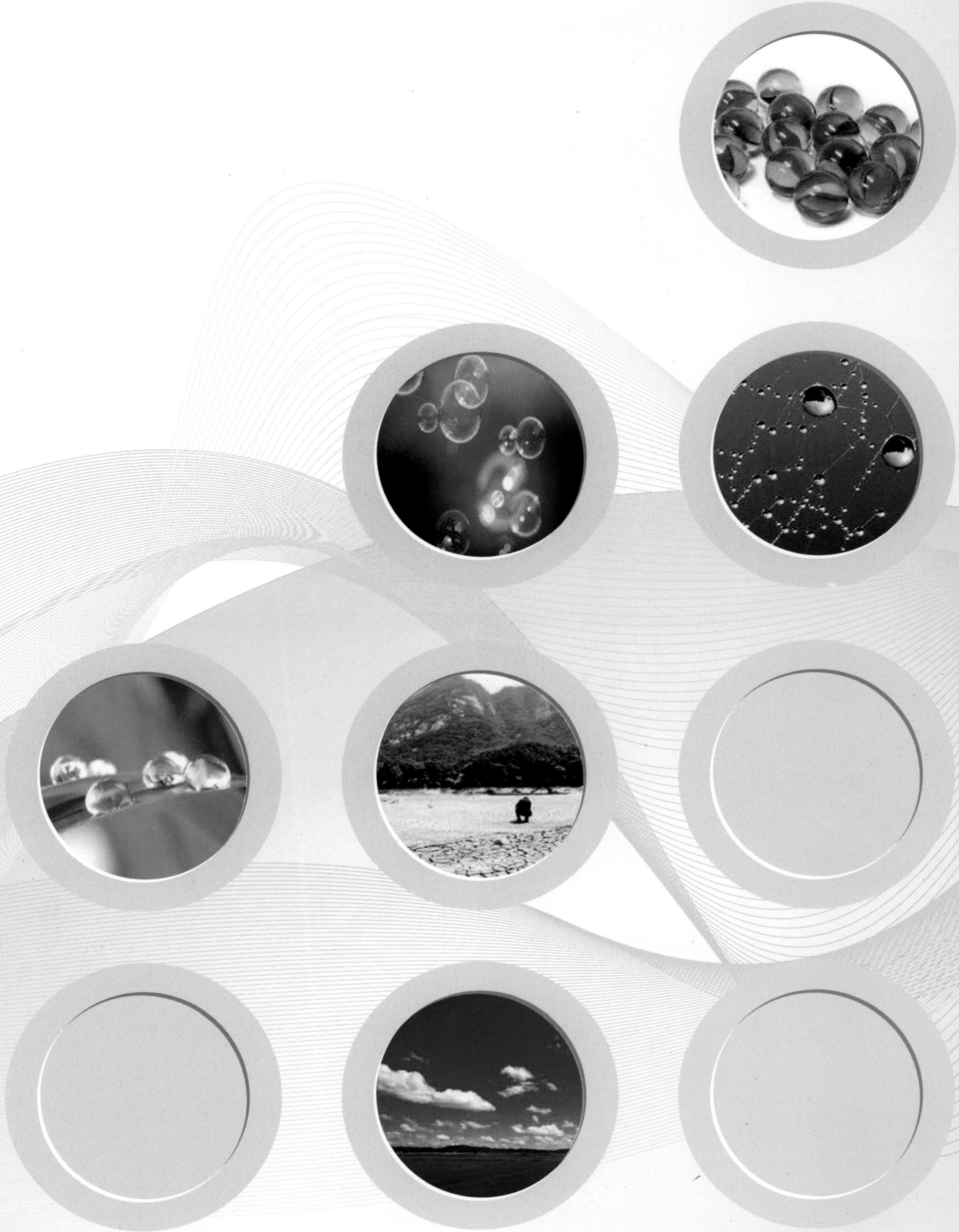

1강. 물질의 상태 변화

1. 물질의 세 가지 상태

(1) 물질의 세 가지 상태 : 우리 주변의 물질들의 상태는 고체, 액체, 기체의 세 가지 상태 중의 하나이다.

고체

액체

기체

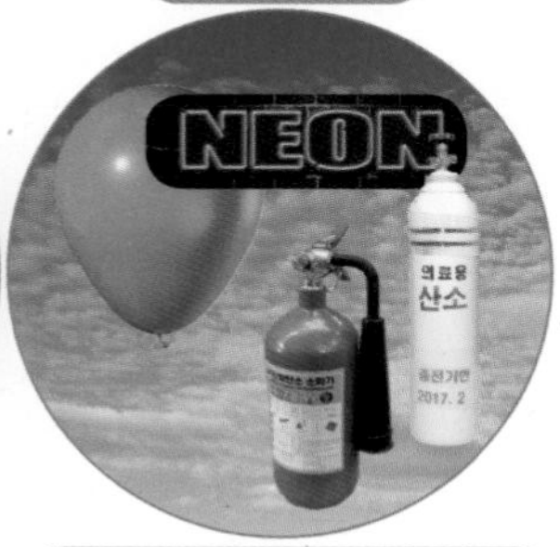

고체	액체	기체
모양과 부피가 일정하다.	부피가 일정하고 담는 그릇에 따라 모양이 변한다.	부피가 일정하지 않고 담는 그릇에 따라 모양이 변한다.
예 얼음, 금속, 암석, 나무, 플라스틱, 설탕, 소금 등	예 물, 식초, 주스, 식용유, 에탄올, 우유, 아세톤 등	예 수증기, 수소, 질소, 산소, 네온, 헬륨, 이산화 탄소 등

● 물질
물체를 이루는 재료가 되는 것으로 부피와 질량을 갖는다.

● 물체와 물질

물체	물질
모양과 크기를 갖는 구체적인 물건	물체를 이루는 재료

▲ 연필(물체)을 이루는 물질

● 생각해보기★
푸딩은 형태를 유지하고 있다가 건드리면 터지면서 담는 그릇에 따라 모양이 변한다. 그렇다면 푸딩은 고체일까? 액체일까?

▲ 푸딩

개념확인 1 **다음 〈보기〉의 물질들이 상온에서 고체, 액체, 기체 중 어떤 상태로 존재하는지 분류하시오.**

〈보기〉

ㄱ. 수소　　ㄴ. 식초　　ㄷ. 소금　　ㄹ. 헬륨
ㅁ. 공기　　ㅂ. 에탄올　　ㅅ. 아세톤　　ㅇ. 플라스틱

(1) 고체 상태로 존재하는 물질 :
(2) 액체 상태로 존재하는 물질 :
(3) 기체 상태로 존재하는 물질 :

확인 +1 **다음 물질을 A, B, C 세 묶음으로 나눈 기준은 무엇인가?**

A	B	C
고무, 나무, 흑연	물, 에탄올, 식용유	질소, 산소, 수증기

① 물질의 크기　② 물질의 모양　③ 물질의 부피
④ 물질의 상태　⑤ 물질의 질량

미니사전
상온 가열하거나 냉각하지 않은 상태의 온도로 보통 15~25℃를 가리킨다.

2. 물질의 세 가지 상태의 특징

(1) 상태에 따른 물질의 특성 : 물질은 상태에 따라 서로 다른 특징을 나타낸다.

상태	고체	액체	기체
모양과 부피	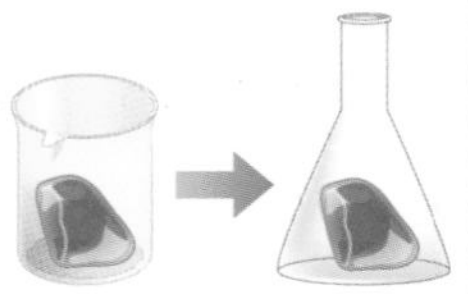		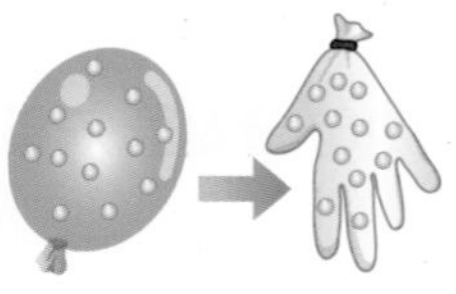
모양과 부피의 변화	모양 일정 부피 일정	모양 변함 부피 일정	모양 변함 부피 변함
흐르는 성질	없음	있음	
압축되는 성질	없음	거의 없음	있음

(2) 기체의 부피 : 기체는 온도와 압력이 변하면 부피가 변한다.

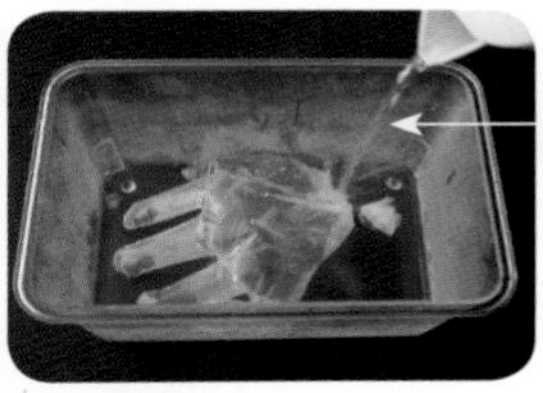

▲ 온도에 따른 기체의 부피 변화

정답 및 해설 02쪽

개념확인 2 **다음은 물질의 세 가지 상태에 대한 설명이다. 고체에 해당하면 '고', 액체에 해당하면 '액', 기체에 해당하면 '기'를 쓰시오.**

(1) 모양과 부피가 일정하다. (　　　)

(2) 흐르는 성질이 있고, 쉽게 압축된다. (　　　)

(3) 담는 그릇에 따라 모양은 변하지만 부피는 일정하다. (　　　)

(4) 온도가 높을 때와 온도가 낮을 때 부피가 크게 차이난다. (　　　)

확인 + 2 **물질의 세 가지 상태에 대한 다음 설명 중 옳은 것은?**

① 고체는 모양은 일정하지만 부피가 변한다.
② 기체는 모양은 변하지만 부피는 변하지 않는다.
③ 액체는 온도와 압력에 따라 부피가 크게 변한다.
④ 고체는 압축이 되지 않지만 기체는 압축이 잘 된다.
⑤ 액체는 흐르는 성질이 없지만 기체는 흐르는 성질이 있다.

간단실험

액체와 기체의 압력에 의한 부피 변화

준비물 : 주사기

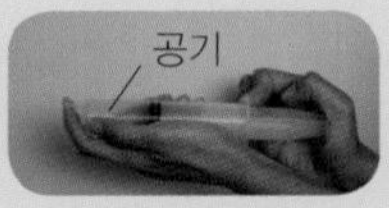

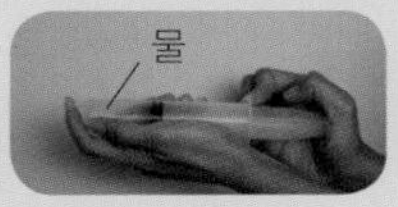

〈실험 방법〉
주사기에 물과 공기를 각각 넣어 압축해 본다.

기체가 고체 또는 액체와 다르게 압축이 잘 되는 이유

기체 상태에서 입자(분자)들 사이의 거리는 고체 상태나 액체 상태일 때 보다 멀기 때문에 기체 입자들 사이에는 빈 공간이 많다. 이러한 기체에 압력이 작용하게 되면 기체 입자(분자) 사이의 공간이 줄어들어 압축이 잘 된다.

생각해보기★★

물이 끓을 때 가열 용기 주변에는 흰색의 김이 생긴다. 이 김은 만지면 뜨겁고 축축한 느낌이 든다. 김의 상태는 액체일까? 기체일까?

▲ 주전자 입구에 생긴 김

미니사전

압축 물질에 압력을 가하여 부피를 줄이는 것

3. 물질의 상태 변화 1 - 물질을 가열하는 경우

(1) 물질의 상태 변화 : 물질의 성질은 변하지 않고 고체, 액체, 기체로 상태만 서로 변하는 현상이다.

(2) 상태 변화의 원인 : 온도와 압력에 의해 상태가 변한다. → 주요 원인은 온도

(3) 물질을 가열할 때의 상태 변화

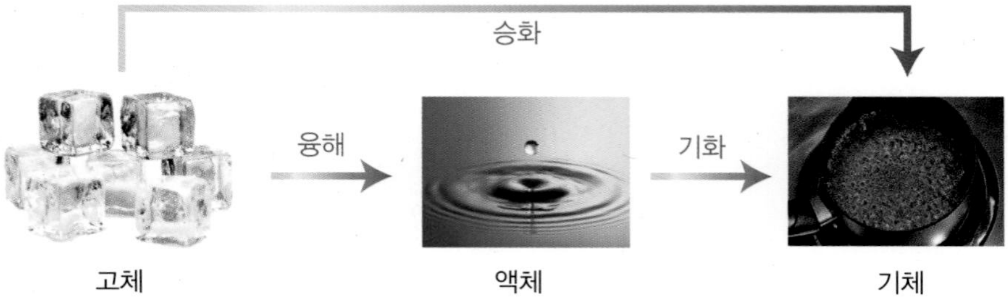

▲ 열에너지를 얻는 과정(가열)

(4) 상태 변화 현상의 예

상태 변화	융해 고체 → 액체	기화 액체 → 기체	승화 고체 → 기체
예	 얼음이 녹아서 물이 된다.	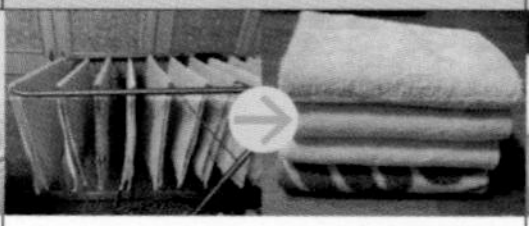 젖은 빨래가 마른다.	 옷장 속 나프탈렌이 작아진다.
	 양초가 녹아서 촛농이 된다.	 물이 끓어 수증기가 된다.	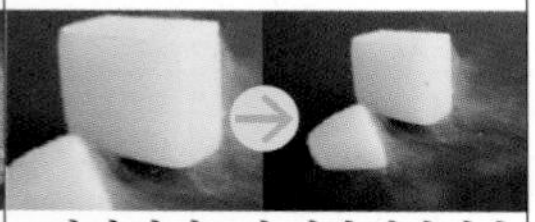 드라이아이스가 점점 작아진다.

◎ 간단실험

아이오딘의 승화

준비물 : 고체 아이오딘, 삼발이, 석면 쇠그물, 알코올램프, 페트리접시, 물, 스포이트

〈실험방법1〉

고체 아이오딘을 삼발이 위의 석면 쇠그물에 조금 올려 놓고 열을 가한다.

〈실험 방법2〉

고체 아이오딘을 페트리접시에 담고 물을 한두 방울 떨어뜨린다.

◎ 압력에 의해 상태가 변하는 경우

스케이트 날이 닿아 있는 부분(압력이 큰 부분)의 얼음이 녹는다.

▲ 스케이트

개념확인 3 아래의 글을 읽고 빈칸에 알맞은 말을 써 넣으시오.

> 물질이 고체, 액체, 기체로 상태만 변하는 현상을 ㉠(　　　　)라 하며, 가열할 때 일어나는 상태 변화는 ㉡(　　　), ㉢(　　　), ㉣(　　　)이다.

확인+3 다음 중 물질을 가열할 때의 설명 중 옳지 <u>않은</u> 것은?

① 고체가 액체로 변하는 현상은 융해이다.
② 액체가 기체로 변하는 현상은 기화이다.
③ 고체가 기체로 변하는 현상은 승화이다.
④ 물질은 적당한 열을 받으면 상태가 변화한다.
⑤ 기체는 부피가 일정하지만 담는 그릇에 따라 모양이 변한다.

미니사전

원인 어떤 사물이나 상태를 변화시키거나 일으키게 하는 근본이 된 일이나 사건

4. 물질의 상태 변화 2 - 물질을 냉각하는 경우

(1) 물질을 냉각할 때의 상태 변화

기체 액체 고체

▲ 열에너지를 잃는 과정(냉각)

(2) 상태 변화 현상의 예

상태 변화	응고 액체 → 고체	액화 기체 → 액체	승화 기체 → 고체
예	 냉동실에 넣은 물이 언다.	 목욕탕 거울에 김이 서린다.	 냉동실 벽면에 성에가 생긴다.
	 국이 식으면 기름이 굳는다.	 이른 새벽 풀잎에 이슬이 맺힌다.	 늦가을 새벽 잎에 서리가 내린다.

(3) 물질의 상태와 성질 변화 : 물질은 상태가 변해도 성질은 변하지 않는다.

· 얼음, 물, 수증기는 형태는 달라도 성질은 같다.
· 아세톤은 액체일 때나 기체일 때나 같은 냄새가 난다.

정답 및 해설 02쪽

개념확인 4 **아래의 글을 읽고 빈칸에 알맞은 말을 써 넣으시오.**

> 물질을 냉각하면 ㉠(   ), ㉡(   ), ㉢(   )의 상태 변화가 일어나는데, 물질은 상태가 변해도 ㉣(   )은 변하지 않는다.

확인 + 4 **다음 〈보기〉의 현상 ㄱ~ㄷ에 알맞은 상태 변화를 순서대로 바르게 나열한 것은?**

〈보기〉
ㄱ. 물을 냉동실에 넣었더니 얼었다.
ㄴ. 늦가을 새벽 나뭇잎에 서리가 내린다.
ㄷ. 뜨거운 물로 샤워 후 목욕탕 거울에 김이 서렸다.

	ㄱ	ㄴ	ㄷ
①	융해	응고	승화
②	응고	액화	기화
③	액화	승화	기화
④	응고	승화	액화
⑤	승화	응고	액화

간단실험
성에 만들기
준비물 : 드라이아이스, 에탄올, 비커

〈실험 방법〉
비커에 드라이아이스를 담고 에탄올(또는 아세톤)을 드라이아이스가 잠길 정도로 부은 후 비커 표면을 관찰한다.

물질의 상태 변화

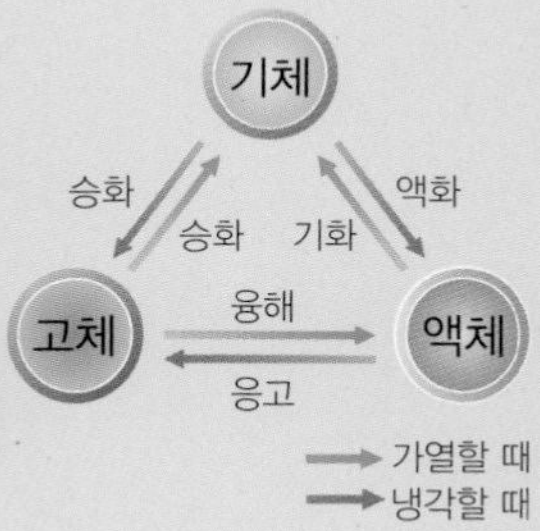

미니사전
서리다 수증기가 찬 기운을 받아 물방울을 지어 엉기다

개념 다지기

01 다음 〈보기〉 중 물질에 대한 설명으로 옳은 것을 모두 고른 것은?

〈보기〉
ㄱ. 불과 연기는 물질이다.
ㄴ. 상태가 변하면 물질의 성질이 변한다.
ㄷ. 연필을 이루는 물질인 흑연과 나무는 고체 상태이다.

① ㄱ ② ㄴ ③ ㄷ
④ ㄱ, ㄷ ⑤ ㄴ, ㄷ

02 다음 중 같은 상태의 물질로만 짝지어진 것은?

① 얼음, 에탄올, 산소 ② 우유, 의자, 식용유
③ 암석, 설탕, 밀가루 ④ 소금, 식초, 수증기
⑤ 질소, 이산화 탄소, 드라이아이스

03 물질의 세 가지 상태에 대한 설명으로 옳은 것을 모두 고르시오.(2개)

① 고체의 모양은 일정하지만 부피가 변한다.
② 액체는 온도와 압력에 따라 부피가 크게 변한다.
③ 물질은 상태가 변하더라도 성질은 변하지 않는다.
④ 같은 물질이라도 상태에 따라 모양과 부피가 다르다.
⑤ 기체는 부피가 일정하지만 담는 그릇에 따라 모양이 변한다.

04 물질의 상태 변화를 일으키는 가장 주된 원인은?

① 밀도 ② 부피 ③ 압력
④ 온도 ⑤ 무게

05 다음 그림은 물질을 가열할 때 일어나는 상태 변화를 나타낸 것이다.

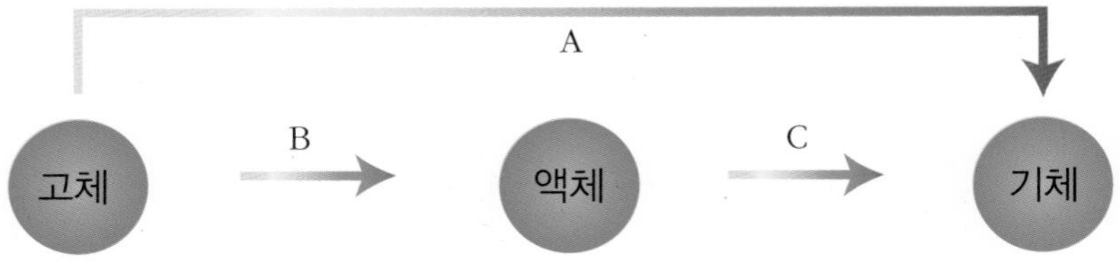

다음 중 A~C 의 명칭이 바르게 짝지어진 것은?

	A	B	C
①	기화	응고	액화
②	응고	융해	액화
③	승화	융해	기화
④	승화	응고	기화
⑤	융해	액화	기화

[06~07] 다음 그림은 물질을 냉각할 때 일어나는 상태 변화를 나타낸 것이다.

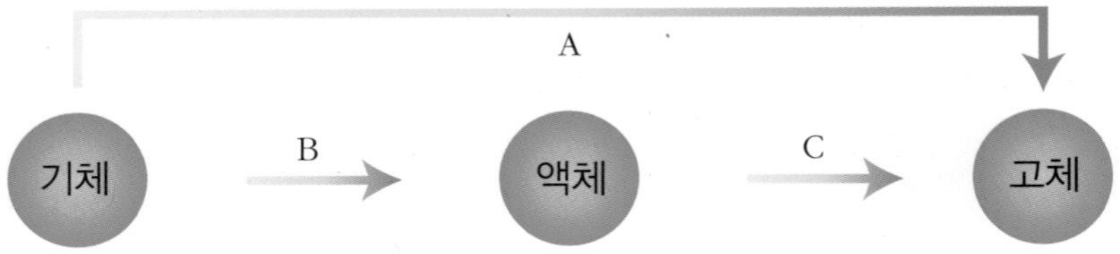

06 다음 중 A와 C의 명칭이 바르게 짝지어진 것은?

	A	C
①	기화	액화
②	응고	융해
③	승화	융해
④	승화	응고
⑤	융해	액화

07 B에 해당하는 상태 변화 현상의 예로 옳은 것은?

① 젖은 빨래가 말랐다.
② 물이 끓어 수증기가 되었다.
③ 용암이 식어서 암석이 되었다.
④ 이른 새벽 풀잎에 이슬이 맺혔다.
⑤ 늦가을 새벽 나뭇잎에 성에가 생겼다.

유형 익히기 & 하브루타

[유형1-1] 물질의 세 가지 상태

다음 〈보기〉의 물질을 상온(20℃)에서의 상태에 따라 A~C 세 묶음으로 나누려고 한다. 수소와 함께 A 묶음으로 들어갈 물질을 <u>모두</u> 고른 것은?

〈보기〉

수소, 간장, 물, 산소, 고무, 헬륨, 설탕, 이산화 탄소

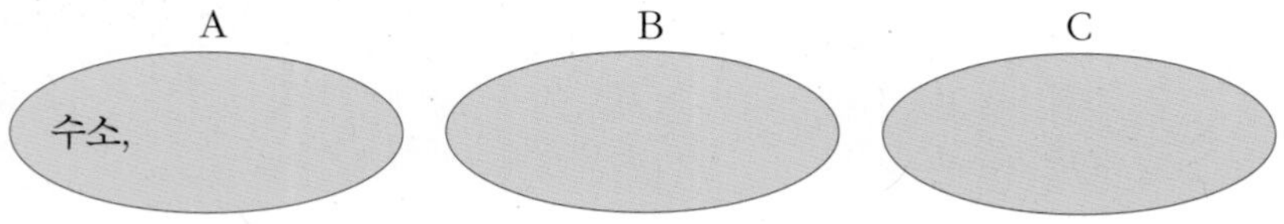

① 간장, 물　② 고무, 설탕　③ 산소, 이산화 탄소
④ 고무, 헬륨　⑤ 산소, 헬륨, 이산화 탄소

Tip!

01 다음 물질 중 상온(25℃)에서 고체 상태인 것은 모두 몇 개 인가?

식초, 산소, 질소, 식용유, 에탄올,
플라스틱, 고무, 아세톤, 설탕, 소금

① 2개　② 3개　③ 4개
④ 5개　⑤ 6개

02 다음 세 가지 물질의 공통점을 〈보기〉에서 모두 골라 기호로 나타내시오.

얼음, 철, 나무

〈보기〉

ㄱ. 일정한 부피를 갖는다.　ㄴ. 대체적으로 단단하다.
ㄷ. 힘을 가하면 압축이 잘된다.　ㄹ. 담는 그릇에 따라 모양이 변한다.

정답 및 해설 03쪽

[유형1-2] 물질의 세 가지 상태의 특징

수애는 어떤 기준에 따라 여러 가지 물질을 다음과 같이 나누었다.

수애가 위와 같이 물질을 나눈 기준으로 가장 알맞은 것은?

① 압축이 잘 되는가?
② 흐르는 성질이 있는가?
③ 일정한 부피를 가지는가?
④ 일정한 질량을 가지는가?
⑤ 온도에 따른 부피 변화가 큰가?

03 다음 표는 물질의 세 가지 상태에 대한 각각의 특성을 정리한 것이다. (가)~(다)에 들어갈 말로 바르게 짝지어진 것은?

	고체	액체	기체
모양과 부피	(가)		
흐르는 성질		(나)	
압축되는 성질			(다)

	(가)	(나)	(다)
①	변한다	있다	있다
②	변한다	있다	없다
③	일정하다	있다	없다
④	일정하다	없다	없다
⑤	일정하다	있다	있다

04 식초를 액체로 분류하는 이유로 알맞은 것을 모두 고르시오.(2개)

① 부피가 변한다.
② 압축이 잘 된다.
③ 흐르는 성질이 있다.
④ 모양이 일정하지 않다.
⑤ 온도가 높아지면 부피가 크게 늘어난다.

Tip!

[유형1-3] 물질의 상태 변화 1

다음은 물질의 상태 변화를 모형으로 나타낸 것이다. 모형의 B, D, E 는 가열할 때 일어나는 과정인지 냉각할 때 일어나는 과정인지 고르고, 그에 맞는 상태 변화의 명칭을 각각 쓰시오.

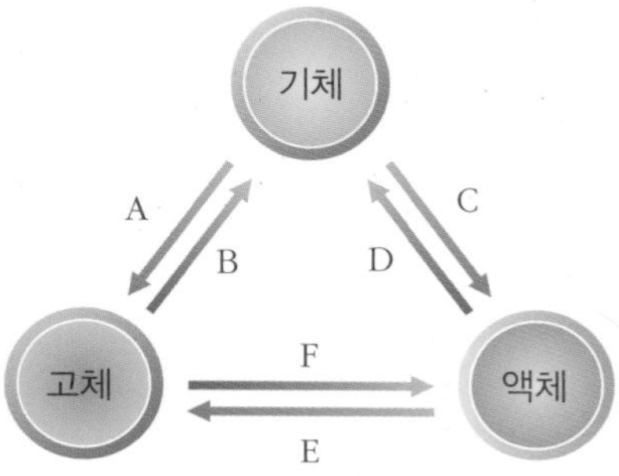

· B : (가열, 냉각), 명칭 (   )
· D : (가열, 냉각), 명칭 (   )
· E : (가열, 냉각), 명칭 (   )

Tip!

05 오른쪽 그림은 겨울 새벽에 잎에 서리가 내린 모습을 나타낸다. 다음 중 서리가 생길 때의 상태 변화와 같은 변화를 하는 현상은?

① 아이스크림이 녹는다.
② 냉동실 벽에 성에가 생긴다.
③ 옷장 속 나프탈렌이 작아진다.
④ 액체 금을 굳혀 금반지를 만든다.
⑤ 차가운 음료가 든 컵 밑에 물이 고인다.

06 드라이아이스를 물에 넣으면 기포와 함께 흰 연기가 생긴다. 기포와 흰 연기는 어떤 물질의 어떤 상태 변화에 의해 만들어진 것인지 〈보기〉에서 골라 각각 쓰시오.

〈보기〉
물 드라이아이스 수증기 액화 기화 승화

	상태 변화 물질	상태 변화
흰 연기		
기포		

정답 및 해설 03쪽

[유형1-4] 물질의 상태 변화 2

다음은 물질의 상태 변화를 모형으로 나타낸 것이다. (가)~(마)에 해당하는 상태 변화 현상의 예로 알맞은 것은?

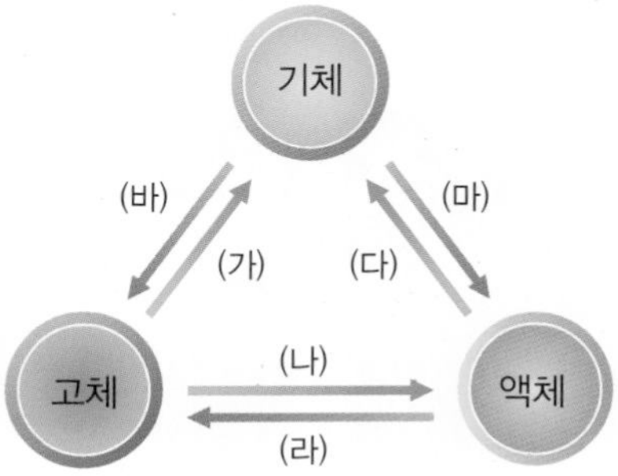

① (가) - 겨울 새벽 창문에 성에가 생겼다.
② (나) - 이른 새벽 풀잎에 이슬이 맺혔다.
③ (다) - 물이 끓어 수증기가 되었다.
④ (라) - 아이스크림이 녹아 물이 되었다.
⑤ (마) - 젖은 빨래를 널어 두었더니 말랐다.

07

얼음을 컵에 담아 식탁 위에 올려 두었더니 컵 안의 얼음은 녹고, 컵 표면에는 물방울이 맺혔다. 컵 안과 컵 표면에서 일어난 상태 변화는 무엇인지 상태 변화 모형 가~바에서 골라 바르게 연결한 것은?

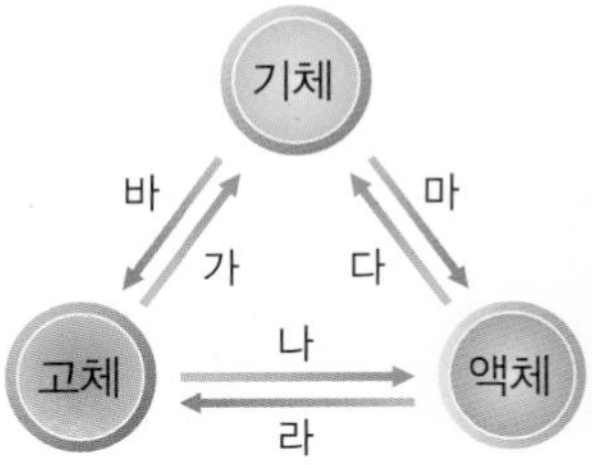

	①	②	③	④	⑤
컵 안에서의 상태 변화	나	나	라	라	바
컵 표면에서의 상태 변화	라	마	나	마	다

Tip!

08

다음 모형 A~C에 대한 설명으로 옳은 것은?

① A는 모양이 일정하다.
② B는 흐르는 성질이 있다.
③ C는 압축이 잘 되지 않는다.
④ A와 B는 부피가 일정하다.
⑤ B와 C는 담는 그릇에 따라 모양이 변한다.

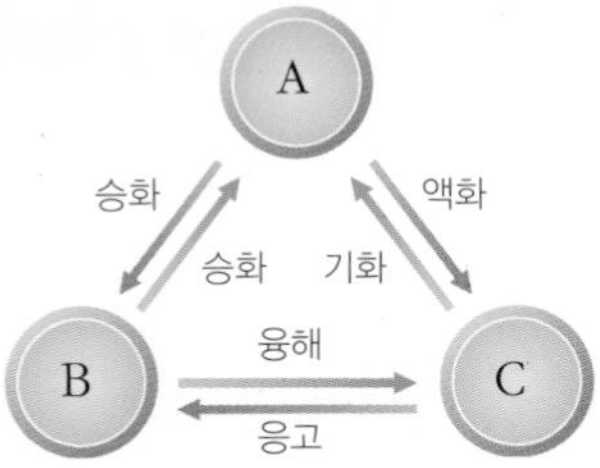

01 어느 날 도희는 엄마가 피부 마사지를 위해 알로에를 손질하시는 걸 보다가 궁금한 생각이 들었다. 알로에의 껍질을 벗겨내면 탱탱하고 끈적한 고체 형태의 물질이 나오는데 이 물질을 그릇에 담아 숟가락으로 한 번 저어 주면 액체 형태로 바뀌면서 담는 그릇에 따라 모양이 바뀐다. 도희는 알로에 속 물질을 고체라고 해야 할지 액체라고 해야 할지 고민에 빠졌다. 알로에 속 물질이 고체일지 액체일지 자신의 생각을 쓰고, 그렇게 판단한 이유도 쓰시오.

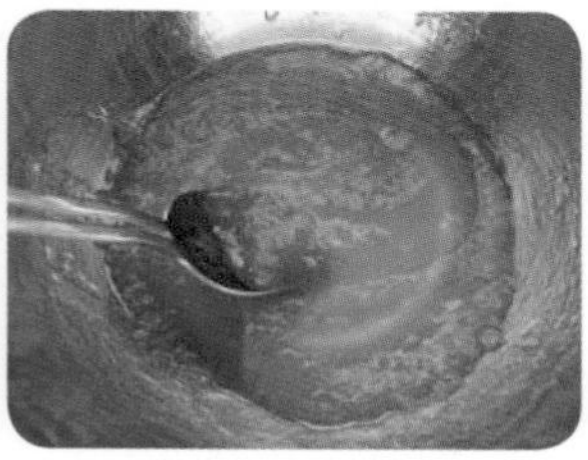

02 하늘에 떠 있는 구름을 우리는 보통 수증기가 모여 있는 것으로 생각한다. 하지만 수증기는 눈에 보이지 않으므로 눈에 보이는 구름은 수증기로 이루어진 것이 아니다. 구름은 공기 중의 수증기가 응결해서 생긴 물방울과 얼음 알갱이로 이루어져 있다. 그렇다면 액체와 고체 상태인 구름은 기체 상태인 공기보다 무거워 아래로 가라앉아야 하는데 하늘에 떠 있다. 그 이유는 무엇일까?

정답 및 해설 03쪽

03 수지는 압력이 상태 변화를 일으킨다는 내용을 배운 후 실험을 통해 이를 확인해 보기로 했다. 아래 그림과 같이 두 개의 책상 사이에 얼음 덩어리가 떨어지지 않도록 걸쳐 놓고 얼음 덩어리 위에 10g, 20g, 30g 짜리 추를 매단 실을 올려 놓았다. 시간이 지나자 실과 닿은 부분의 얼음이 녹으면서 실이 아래로 내려가기 시작했다.

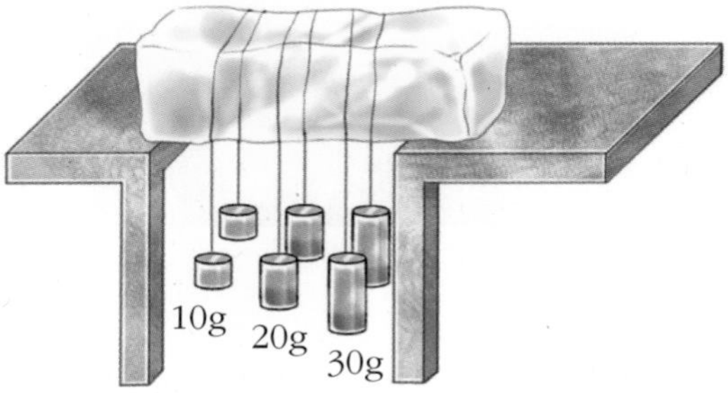

(1) 이 실험에서 얼음이 상태 변화하는데 영향을 준 가장 주요한 원인은 무엇인가?

(2) 어떤 추가 가장 먼저 떨어질지 이유와 함께 쓰시오.

(3) 수지는 첫 번째 추가 떨어지고 나면 얼음이 두 개로 나뉘면서 얼음과 추가 모두 바닥에 떨어질거라고 예상했다. 그런데 실이 통과하고 난 후에도 얼음은 쪼개지지 않고 실과 추만 바닥에 떨어졌다. 그 이유는 무엇일까?

04 다음 그림 (가)는 비눗물을 이용해 공기 방울을 만드는 모습이고, (나)는 비눗물과 드라이아이스를 이용해 이산화 탄소 방울을 만드는 모습을 나타낸 것이다.

(가)

(나)

공기가 들어 있는 방울은 무색 투명한데 이산화 탄소가 들어 있는 방울은 뿌옇게 흐린 것을 볼 수 있다. 왜 이런 차이점이 생기는 걸까? (단, 공기를 이루는 기체와 이산화 탄소 기체는 모두 색을 나타내지 않는다.)

05 유적 발굴을 하던 탐험가 키튼 일행은 위구르어로 '살아서 돌아오지 못하는 사막'이라는 뜻의 타클라마칸 사막에서 조난을 당하였다. 마실 물이 떨어지기 직전의 긴박한 상황에서 키튼은 다음과 같은 방법으로 물을 얻었다. 다음을 보고 물음에 답하시오.

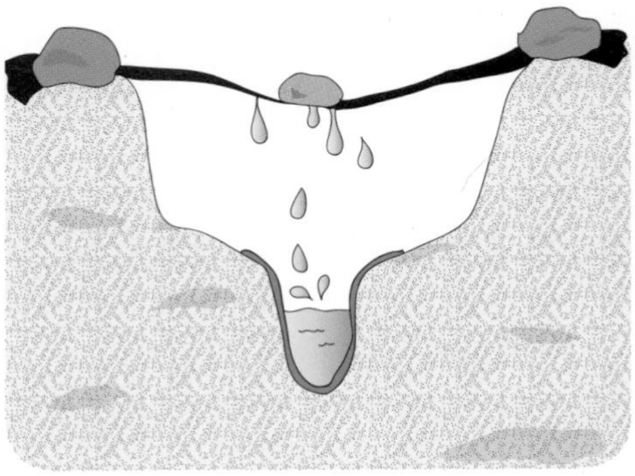

(가) 사막에 웅덩이를 파고 바닥 중앙에 물받이 통을 놓는다.
(나) 늦은 오후가 되면 웅덩이 위에 비닐을 펴서 덮고 가장자리를 큰 돌로 눌러서 고정시킨다.
(다) 물받이 통 바로 위의 비닐 한가운데에 작은 자갈을 올려놓는다.
(라) 다음날 아침 물받이 통에 고인 물을 마신다.

(1) (라)에서 물받이 통에 물이 고이게 된 이유를 물의 상태 변화를 이용하여 설명하시오.

(2) 비닐과 비닐 한 가운데 올려 놓은 작은 자갈의 역할은 무엇일지 각각 쓰시오.

스스로 실력 높이기

01 다음 물질의 상태에 대한 설명으로 옳은 것은 ○표, 옳지 않은 것은 ×표 하시오.

(1) 고체는 담는 그릇에 따라 모양이 변한다. (　　　)

(2) 액체는 부피가 변하지 않는다. (　　　)

(3) 기체는 흐르는 성질이 있고 쉽게 압축된다. (　　　)

02 물질의 세 가지 상태에 대한 다음 〈보기〉의 설명 중 옳은 것을 모두 골라 기호로 나타내시오.

〈보기〉

ㄱ. 고체는 모양과 부피가 일정하다.
ㄴ. 액체는 담는 그릇에 따라 부피가 변한다.
ㄷ. 기체는 가해지는 압력에 따라 부피가 변한다.

(　　　　　)

03 다음 빈칸에 알맞은 말을 써 넣으시오.

> 물질이 고체, 액체, 기체로 ㉠(　　　　)만 변하는 현상을 상태 변화라 하며, ㉡(　　　)할 때 일어나는 상태 변화는 ㉢(　　　), 기화, 승화이다.

㉠ : (　　　　) ㉡ : (　　　　) ㉢ : (　　　　)

04 스케이트를 타면 스케이트 밑의 얼음이 녹아서 부드럽게 얼음 위를 나아갈 수 있다. 이 때 얼음의 상태 변화를 일으키는 가장 큰 원인은?

05 다음 그림은 용광로에서 철을 녹여 쇳물이 되는 모습을 나타낸 것이다. 용광로 안에서 일어나는 철의 상태 변화는 무엇인지 쓰시오.

▲ 철

▲ 용광로 안의 쇳물

(　　　　　)

[06~07] 다음 그림은 아이오딘이 들어 있는 시험관에 얼음이 든 시험관을 넣었더니 얼음이 든 시험관 아래에 어떤 알갱이들이 달라 붙은 모습을 나타낸 것이다. 다음 물음에 답하시오.

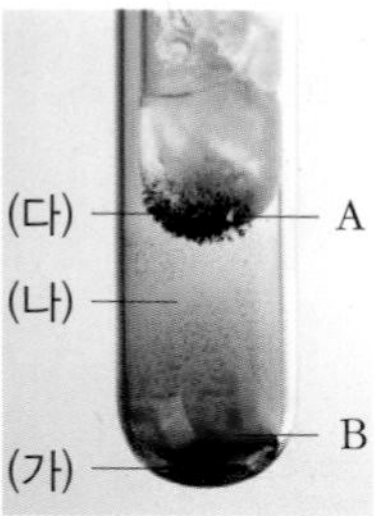

06 (가)~(다)에서 아이오딘은 어떤 상태인지 각각 쓰시오.

(가) : (　　　　)

(나) : (　　　　)

(다) : (　　　　)

07 A와 B에서 일어난 상태 변화를 각각 쓰시오.

A : (　　　　)

B : (　　　　)

[08~09] 다음은 물질을 가열하거나 냉각할 때 일어나는 상태 변화를 나타낸 모형이다.

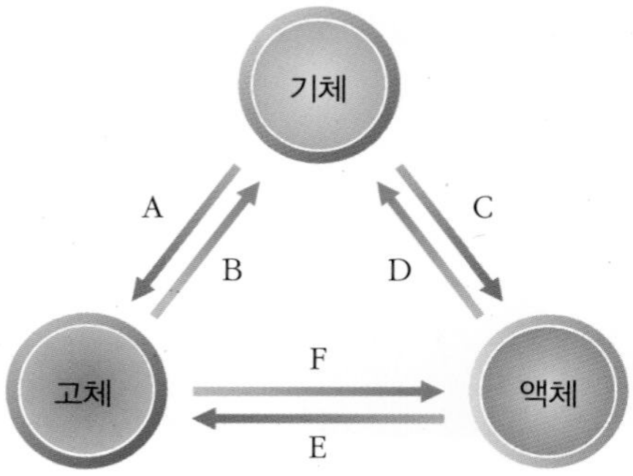

08 위 모형의 A와 D의 상태 변화 명칭을 쓰시오.

A : (　　　　　)

D : (　　　　　)

09 다음 밑줄 친 현상과 그에 해당하는 상태 변화의 기호를 바르게 짝지은 것은?

① 젖은 빨래가 마른다 - B
② 용암이 굳어 암석이 된다 - A
③ 이른 아침 풀잎에 이슬이 맺힌다 - C
④ 드라이아이스의 크기가 작아진다 - F
⑤ 콜라 속에 들어 있던 얼음이 녹는다 - E
⑥ 늦은 가을 새벽에 잎에 서리가 생긴다 - B

10 다음 중에서 물질인 것을 모두 고르시오.(3개)

① 불　② 나무　③ 그림자
④ 고무　⑤ 식용유

[11~12] 다음은 여러 가지 물질을 기준을 세워 세 묶음으로 나눈 표이다. 다음 물음에 답하시오.

구분	(가)	(나)	(다)
물질	철, 나무, 고무	물, 간장, 아세톤	질소, 산소, 수증기

11 위 물질을 세 가지로 나눈 기준은?

① 물질의 크기　② 물질의 모양
③ 물질의 부피　④ 물질의 상태
⑤ 물질의 질량

12 위 표의 (가), (나), (다)에 대한 설명 중 옳지 않은 것은?

① (가)와 (나)는 부피가 일정하다.
② (나)와 (다)는 흐르는 성질이 있다.
③ (나)와 (다)는 모양이 쉽게 변한다.
④ (가)는 담는 용기에 따라 모양이 변한다.
⑤ (다)는 분자 사이가 멀어 압축이 잘 된다.

13 다음 〈보기〉는 물질의 세 가지 상태 중의 하나가 나타내는 특징을 정리한 것이다.

〈보기〉

ㄱ. 흐르는 성질이 있다.
ㄴ. 일정한 부피를 갖는다.
ㄷ. 담는 그릇에 따라 모양이 변한다.

상온(20℃)에서 이런 특징을 나타내는 물질로만 묶인 것은?

① 얼음, 소금, 수증기
② 설탕, 고무, 흑연
③ 우유, 식초, 식용유
④ 소금, 식초, 에탄올
⑤ 질소, 산소, 이산화 탄소

14 다음 중 상태 변화에 대해 옳지 않은 주장을 한 학생은?

① 시완 : 새벽에 안개가 생기는 것은 액화야.
② 규현 : 흘러내리던 촛농이 굳는 것은 응고야.
③ 희철 : 겨울철 창가에 성에가 생기는 것은 응고야.
④ 광희 : 어항의 물이 증발해서 줄어드는 것은 기화야.
⑤ 창민 : 몹시 추운날 언 빨래가 녹지 않고 마르는 것은 승화야.

15 다음 설명 중 옳지 않은 것은?

① 액체가 열을 얻으면 기체가 된다.
② 고체가 액체로 변하는 현상은 융해이다.
③ 물질에 열을 가하면 항상 고체 → 액체 → 기체로 순차적으로 변한다.
④ 상온에서 드라이아이스가 점점 작아지는 것은 승화 현상과 관련있다.
⑤ 기체는 담는 그릇에 따라 모양이 변한다.

16 다음은 설탕 과자를 만드는 과정을 나타낸 것이다.

설탕을 저어주지 않고 가열하면 모두 녹아 액체 상태가 된다. 설탕 액체를 모양틀에 붓고 식히면 설탕 과자가 된다.

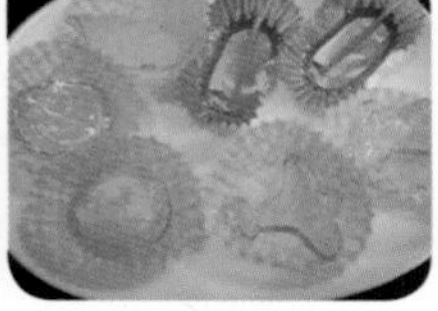

설탕 과자가 완성될 때까지 설탕은 두 번의 상태 변화 과정을 거친다. 설탕의 상태 변화를 순서대로 바르게 나열한 것은?

① 기화 - 응고　② 응고 - 융해
③ 기화 - 융해　④ 액화 - 응고
⑤ 융해 - 응고

17 양동이에 얼음을 가득 담아 두었더니 양동이 표면에 물방울이 맺혔다. 물방울이 생기게 된 상태 변화 과정을 모형에서 고르고, 그 명칭을 바르게 연결한 것은?

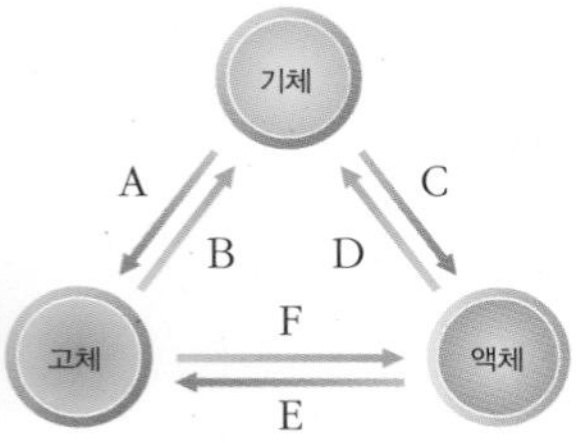

① A - 승화　② B - 기화　③ C - 액화
④ D - 승화　⑤ E - 응고

18 다음 〈보기〉의 현상에서 공통으로 일어나는 상태 변화는?

〈보기〉

젖은 땅이 말랐다.

어항의 물이 줄어들었다.

물이 끓어 수증기가 되었다.

젖은 빨래가 말랐다.

① 응고　② 액화　③ 기화
④ 융해　⑤ 승화

19 다음 현상 중 나머지 넷과 상태 변화의 종류가 다른 하나는?

① 물이 끓어 수증기가 된다.
② 찌개를 끓이면 국물이 줄어든다.
③ 초콜렛을 손에 쥐고 있었더니 녹는다.
④ 주사 맞기 전 바른 에탄올이 사라진다.
⑤ 청소하고 교실 바닥에 남아 있던 물이 사라진다.

정답 및 해설 04쪽

20 다음 현상 중 상태 변화가 일어나는 것이 아닌 것은?

① 설탕이 물에 녹는다.
② 욕실의 거울에 김이 서린다.
③ 철을 녹여 무쇠 솥을 만든다.
④ 아이스크림이 녹아 흘러 내린다.
⑤ 시간이 지날수록 어항의 물이 줄어든다

창의력 서술

21 푸딩은 일정한 모양을 하고 있는 듯하지만 시간이 지나면서 아래로 흘러내린다.

수현이가 푸딩을 고체로 분류하였다면 어떤 이유였을지 2가지 이상 쓰시오.

22 버터를 가열하면 액체 버터가 되지만, 맛과 냄새는 같다. 그 이유를 쓰시오.

2강. 상태 변화와 열

1. 상태 변화와 열의 출입 1

(1) 물질의 상태 변화와 열에너지의 출입 : 물질은 상태가 변화할 때 열에너지를 흡수하거나 방출한다.

(2) 열에너지 흡수 : 물질이 주위로부터 열에너지를 흡수하면 융해, 기화, 승화(고체 → 기체)의 상태 변화가 일어난다. ⇒ 물질 주위의 온도는 낮아짐

(3) 상태 변화의 예

열을 흡수하는 상태 변화 → 물질 주위의 온도 하강				
융해 고체→액체		아이스박스에 얼음과 음식을 함께 보관하면 시원하다. (얼음의 융해)		콜라에 얼음을 넣으면 시원해진다. (얼음의 융해)
기화 액체→기체		수영을 하다가 물 밖으로 나오면 춥게 느껴진다. (물의 기화)	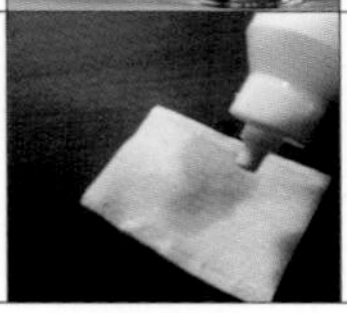	에탄올을 손에 바르면 시원하게 느껴진다. (에탄올의 기화)
승화 고체→기체	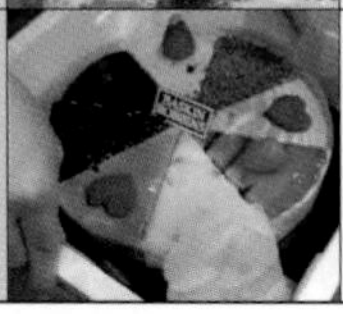	아이스크림과 드라이아이스를 함께 두면 아이스크림이 녹지 않는다. (드라이아이스의 승화)		

간단실험
에탄올 바르기
준비물 : 에탄올, 솜

〈실험 과정〉
에탄올을 묻힌 솜을 손등에 발라 보자.

개념확인 1 다음 현상이 일어날 때 물질에서의 열에너지의 출입을 쓰시오.

· 아이스박스에 음식을 얼음과 함께 넣어 두면 차갑게 보관할 수 있다.
· 열이 날 때 머리에 젖은 수건을 올려 놓으면 열이 식는다.

생각해보기★
사막에서 사용하는 양가죽 물통은 뜨거운 햇볕과 날씨에도 불구하고 항상 시원한 온도를 유지한다. 왜 그럴까?

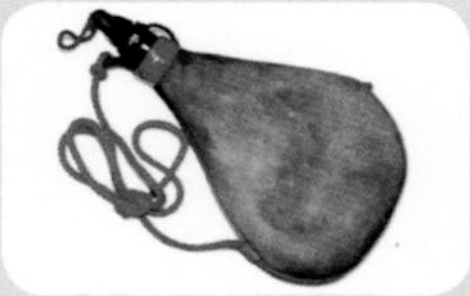

확인+1 다음 〈보기〉의 괄호 안의 말 중 알맞은 것을 고르시오.

〈보기〉

물질이 주위로부터 열에너지를 흡수하면 융해, 기화, 승화(고체→기체)의 상태 변화가 일어나며 물질 주위의 온도는 (높아진다, 낮아진다).

미니사전
하강 높은 곳에서 아래로 내려오는 것

2. 상태 변화와 열의 출입 2

(1) 열에너지 방출 : 물질이 응고, 액화, 승화(기체 → 고체)의 상태 변화가 일어날 때 열에너지를 주위로 방출한다. ⇒ 물질 주위의 온도는 높아짐

(2) 상태 변화의 예

열을 방출하는 상태 변화 → 물질 주위의 온도 상승				
응고 액체→고체		이글루 안에 물을 뿌리면 이글루 안이 따뜻해진다. (물의 응고)		겨울철 오렌지 나무에 물을 뿌려 냉해를 예방한다. (물의 응고)
액화 기체→액체		스팀 난방은 수증기가 액화하면서 따뜻해진다. (수증기의 액화)		비가 오기 전에는 날씨가 후텁지근하다. (수증기의 액화)
승화 기체→고체		눈이 오기 전에는 날씨가 포근하다. (수증기의 승화)		공기 중의 수증기가 얼어붙어 서리가 발생한다. (수증기의 승화)

정답 및 해설 05쪽

개념확인 2 물질이 열에너지를 방출할 때 일어나는 상태 변화를 <u>모두</u> 고르시오.(3개)

① 응고 ② 액화 ③ 기화
④ 융해 ⑤ 승화(기체→고체)

확인 +2 열에너지를 방출하는 상태 변화의 예가 <u>아닌</u> 것은?

① 비가 오기 전에는 날씨가 후텁지근하다.
② 스팀 난방은 수증기가 액화하면서 따뜻해진다.
③ 겨울철 오렌지 나무에 물을 뿌려 냉해를 예방한다.
④ 초겨울 호수가 있는 지역은 다른 지역보다 따뜻하다.
⑤ 더운 사막에서 시원한 물을 마시기 위해 양가죽 물통을 이용한다.

무대 위의 하얀 안개
하얀 안개는 드라이아이스의 차가운 온도에 의해 공기 중의 수증기가 액화한 작은 물방울들이다.

상태에 따른 열의 출입

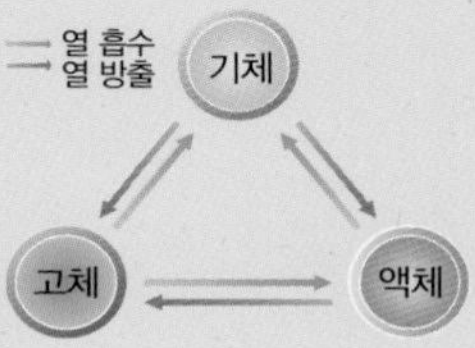

생각해보기★★
이누이트족은 추운 북극 지방에 살며 이글루를 지어 생활한다. 이글루의 내부 온도는 몇 나 될까?

미니사전
냉해 농작물이 성장 기간 중 저온이 오래 지속되어 농작물의 성장과 수확에 나쁜 영향을 미치는 재해
서리 대기 중의 수증기가 지상의 물체 표면에 얼어붙은 것

◎ 간단실험
얼음 녹이기
준비물 : 비커, 얼음, 온도계

〈실험 과정〉
비커에 얼음을 넣고 온도계를 꽂아 얼음이 녹는 과정에서의 온도를 관찰해 보자.

3. 가열 곡선과 상태 변화

(1) 상태 변화와 온도 : 물질을 가열하거나 냉각할 때 온도가 일정한 구간이 나타나며, 이때 물질의 상태 변화가 일어난다.

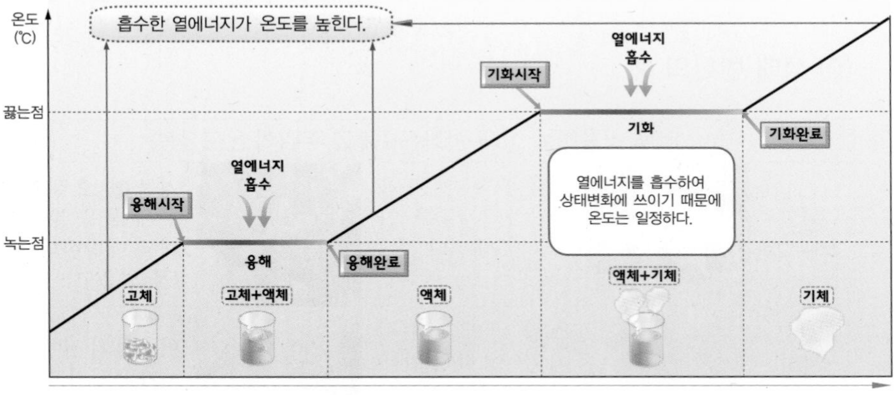

▲가열 곡선

① 녹는점 : 융해(고체→액체)될 때 일정하게 유지되는 온도
고체와 액체가 함께 존재

② 끓는점 : 기화(액체→기체)될 때 일정하게 유지되는 온도
액체와 기체가 함께 존재

③ 상태 변화 시 온도가 일정한 이유 : 상태 변화 과정에서 열에너지를 흡수하기 때문

개념확인 3

다음은 물을 가열하며 온도를 측정한 그래프이다. (가)~(다) 구간에서의 물의 상태를 각각 쓰시오.

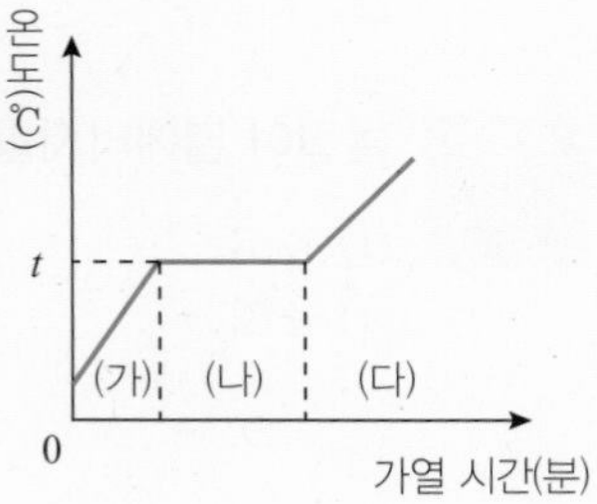

(가) : (　　　　)
(나) : (　　　　)
(다) : (　　　　)

◎ 생각해보기★★★
물을 계속 끓이면 온도가 올라간다. 그러나 100℃가 되면 더이상 온도가 올라가지 않는다. 그 이유는 무엇일까?

확인 +3

다음을 읽고 옳은 것은 O표, 옳지 않은 것은 X표 하시오.

(1) 끓는점에서 고체와 액체는 함께 존재한다. (　　)
(2) 얼음을 계속 가열하면 고체→액체→기체로 상태가 변한다. (　　)
(3) 가열 시 증가한 열에너지는 상태 변화 과정에 흡수된다. (　　)

미니사전
구간 어떤 지점과 다른 지점과의 사이

4. 냉각 곡선과 상태 변화

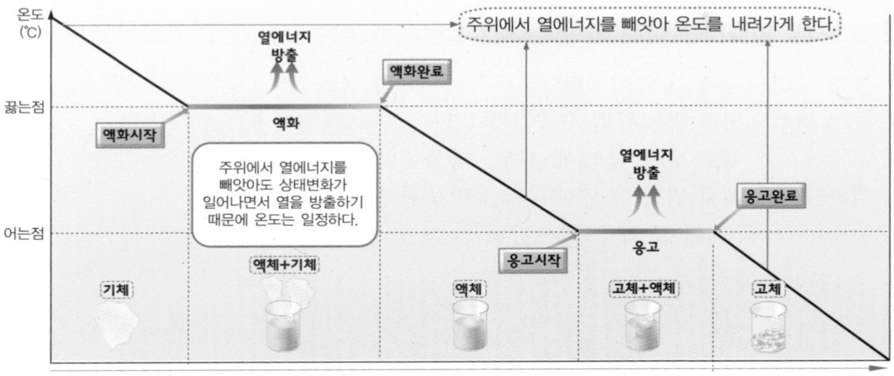

▲냉각 곡선

① 끓는점 : 액화(기체→액체)될 때 일정하게 유지되는 온도
액체와 기체가 함께 존재

② 어는점 : 응고(액체→고체)될 때 일정하게 유지되는 온도
고체와 액체가 함께 존재

③ 상태 변화 시 온도가 일정한 이유 : 상태 변화 과정에서 열에너지를 방출하기 때문

같은 물질의 경우 녹는점과 어는점은 같다.

물질의 녹는점과 끓는점

녹는점과 끓는점은 물질마다 다른 값을 갖기 때문에 물질을 구별할 수 있는 물질 고유의 특성이 된다.

	녹는점(℃)	끓는점(℃)
물	0	100
에탄올	-114.1	78.32
아세톤	-95.4	56.2
철	1538	2862
산소	-218	-183

온도에 따른 물질의 상태

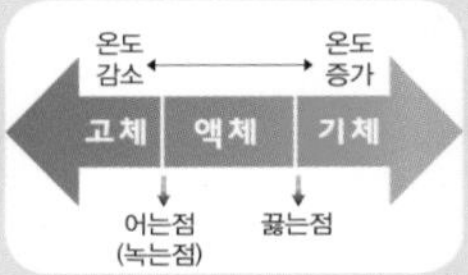

정답 및 해설 05쪽

개념확인 4 오른쪽 그래프는 어떤 기체 물질을 냉각하면서 시간에 따른 온도 변화를 나타낸 것이다. 다음 괄호 안에 알맞은 기호를 쓰시오.

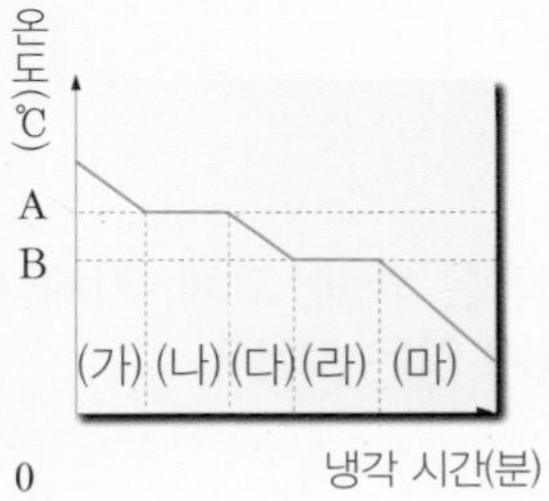

(1) 이 물질의 어는점은 (   )이다.

(2) 액체로만 존재하는 구간은 (   )이다.

(3) 이 물질이 기체에서 액체로 상태 변화하는 구간은 (   )이다.

생각해보기★★★★

뜨거운 여름날 수퍼마켓 앞 아이스크림 냉장고를 열면 하얀 연기가 올라오는 것을 볼 수 있다. 이 연기는 액체일까 기체일까?

확인 +4 다음을 읽고 옳은 것은 ○표, 옳지 않은 것은 ×표 하시오.

(1) 물이 얼음으로 상태 변화하는 온도는 어는점이다. (   )

(2) 같은 물질의 경우 녹는점과 끓는점은 같다. (   )

(3) 기체 물질의 냉각 곡선에서 시간이 지날수록 온도는 계속 감소한다. (   )

미니사전

냉각 식혀서 차게 하는 것

01 열에너지를 방출하는 상태 변화에 대한 설명으로 옳은 것을 모두 고르시오.(2개)

① 물질 주위의 온도가 높아진다.
② 물이 열에너지를 방출하면 수증기가 된다.
③ 고체에서 기체로 변할 때 열에너지를 방출한다.
④ 액체에서 고체로 변할 때 열에너지를 방출한다.
⑤ 물질이 융해, 기화, 승화(고체→기체)할 때 발생한다.

02 아래와 같은 상태 변화가 일어날 때, 각각에 해당하는 열에너지의 출입이 바르게 연결되지 않은 것은?

① 수증기가 얼어붙어 서리가 맺힌다. ········· 방출
② 스팀 난방을 이용하면 따뜻해진다. ········· 흡수
③ 비가 오기 전 날씨가 후덥지근하다. ········· 방출
④ 콜라에 얼음을 넣으면 콜라가 시원해진다. ········· 흡수
⑤ 이글루 안에 물을 뿌리면 이글루 안이 따뜻하다. ········· 방출

03 다음은 액체, 고체, 기체 사이의 상태 변화를 나타낸 그림이다. 이에 대한 설명으로 옳지 않은 것은?

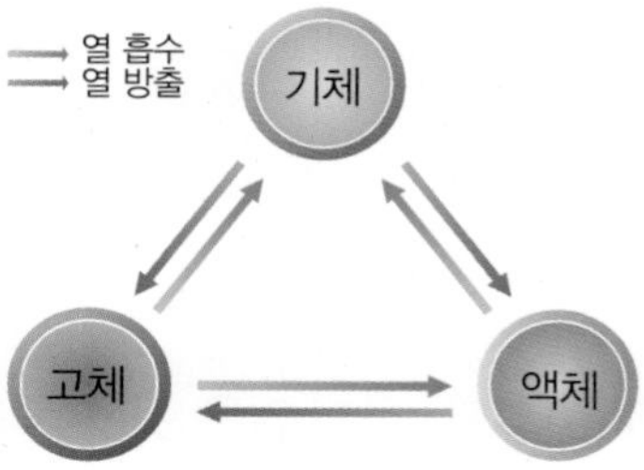

① 액체가 기체로 되는 현상을 기화라고 한다.
② 융해, 기화는 모두 열을 방출하는 현상이다.
③ 액체가 고체로 상태 변화하는 것은 응고이다.
④ 고체가 기체로 상태 변화하는 것은 승화이다.
⑤ 물이 수증기가 되면 주변의 온도는 내려간다.

04 다음은 녹는점, 어는점, 끓는점에 대한 설명이다. 옳지 않은 것은?

① 녹는점과 끓는점은 물질마다 다르다.
② 같은 물질의 경우 녹는점과 어는점은 같다.
③ 녹는점, 끓는점, 어는점은 물질의 특성이 된다.
④ 어는점은 액화될 때 일정하게 유지되는 온도를 말한다.
⑤ 녹는점과 끓는점을 현재 온도와 비교하면 물질의 상태를 알 수 있다.

05 오른쪽 그림은 어떤 기체 물질을 냉각할 때 시간에 따른 온도 변화를 나타낸 그래프이다. (가) 구간과 (나) 구간에서 온도가 일정한 이유는?

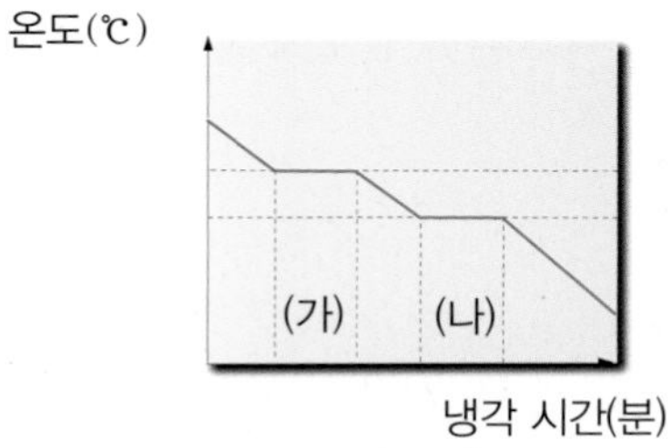

① 열을 흡수하기 때문에
② 상태 변화가 일어나기 때문에
③ 열을 방출하지 못하기 때문에
④ 열을 흡수하지 못하기 때문에
⑤ 냉각이 일시적으로 멈추었기 때문에

06 오른쪽 그림은 어떤 고체 물질을 가열할 때 시간에 따른 온도 변화를 나타낸 그래프이다. 그래프에 대한 설명으로 옳은 것을 모두 고르시오.(2개)

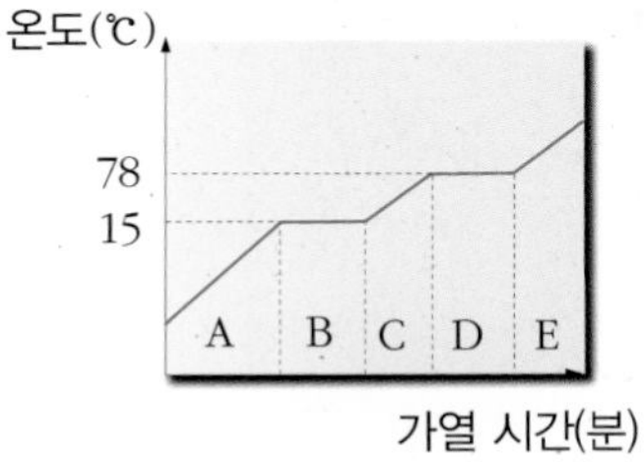

① A 구간에서 물질의 상태가 변한다.
② B 구간의 온도를 끓는점이라고 한다.
③ C 구간에서 물질은 액체 상태이다.
④ D 구간에서 물질은 열에너지를 흡수한다.
⑤ E 구간은 액체와 기체가 함께 존재한다.

[유형2-1] 상태 변화와 열의 출입 1

다음 〈보기〉는 물질의 상태 변화로 일어나는 현상들이다. 다음 물음에 답하시오.

〈보기〉

ㄱ. 스팀 난방을 이용하면 따뜻해진다.
ㄴ. 눈이 오기 전에는 날씨가 포근하다.
ㄷ. 이글루 안에 물을 뿌려 이글루 안을 따뜻하게 한다.

(1) 〈보기〉의 상황에서 일어나는 물의 상태 변화를 각각 쓰시오. (예 고체 → 액체)

ㄱ : (　　→　　)　ㄴ : (　　→　　)　ㄷ : (　　→　　)

(2) 다음 괄호에 들어갈 알맞은 단어를 고르시오.

열에너지의 출입 : 모두 열을 (흡수, 방출)한다.

Tip!

01 다음과 같은 상태 변화가 일어날 때 물질은 열에너지를 흡수하는가 방출하는가?

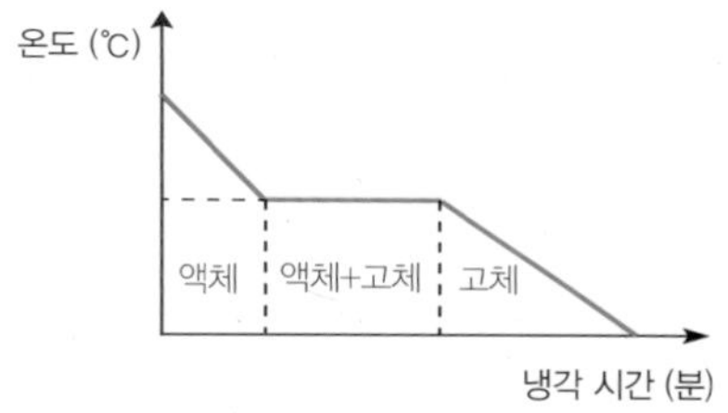

(　　　　　)

02 다음 현상에서 얼음이 상태 변화할 때의 열에너지의 출입과 해당되는 상태 변화가 바르게 연결된 것은?

콜라에 얼음을 넣으면 시원해진다.

① 방출, 응고　② 방출, 승화　③ 방출, 기화
④ 흡수, 액화　⑤ 흡수, 융해

[유형2-2] 상태 변화와 열의 출입 2

다음 사진은 무대 위에 드라이아이스를 이용해 하얀 안개를 만들어 놓은 모습이다. 수증기에서 안개가 만들어질 때 일어나는 열에너지의 출입은?

① 승화로 인한 열의 방출
② 기화로 인한 열의 흡수
③ 액화로 인한 열의 방출
④ 융해로 인한 열의 흡수
⑤ 응고로 인한 열의 방출

03

다음의 현상이 일어날 때 열에너지의 출입과 해당되는 상태 변화가 바르게 연결된 것은?

공기 중의 수증기가 얼어붙어 서리가 발생한다.

① 방출, 응고
② 방출, 승화
③ 방출, 기화
④ 흡수, 액화
⑤ 흡수, 융해

04

다음 보기에 해당되는 구간을 그래프에서 고르시오.

비가 오기 전에는 날씨가 후텁지근하다.

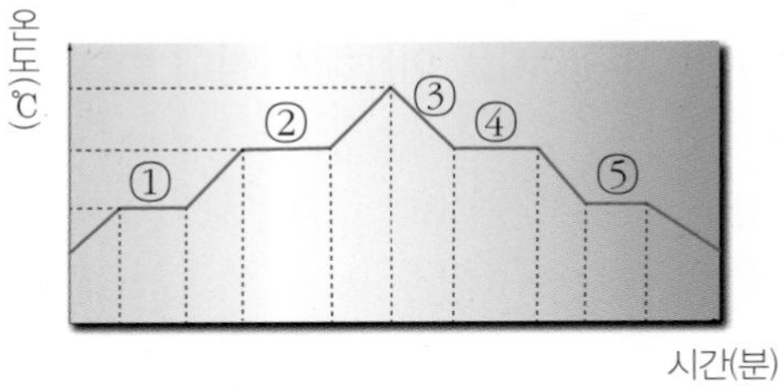

Tip!

유형 익히기 & 하브루타

[유형2-3] 상태 변화와 그래프 1

그래프는 순수한 얼음의 가열 곡선을 나타낸 것이다. 이 그래프에 대한 설명으로 옳은 것은?

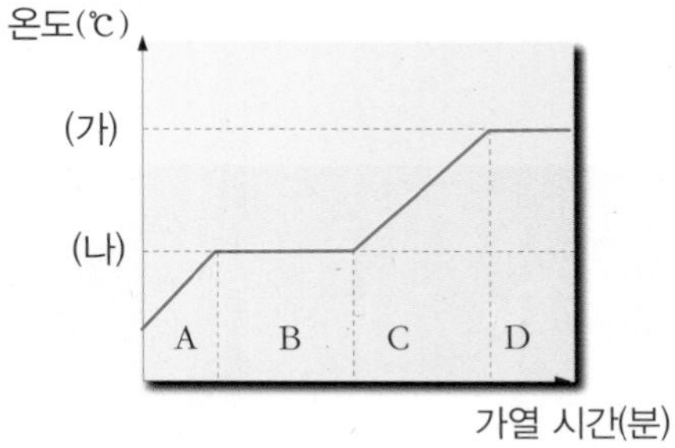

① (나)의 온도는 물의 끓는점이다.
② B 구간은 고체와 액체가 공존한다.
③ C 구간에서는 물질이 상태 변화하고 있다.
④ B, D 구간에서는 열에너지의 출입이 없다.
⑤ A, C 구간은 열에너지를 방출하여 온도가 증가한다.

Tip!

05 아이스박스에 음식을 얼음과 함께 보관하면 시원해진다. 다음 가열 · 냉각 곡선에서 이 현상과 관계 깊은 구간을 고르시오.

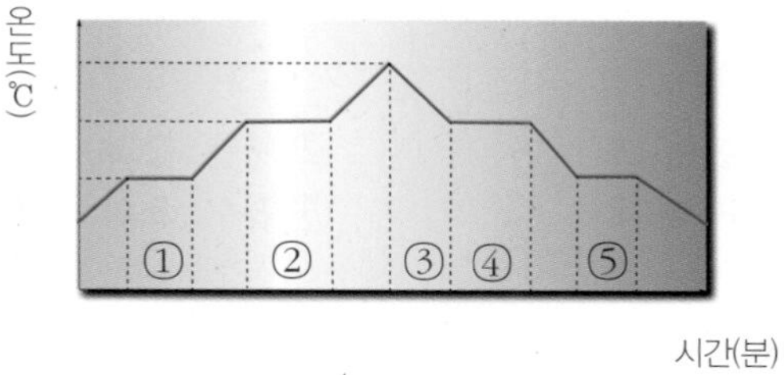

06 다음 그래프는 얼음을 가열할 때 시간에 따른 온도 변화를 나타낸 것이다. 얼음이 흡수한 열에너지를 이용해서 상태 변화하는 구간은?

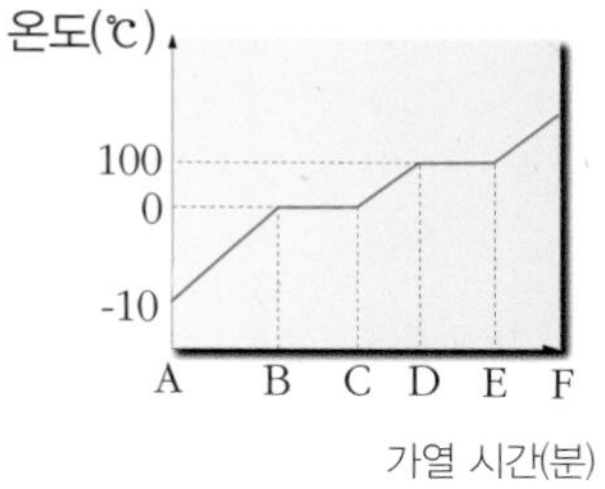

① 구간 AB ② 구간 BC ③ 구간 CD
④ 구간 DE ⑤ 구간 EF

[유형2-4] 상태 변화와 그래프 2

다음 그래프는 수증기를 냉각할 때 시간에 따른 온도 변화를 나타낸 것이다. 이에 대한 설명으로 옳지 않은 것은?

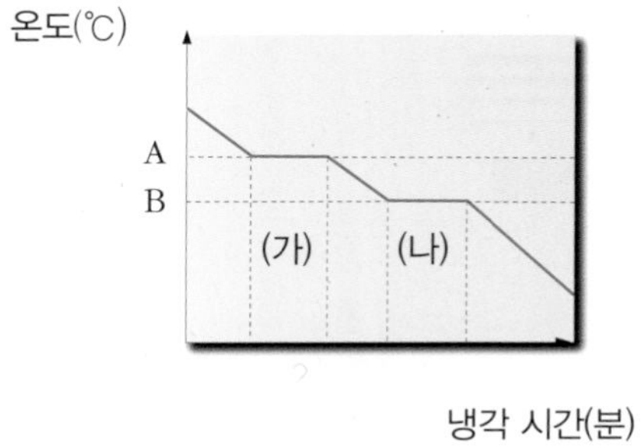

① B는 어는점이다.
② (가)에서는 액화, (나)에서는 응고가 일어난다.
③ 수증기의 어는점과 끓는점은 일정하다.
④ (가) 구간은 액체에서 기체로 상태 변화가 일어나고 있다.
⑤ (나) 구간은 액체에서 고체로 상태 변화가 일어나고 있다.

07 다음 그래프는 어떤 물질을 냉각할 때 시간에 따른 온도 변화를 나타낸 것이다. 그래프에 대한 다음 설명 중 옳지 않은 것은?

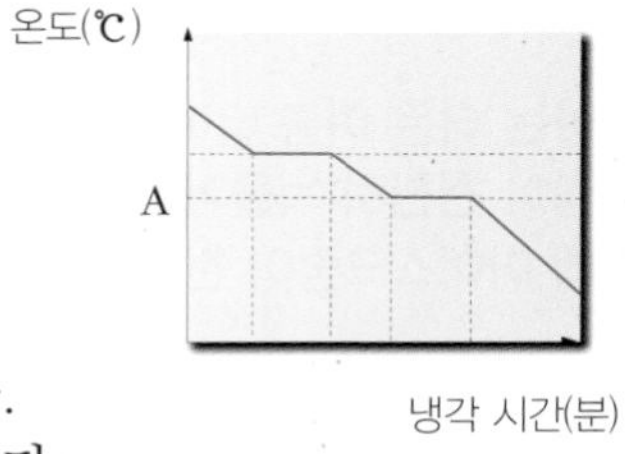

① A는 녹는점이다.
② 상태 변화 과정에서 열에너지를 방출한다.
③ 그래프는 액화와 응고 과정을 보여주고 있다.
④ 물질의 상태가 변화할 때 온도는 일정하게 유지된다.
⑤ 시간이 지남에 따라 상태는 기체 → 액체 → 고체로 변한다.

08 겨울철 오렌지 나무에 물을 뿌리면 냉해를 예방할 수 있다. 다음 그래프에서 이와 관련 있는 구간을 고르면?

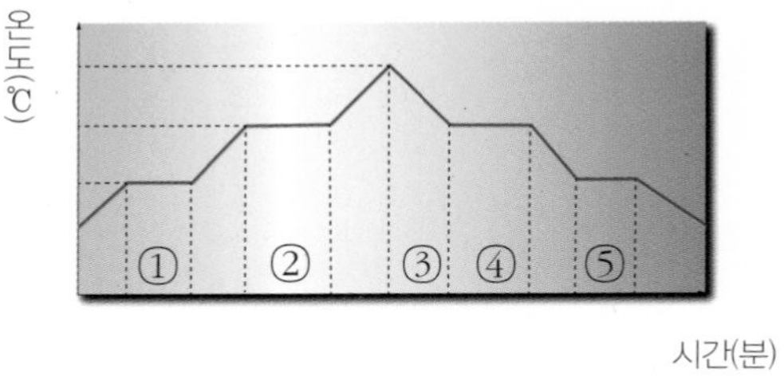

Tip!

창의력 & 토론마당

01 다음은 우리 주변에서 쉽게 볼 수 있는 스팀 난방과 에어컨의 모습이다. 스팀 난방은 열을 방출하는 장치이고, 에어컨은 열을 흡수하는 장치이다. 이처럼 우리 주위에서 열을 방출하는 장치와 열을 흡수하는 장치에는 어떤 것들이 있을지 각각 <u>2가지</u> 이상 적으시오.

▲ 스팀 난방기

▲ 에어컨

· 열을 방출하는 장치 : (　　　　　　　　　　　　　　　　　　　　　　　　)

· 열을 흡수하는 장치 : (　　　　　　　　　　　　　　　　　　　　　　　　)

02 주아는 더운 여름 날에 아이스크림을 먹고 있었다. '시원한 선풍기 바람을 쐬면 아이스크림이 천천히 녹을거야.' 라고 생각한 주아는 선풍기 앞에서 아이스크림을 먹었다. 그런데 아이스크림이 천천히 녹기는 커녕 더 빨리 녹아버렸다. 그 이유는 무엇일까?

정답 및 해설 07쪽

03 뜨거운 물은 때때로 찬물보다 빨리 언다. 뜨거운 물이 찬물보다 빨리 어는 현상은 탄자니아의 남학생 에라스토 음펨바(Erasto Mpemba)의 이름을 따서 음펨바 효과라고 한다. 뜨거운 물이 찬물보다 빨리 어는 이유는 무엇일지 서술해 보자.

04 다음은 은지와 세실이가 각자 서로 다른 방법으로 음료수를 시원하게 만드는 모습을 나타낸 것이다.

(가) 은지는 미지근한 음료수를 냉동실에 넣고 30분이 지난 후에 꺼냈다.

(나) 세실이는 미지근한 음료수에 젖은 휴지를 붙이고 냉동실에 넣고 30분이 지난 후에 꺼냈다.

(1) 미지근한 음료수는 (가)와 (나) 중 어떤 방법이 더 빠르게 시원해질까?

(2) 더 빠르게 시원해진 음료는 어떤 원리에 의해서 그렇게 된 것인가?

(3) (나)에서 냉동실에 넣는 것 대신 사용할 수 있는 방법은 무엇이 있을지 쓰시오.

05 그림과 같이 뜨거운 밥이 담긴 그릇 (가)와 식은 밥이 담긴 그릇 (나)를 유리가 깔린 식탁 위에 올려 놓았다. 다음 물음에 답하시오.

(1) 밥그릇을 각각 식탁 위에 올려 놓았을 때 밥그릇이 닿은 식탁의 표면에서 (나)와 달리 (가)에서는 식탁유리에 김이 서리는 것을 관찰할 수 있었다. 김이 생길 때 일어나는 상태 변화는 무엇인가?

(2) 위 (1)에서 답한 현상과 같은 상태 변화를 나타나는 현상을 일상 생활에서 찾아 그 예를 적으시오.

스스로 실력 높이기

01 **상태 변화에 대한 설명을 읽고 옳은 것은 ○표, 옳지 않은 것은 ×표 하시오.**

(1) 열을 방출하는 상태 변화에는 응고, 액화, 승화(기체 → 고체)가 있다. (   )

(2) 열을 흡수하는 상태 변화는 물질 주위의 온도를 상승시킨다. (   )

(3) 물질은 상태가 변화할 때 열에너지를 흡수하거나 방출한다. (   )

02 **다음 현상에서 밑줄 친 물질에서 일어나는 열에너지의 출입을 각각 쓰시오.**

(1) 콜라에 <u>얼음</u>을 넣으면 시원해진다.
(   )

(2) 이글루 안에 <u>물</u>을 뿌리면 이글루 안이 따뜻해진다.
(   )

03 **다음 글의 괄호 안에 알맞은 말을 적으시오.**

물질은 상태가 변화할 때 (   )를 흡수하거나 방출한다.

04 **고체에서 액체로 융해될 때 일정하게 유지되는 온도를 무엇이라 하는가?**

05 **다음 글의 괄호 안에 알맞은 말을 적으시오.**

물질을 가열하거나 냉각할 때 온도가 일정한 구간이 나타나며, 이때 물질의 (   )가 일어난다.

06 **열에너지를 흡수할 때 일어나는 상태 변화를 <u>모두</u> 고르시오.(3개)**

① 융해 ② 액화 ③ 기화
④ 응고 ⑤ 승화(고체→기체)

정답 및 해설 08쪽

07 다음은 물을 가열하며 온도를 측정한 그래프이다. (가)~(다) 중 상태 변화가 일어나는 구간을 고르고, 그 구간에서 일어나는 물질의 상태 변화를 쓰시오. (예 고체→기체)

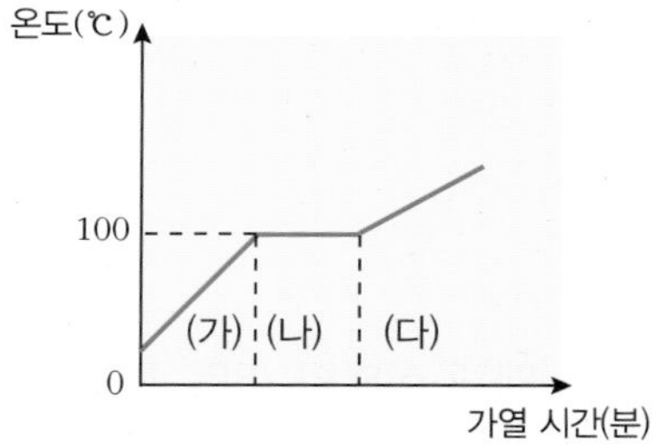

08 가열 곡선에 관한 설명를 읽고 옳은 것은 ○표, 옳지 않은 것은 ×표 하시오.

(1) 물질을 가열할 때 온도가 일정한 구간이 나타난다. ( )

(2) 가열 시 공급한 열에너지는 상태 변화 과정에서 흡수된다. ( )

(3) 융해, 액화가 일어날 때 온도가 점차로 증가한다. ( )

09 그림은 물질의 상태 변화를 나타낸 것이다. A~F 중 열에너지를 방출하는 상태 변화를 모두 골라 기호를 쓰시오.

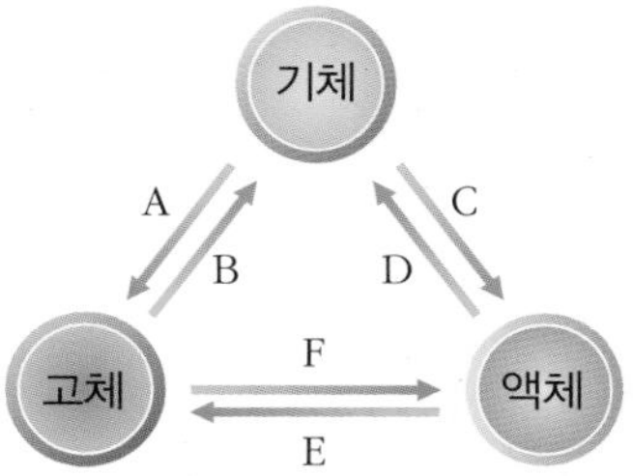

10 냉각 곡선에 관한 설명를 읽고 옳은 것은 ○표, 옳지 않은 것은 ×표 하시오.

(1) 시간이 증가할수록 물질의 온도는 상승한다. ( )

(2) 상태 변화 과정에서 열에너지를 방출한다. ( )

(3) 물질을 냉각할 때 온도가 일정한 구간에서 상태 변화가 일어난다. ( )

11 오렌지 주스에 얼음을 넣으면 시원해진다. 다음의 가열 · 냉각 곡선에서 얼음의 변화를 설명할 수 있는 구간은?

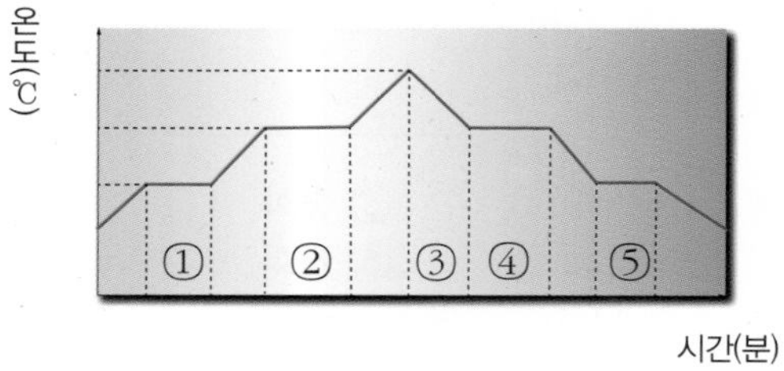

12 열에너지를 흡수하는 상태 변화의 예로 옳지 않은 것은?

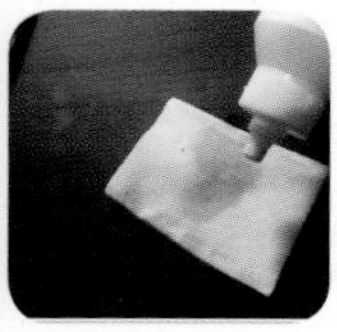

① 얼음의 융해 ② 물의 기화 ③ 에탄올의 기화

④ 수증기의 승화 ⑤ 드라이아이스의 승화

13 다음 그래프에서 물질이 응고되는 구간은?

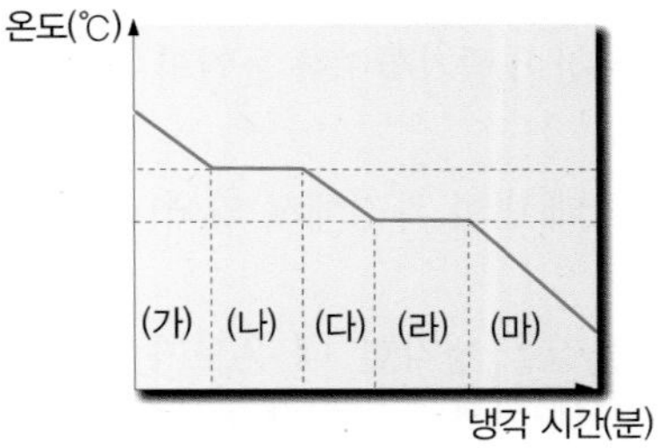

① 가 ② 나 ③ 다
④ 라 ⑤ 마

14 다음 글의 괄호 안에 들어갈 말로 알맞은 것을 모두 고르시오.(2개)

끓는점은 ( )될 때 일정하게 유지되는 온도이다.

① 융해 ② 승화 ③ 응고
④ 기화 ⑤ 액화

15 다음은 물을 가열하면서 측정한 온도 변화 그래프이다. 그래프에 대한 설명으로 옳지 않은 것은?

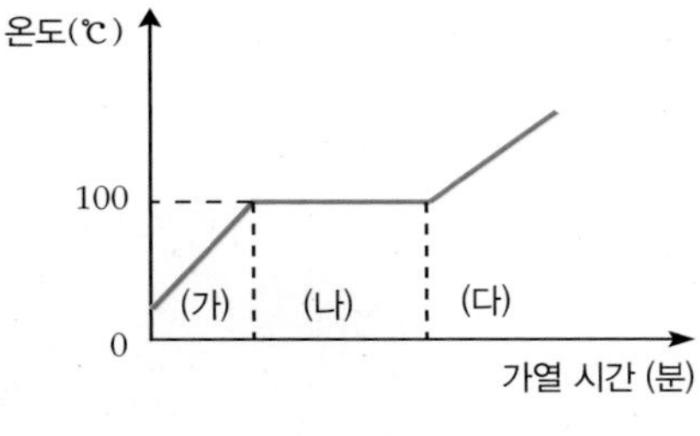

① (가) 구간은 상태가 변하지 않는다.
② (나) 구간에서 물은 수증기로 상태 변화한다.
③ (다) 구간에서 가열 시간이 증가할수록 온도가 상승한다.
④ (나) 구간에서 일정하게 유지되는 온도를 끓는점이라 한다.
⑤ 어떤 액체를 가열해도 그래프는 항상 일정하다.

16 다음의 현상이 일어날 때 열에너지의 출입과 해당되는 상태 변화가 바르게 연결된 것은?

눈이 오기 전에는 날씨가 포근하다.

① 방출, 응고 ② 방출, 승화
③ 흡수, 기화 ④ 방출, 액화
⑤ 흡수, 융해

17 다음은 액체 상태인 어떤 물질의 가열, 냉각 곡선을 나타낸 것이다. 이에 대한 설명으로 옳은 것은?

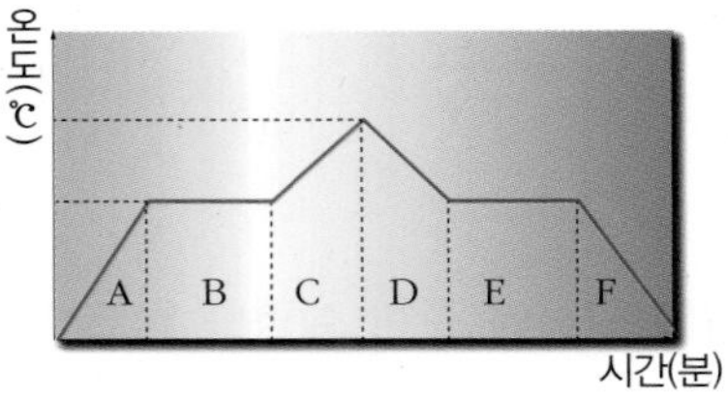

① A 구간에서는 상태 변화가 일어난다.
② B 구간에서는 열에너지를 방출한다.
③ C 구간에서는 상태 변화가 일어난다.
④ D 구간에서의 온도를 어는점이라고 한다.
⑤ E 구간에서는 물질이 액화되면서 열을 방출한다.

18 다음 그래프는 어떤 고체 물질을 가열할 때 시간에 따른 온도 변화를 나타낸 것이다. 이에 대한 설명으로 옳지 않은 것은?

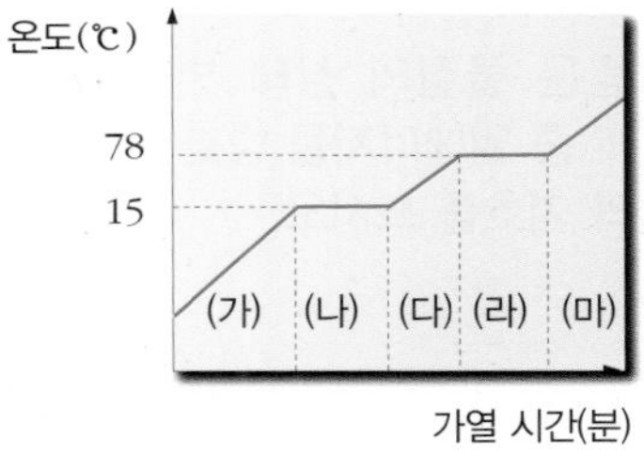

① 15℃는 녹는점이다.
② 78℃는 끓는점이다.
③ 상태 변화가 일어날 때 온도는 일정하다.
④ (나), (라) 구간에서 물질은 두 가지 상태가 같이 존재한다.
⑤ 고체 물질은 시간이 증가할수록 열을 방출한다.

정답 및 해설 08쪽

19 다음 그림은 땀샘이 없는 강아지가 침을 흘려 몸의 열을 식히고 있는 모습이다. 이와 관련된 상태 변화를 나타내는 구간을 아래의 그래프에서 찾으시오.

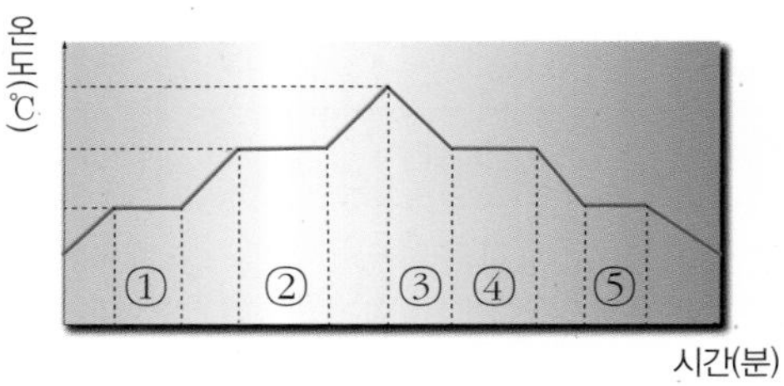

20 다음 그림처럼 열이 나고 아프면 물에 적신 수건을 머리 위에 올려 놓는다. 이것은 물이 증발하면서 우리 몸의 열을 빼앗아 가기 때문인데, 이와 같이 물질이 열을 흡수하는 현상은?

① 비가 오기 전에는 날씨가 후텁지근하다.
② 에탄올을 손에 바르면 시원하게 느껴진다.
③ 스팀 난방은 수증기가 액화하면서 따뜻해진다.
④ 이글루 안에 물을 뿌리면 이글루 안이 따뜻해진다.
⑤ 주전자에 물을 넣고 끓였더니 주전자 입구에 하얀 김이 생겼다.

창의력 서술

21 겨울철 화초의 냉해를 막기 위해 화초에 물을 뿌린다. 그 이유를 상태 변화, 열에너지의 출입과 연관지어 쓰시오.

22 알루미늄을 가열하여 녹인 후 틀에 부어 식혀서 알루미늄 제품을 만들었다. 이 과정에서 일어나는 상태 변화 두 가지를 열의 출입 종류와 함께 순서대로 쓰시오.

3강. 물질의 상태와 분자 배열

● 분자 모형의 예

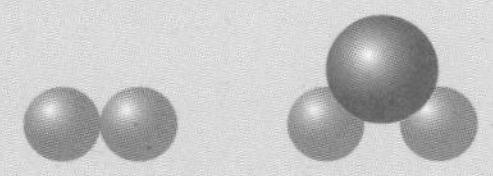

수소 분자　　물 분자

● 분자의 특징

① 물질의 종류에 따라 분자의 종류, 크기, 모양, 질량이 다르다.
② 분자를 더 작은 입자로 쪼개면 물질의 성질을 잃는다.
③ 크기가 매우 작아 눈으로 볼 수 없다.

● 분자는 얼마나 작을까?

분자의 일반적인 크기는 보통 1nm(나노미터)로 1cm에 천만 개, 1mm에 백만 개의 분자가 줄지어져 있다고 볼 수 있다.

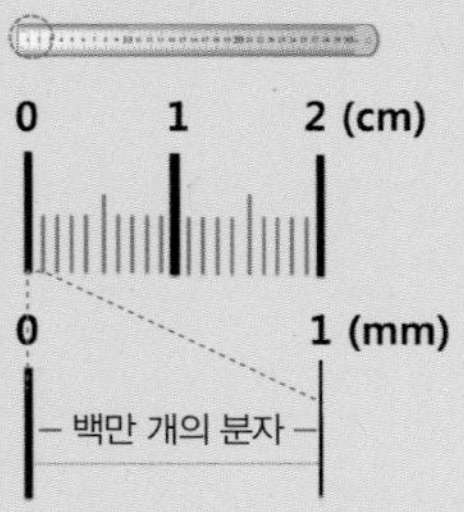

미니사전

분자 모형 물질을 구성하고 있는 모습을 표현하거나 설명하기 위해 눈에 보이는 물체를 이용하여 분자를 나타내는 것

배열 일정한 차례나 간격에 따라 늘어놓은 것

압축 압력을 가해 부피를 줄인 것

나노미터 미터의 십억분의 일에 해당하는 길이의 단위

1. 물질의 상태와 분자 배열

(1) 분자 : 물질의 성질을 갖는 가장 작은 입자

(2) 분자 모형 : 실제 분자는 눈으로 직접 볼 수 없으므로 모형을 사용한다.

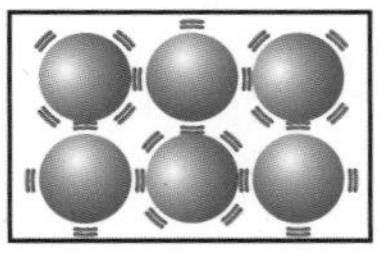

▲ 고체

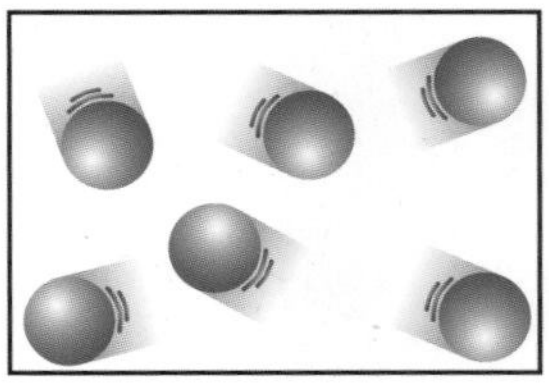

▲ 액체

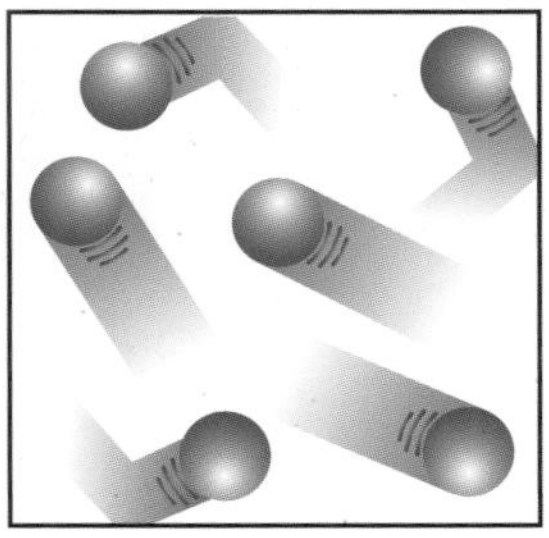

▲ 기체

	고체	액체	기체
배열	규칙	불규칙	매우 불규칙
분자 사이 거리	매우 가깝다	비교적 가깝다	매우 멀다
압축할 때	압축되지 않는다	거의 압축되지 않는다	압축된다

개념확인 1 다음 〈보기〉에서 설명하는 것은 무엇인지 쓰시오.

〈보기〉
· 이 입자는 너무 작아 맨눈으로 볼 수 없다.
· 물질의 성질을 갖는 가장 작은 입자이다.

확인 +1 다음 그림은 물질의 세 가지 상태를 모형으로 나타낸 것이다. 물질의 상태와 배열에 대한 다음 설명 중 옳은 것을 모두 고르시오. (2개)

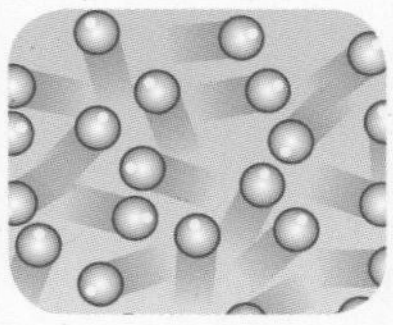

(가)

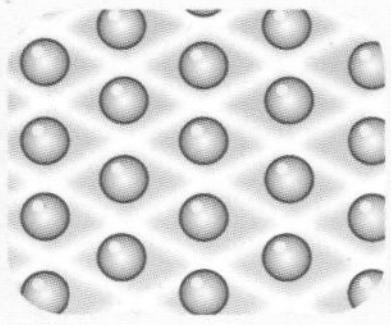

(나)

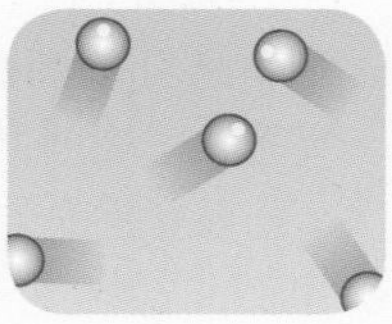

(다)

① (가)는 기체의 분자 배열을 나타낸 모습이다.
② (나)는 고체의 분자 배열을 나타낸 모습이다.
③ (다)는 액체의 분자 배열을 나타낸 모습이다.
④ 위의 그림만 보았을때 물질의 상태를 알 수 없다.
⑤ 분자 사이의 거리가 가까운 순서로 나열하면 (나)→(가)→(다)이다.

2. 상태 변화와 분자 배열 변화 1

(1) **부피 변화** : 상태 변화가 일어날 때 분자의 배열과 분자 사이의 거리가 달라지기 때문에 물체의 부피가 변한다.

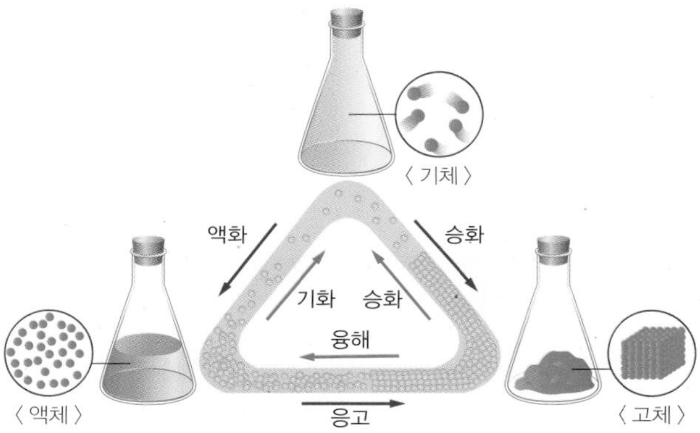

▲ 상태 변화에 따른 분자 배열의 변화

	가열할 때의 변화	냉각할 때의 변화
상태 변화	융해, 기화, 승화(고체→기체)	응고, 액화, 승화(기체→고체)
분자 운동	활발해진다	둔해진다
분자 배열	불규칙해진다	규칙적으로 된다
물질의 부피	증가한다 (예외 : 얼음 융해 → 부피 감소)	감소한다 (예외 : 물 응고 → 부피 증가)

간단실험

상태 변화에 따른 부피 변화

준비물 : 비닐 장갑, 아세톤, 고무줄, 뜨거운 물

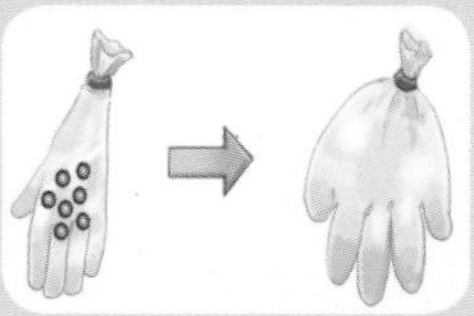

〈실험 과정〉

비닐 장갑의 손가락 부분에 아세톤을 넣고 묶은 뒤 뜨거운 물에 넣는다.

〈과 제〉

오른쪽의 비닐 장갑 안에 분자 모형을 그려보자.

정답 및 해설 09쪽

개념확인 2

다음 글을 읽고 알맞은 단어를 고르시오.

> 대부분의 액체 물질은 고체로 응고되면 분자 배열이 ㉠(규칙적 , 불규칙적)으로 변하고, 부피가 ㉡(감소 , 일정 , 증가)하지만, 예외적으로 물은 얼음으로 응고되면 부피가 ㉢(감소한다 , 일정하다 , 증가한다).

확인 + 2

물질을 가열할 때 나타나는 변화로 옳은 것은 ○표, 옳지 않은 것은 × 표하시오. (단, 물은 제외한다.)

(1) 물질을 이루는 분자의 운동이 활발해진다. ( )

(2) 물질의 상태가 변하기 때문에 물질의 성질도 변한다. ( )

(3) 물질을 이루고 있는 분자 사이의 거리가 멀어져 부피가 커진다. ( )

(4) 가열할 때 융해, 기화, 승화(고체→기체)의 상태 변화가 일어난다. ( )

생각해보기★

물은 왜 얼음이 될 때 부피가 증가할까?

〈참고 그림〉

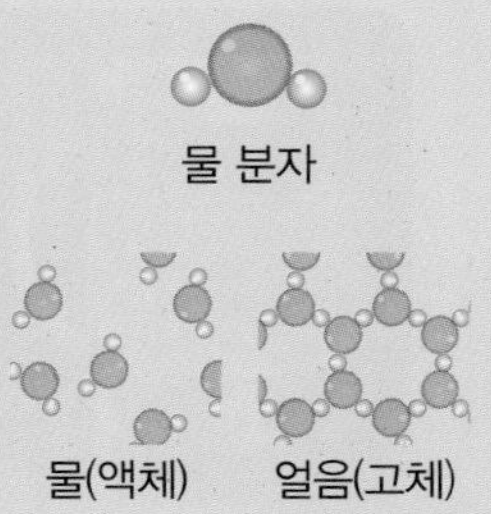

▲ 눈 결정

간단실험

상태 변화에 따른 물질의 질량 변화

준비물 : 전자저울, 얼음, 비닐

〈실험 과정〉

① 비닐에 얼음을 넣고 질량을 측정한다.

② 녹아서 물이 되었을 때 질량을 측정한다.

3. 상태 변화와 분자 배열 변화 2

(1) 질량 변화 : 상태 변화가 일어날 때 분자의 크기와 개수, 종류는 바뀌지 않기 때문에 물질의 질량과 성질은 일정하다.

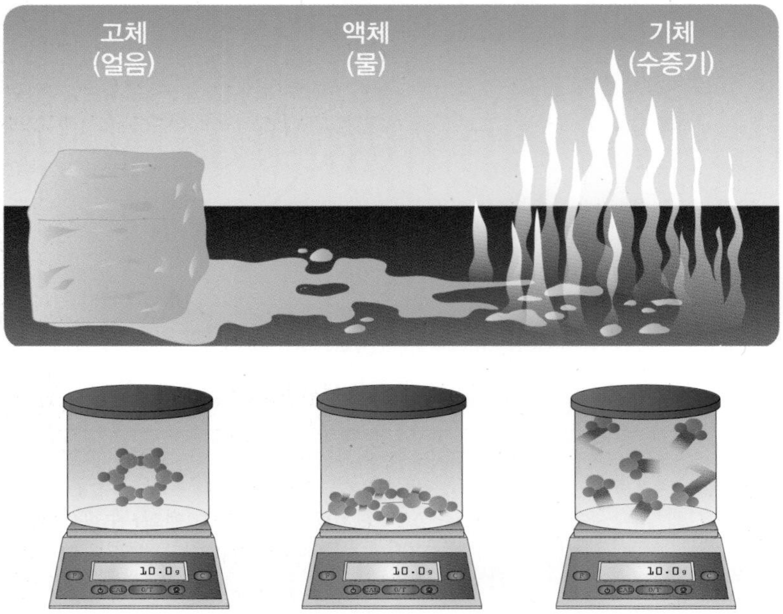

▲ 물의 상태 변화에 따른 분자 모형과 질량 변화 (: 물 분자)

생각해보기★★

밀폐된 용기 속에서 물이 끓어서 모두 수증기가 되면 용기의 전체 질량은 더 가벼워질까?

개념확인 3 다음 〈보기〉를 보고 물질이 상태 변화할 때 변하는 것과 변하지 않는 것을 골라 각각 기호로 나타내시오.

〈 보기 〉

㉠ 분자의 배열	㉡ 분자의 종류	㉢ 분자의 개수
㉣ 분자의 성질	㉤ 분자 사이의 거리	㉥ 물질의 성질
㉦ 물질의 부피	㉧ 물질의 질량	

(1) 변하는 것 :

(2) 변하지 않는 것 :

확인 + 3 초콜렛이 녹을 때 변하는 것은?

① 분자의 개수

② 분자의 종류

③ 초콜렛의 맛

④ 초콜렛의 부피

⑤ 초콜렛의 질량

굳은 초콜렛

녹은 초콜렛

미니사전

에탄올 사탕수수나 옥수수 등을 발효시켜 얻는 알코올의 한 종류

4. 상태 변화할 때 분자 사이의 거리와 인력 변화

(1) 거리와 인력 변화 : 가열할 때 분자 사이의 거리는 멀어지고 인력은 약해진다. 반대로 냉각할 때 분자 사이의 거리는 더 가까워지고 인력은 강해진다.

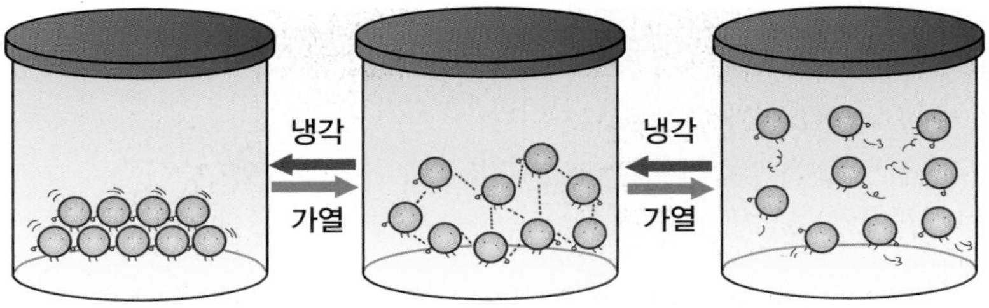

▲ 상태 변화에 따른 분자 사이 거리와 인력 변화

	가열할 때의 변화	냉각할 때의 변화
상태 변화	융해, 기화, 승화(고체→기체)	응고, 액화, 승화(기체→고체)
분자 배열	불규칙해진다	규칙적으로 된다
분자 사이의 거리	멀어진다	가까워진다
분자 사이의 인력	약해진다	강해진다

○ 간단실험

상태 변화에 따른 분자 사이의 거리 변화

준비물 : 찌그러진 탁구공, 비커, 뜨거운 물

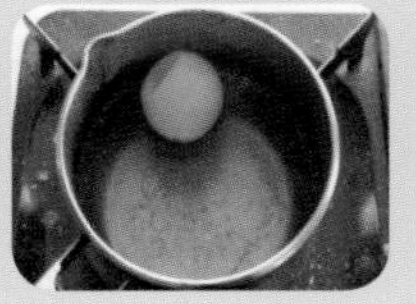

〈실험 과정〉

찌그러진 탁구공을 뜨거운 물에 넣어 본다.

정답 및 해설 09쪽

개념확인 4

다음 글을 읽고 알맞은 단어를 고르시오.

> 비닐에 공기를 뺀 후 아세톤을 넣어 새지 않게 잘 묶은 뒤 뜨거운 물을 부으면, 온도가 높아져 분자들의 운동이 활발해지면서 분자의 배열이 불규칙적으로 변한다. 이때 아세톤이 기화하면서 분자 사이의 거리는 ㉠(가까워 , 멀어)지고, 분자 사이의 인력은 ㉡(약해진다 , 강해진다).

확인 + 4

물질의 상태 변화에 대한 설명 중 옳은 것은?

① 액화할 때 분자 사이 거리가 더 멀어진다.
② 상태 변화할 때, 분자 사이의 거리도 변한다.
③ 물이 얼어 얼음이 될 때 분자 배열이 불규칙해진다.
④ 분자 사이의 거리가 멀어지면 인력은 더 강해진다.
⑤ 상태 변화를 해도 분자는 변하지 않으므로 분자 사이의 인력도 변하지 않는다.

○ 생각해보기★★★

온도가 변하면 분자 사이의 거리가 변하는 원리를 이용한 예에는 어떤 것이 있을까?

미니사전

인력 떨어져 있는 물체끼리 서로 잡아당기는 힘

01 다음 중 분자에 대한 설명으로 옳은 것을 모두 고르시오.(2개)

① 물과 얼음의 분자는 서로 같다.
② 분자는 맨눈으로 볼 수 있다.
③ 모든 고체는 같은 분자로 이루어져 있다.
④ 물질의 성질을 갖는 가장 작은 입자이다.
⑤ 고체, 액체의 분자 배열은 모두 규칙적이다.

02 다음은 눈으로 볼 수 없는 분자를 설명하기 위해 구슬로 물질의 세 가지 상태를 나타낸 분자 모형이다. 다음 중 분자 모형에 대한 설명으로 옳지 않은 것은?

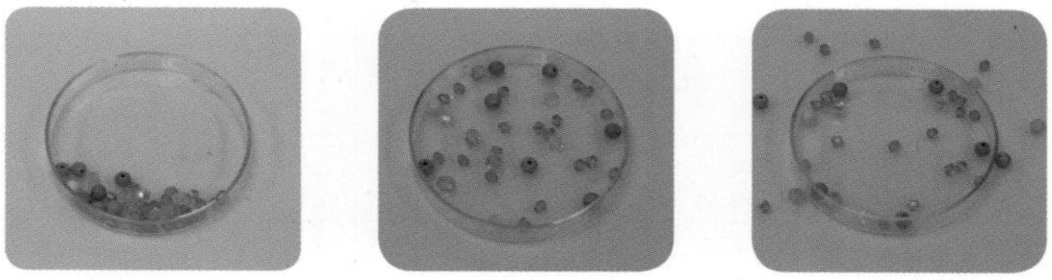
(가) (나) (다)

① 분자 사이의 인력을 표현하기에 알맞다.
② 스스로 움직이는 분자의 운동을 표현할 수 없다.
③ (가)는 고체, (나)는 액체, (다)는 기체 상태를 나타내는 분자 모형이다.
④ 크기가 같은 구슬을 이용해 분자의 크기가 변하지 않는 것을 알 수 있다.
⑤ 모양이 같은 구슬을 이용해서 분자의 모양이 일정한 것을 표현할 수 있다.

03 다음 그림의 A~F 중, 분자 사이의 거리가 멀어지고 인력이 약해질 때의 상태 변화를 모두 나열한 것은? (단, 물은 제외한다.)

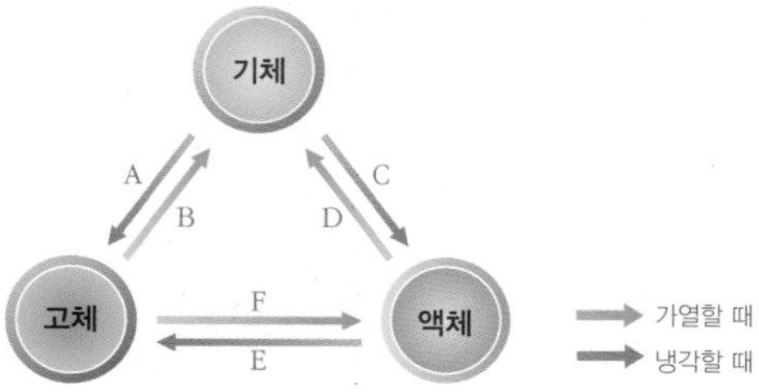

① A, E ② B, D ③ A, C, F
④ B, D, F ⑤ A, C, E

04 다음 중 분자 사이의 거리가 가까워지는 경우를 모두 고르시오.(2개)

① 젖은 빨래가 마른다.
② 추운 겨울에 창문에 성에가 낀다.
③ 주전자의 물이 끓어 수증기가 된다.
④ 드라이아이스 조각이 점점 작아진다.
⑤ 용광로 안의 쇳물이 식어 단단한 철이 된다.

05 다음 그림은 물질의 세 가지 상태에서의 분자 배열을 나타낸 그림이다. 그림에 대한 설명으로 옳지 않은 것은?

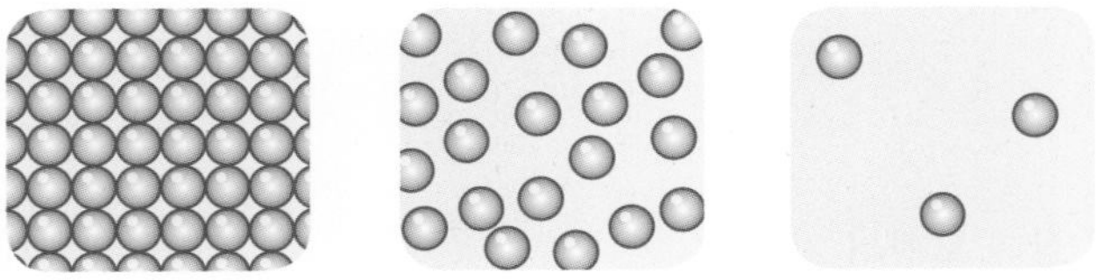

(가) (나) (다)

① (가)는 분자 배열이 매우 규칙적이다.
② (가) 상태의 물질을 가열하면 (다) 상태로 만들 수 있다.
③ (나) 상태의 물질을 냉각하면 (가) 상태로 만들 수 있다.
④ (다) 상태에서 (나) 상태로 변하는 것을 액화라고 한다.
⑤ 분자 사이의 거리가 가장 먼 (다)의 인력이 가장 강하다.

06 다음 〈보기〉에서 상태 변화가 일어나도 변하지 않고 일정하게 유지되는 것으로만 짝지은 것은?

〈보기〉

(가) 분자의 배열	(나) 분자의 개수	(다) 분자 사이의 거리
(라) 물질의 성질	(마) 물질의 부피	(바) 물질의 질량

① (가), (나)
② (다), (라)
③ (가), (마), (바)
④ (나), (라), (바)
⑤ (가), (나), (마), (바)

[유형3-1] 물질의 상태와 분자 배열

다음 그림은 물질의 세 가지 상태를 모형으로 나타낸 것이다. 다음 설명에 해당하는 상태의 기호와 상태의 이름을 쓰시오.

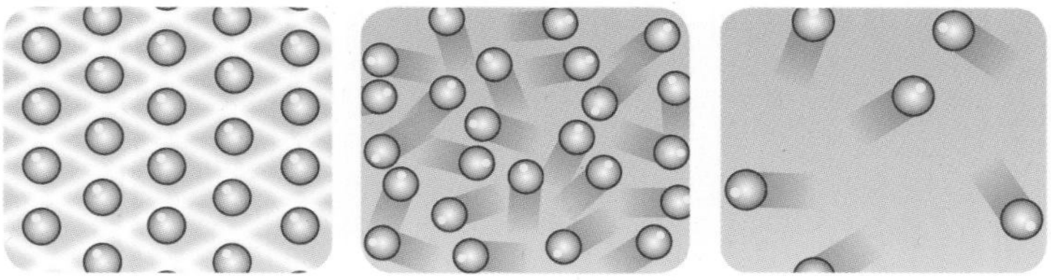

(가) (나) (다)

· 분자 사이의 거리가 가장 멀다.
· 분자들의 배열이 불규칙적이다.
· 담는 그릇에 따라 모양이 변한다.

· 물질 상태 모형의 기호 : (　　　　)　　　· 물질 상태의 이름 : (　　　　)

Tip!

01 다음은 분자 배열을 학생들의 움직임에 비유한 것이다. 다음 중 고체에 해당하는 것은?

① 학생들이 점심 시간에 급식실로 간다.
② 학생들이 수업을 마치고 집으로 뛰어간다.
③ 학생들이 쉬는 시간에 자유롭게 움직인다.
④ 학생들이 체육 시간에 운동장을 뛰어다닌다.
⑤ 학생들이 수업 시간에 교실에 줄 맞춰 앉아서 수업을 듣는다.

02 고체가 기체나 액체와 달리 일정한 모양을 이루고 있는 이유는?

① 고체 상태일 때 분자는 딱딱하기 때문에
② 분자들 사이의 간격이 너무 넓기 때문에
③ 다른 상태보다 분자의 크기가 작기 때문에
④ 분자들이 규칙적으로 배열되어 있기 때문에
⑤ 고체일 때만 분자들의 모양과 크기가 일정하기 때문에

[유형3-2] 상태 변화와 분자 배열 변화 1

다음 빈칸에 들어갈 단어들을 바르게 나열한 것은?

	가열할 때의 변화	냉각할 때의 변화
상태 변화	융해, 기화, 승화(고체→기체)	응고, 액화, 승화(기체→고체)
분자 운동	㉠	㉡
분자 배열	㉢	㉣
물질의 부피	증가 (예외 : 얼음 융해 → 부피 감소)	감소 (예외 : 물 응고 → 부피 증가)

	㉠	㉡	㉢	㉣
①	둔해짐	활발해짐	변화 없음	변화 없음
②	둔해짐	활발해짐	불규칙해짐	규칙적으로 됨
③	변화 없음	변화 없음	불규칙해짐	규칙적으로 됨
④	활발해짐	둔해짐	규칙적으로 됨	불규칙해짐
⑤	활발해짐	둔해짐	불규칙해짐	규칙적으로 됨

03

다음과 같은 상태 변화가 일어날 때 물질의 부피가 작아지는 경우는?

① 용광로에서 철을 녹인다
② 후라이팬에 버터가 녹는다.
③ 도화지에 칠한 물감의 물이 마른다.
④ 옷장 속 나프탈렌이 작아진다.
⑤ 냉동실 벽면이나 추운 겨울철 유리창에 성에가 생긴다.

Tip!

04

기체가 고체나 액체와는 다르게 압축이 잘 되는 이유를 모두 고르시오. (2개)

① 분자가 운동을 하지 않기 때문이다.
② 분자 사이의 거리가 멀기 때문이다.
③ 분자 사이에 빈 공간이 많기 때문이다.
④ 분자 사이의 인력이 매우 강하기 때문이다.
⑤ 분자 배열이 매우 불규칙적이여서 분자가 쉽게 변하기 때문이다.

[유형3-3] 상태 변화와 분자 배열 변화 2

아래 그림은 물의 상태에 따른 분자의 구성을 모형으로 나타낸 것이다.

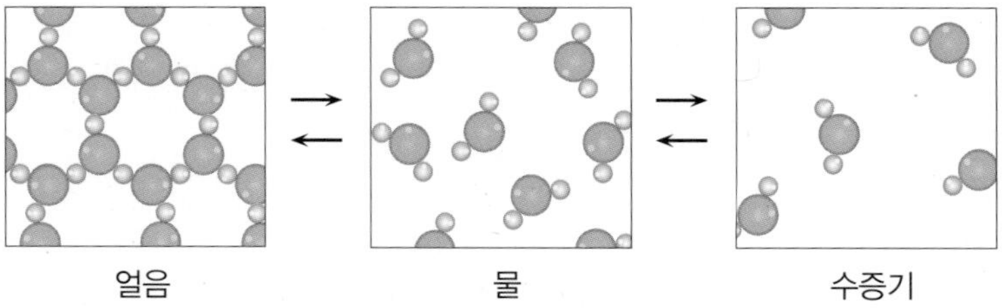

위 물 분자 모형에 대한 다음 설명 중 옳은 것을 모두 고르시오.(3개)

① 상태가 변하면 분자 모양이 달라진다.
② 고체인 얼음은 육각형 구조로 이루어져 있다.
③ 실제의 물 분자 모습을 그대로 나타낸 것이다.
④ 상태가 변해도 분자의 모양이나 크기는 변하지 않는다.
⑤ 분자 모형으로 얼음과 수증기의 상태를 구분할 수 있다.

Tip!

05 다음은 물질의 상태가 변할 때의 설명이다. 옳지 않은 것은?

① 어떠한 상태 변화라도 물질의 질량은 변하지 않는다.
② 상태가 변한다 하더라도 전후 물질의 성질은 변하지 않는다.
③ 물질의 상태가 변해도 물질을 이루는 분자의 개수는 일정하다.
④ 대부분의 물질은 기체에서 액체로, 액체에서 고체로 변할 때 부피가 증가한다.
⑤ 물질의 상태가 변해도 성질이 변하지 않는 것은 물질을 이루는 분자의 성질이 변하지 않기 때문이다.

06 아세톤이 기화할 때 변하지 않는 것을 〈보기〉에서 모두 골라 기호로 쓰시오.

〈 보기 〉

ㄱ. 분자의 크기	ㄴ. 분자의 개수
ㄷ. 분자의 배열	ㄹ. 물질의 성질
ㅁ. 분자 사이의 인력	ㅂ. 분자 사이의 거리

[유형3-4] 분자 사이의 거리와 인력 변화

다음 그림은 청동기 시대의 유물인 도끼 거푸집을 나타낸 것이다.

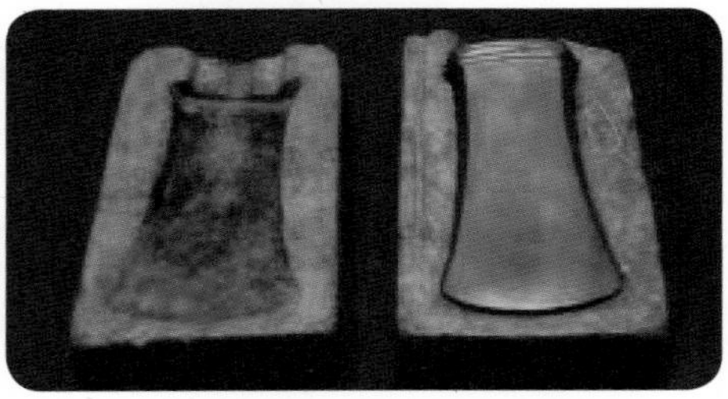

금속을 녹여 부어 원하는 모양으로 굳히기 위해 사용되는 거푸집은 실제 만들려는 물건의 크기에 비해 조금 크게 만든다. 그 이유는 무엇일까?

① 응고할 때 입자의 수가 줄어들기 때문이다.
② 응고할 때 입자의 질량이 감소하기 때문이다.
③ 응고할 때 입자의 크기가 줄어들기 때문이다.
④ 응고할 때 입자 사이의 인력이 증가하기 때문이다.
⑤ 응고할 때 입자 사이의 거리가 줄어들기 때문이다.

07 다음 일상 생활 속의 상태 변화 중 분자 사이 인력이 가장 약해지는 것은?

① 녹은 버터가 다시 굳는다.
② 초콜릿이 녹아 흘러내린다.
③ 이른 새벽 풀잎에 이슬이 맺힌다.
④ 옷장 속의 좀약이 서서히 사라진다.
⑤ 고깃국 위의 기름이 식어서 굳는다.

Tip!

08 다음 그림의 A~F 중, 분자 사이의 거리 변화가 가장 큰 경우를 찾아 기호로 나타내시오.

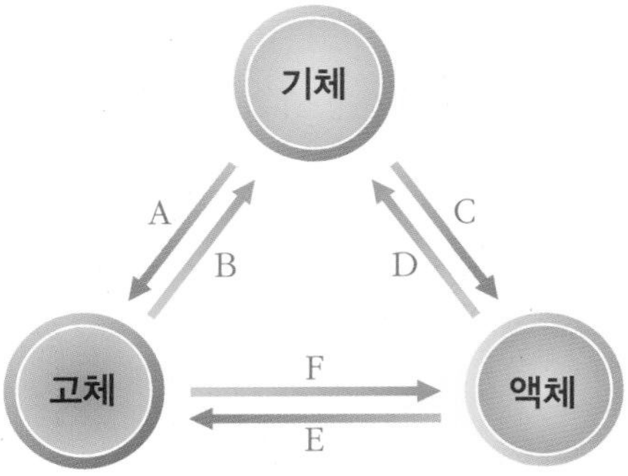

창의력 & 토론마당

01 뜨거운 그릇을 매끈한 식탁 위에 올려 놓았더니 저절로 미끄러지면서 움직였다. 다른 반찬 그릇들은 움직이지 않지만 뜨거운 그릇만 움직이는 이유가 무엇일까?

02 아래의 그림은 물질의 상태 변화를 나타낸 것이다.

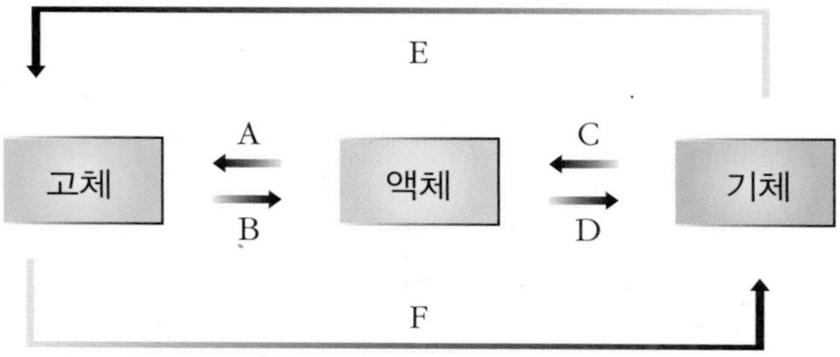

(1) 그림에서 물질의 상태를 변화시킬 때 가열이 필요한 부분의 기호와 상태 변화를 모두 쓰시오.

(2) 위의 그림과 같이 물질의 상태 변화가 일어날 때, 상태 변화 과정에서 변하지 않는 것은 무엇인가?

(3) A~D 중 부피가 가장 많이 커지는 경우는 어느 것인가?

(4) 얼음이 녹아 물이 되거나, 에탄올이 끓어 기체로 될 때, 질량이 변하지 않는다는 것을 확인할 수 있는 방법을 쓰시오.

정답 및 해설 **11쪽**

03 다음 글은 물질의 세 가지 상태에 따른 분자 배열과 운동을 교실의 상황에 비유하여 설명한 것이다.

> 고체 상태 분자는 수업 시간에 책상에 앉아 있는 학생들에, 액체 상태 분자는 쉬는 시간에 교실 내에서 자유롭게 움직이는 학생들에, 기체 상태의 분자는 방과 후 서로 영향을 받지 않고 자유롭게 교실 밖으로 나가는 학생들에 비유할 수 있다.

아래 사진을 보고 각 사람들이 고체, 액체, 기체 중 어떤 것에 해당하는지 쓰고 그 이유를 설명하시오.

	물질의 상태	설명
사진기자	액체	자유롭게 움직이며 사진을 찍고 있다.
관중		
선수		
치어리더		

창의력 & 토론마당

04 우주 식품은 오래 두어도 부패하지 않도록 철저히 살균해야 하고, 매우 가볍게 만들어야 한다. 그리고 우주 식품은 조리 기구를 사용하지 않고 간편하게 먹을 수 있어야 하므로 진공 동결 건조법이라는 특별한 방법으로 만든다. 진공 동결 건조법은 식품을 -70 ~ -50℃ 정도의 저온에서 급속 냉동시켜서 식품 내의 수분을 얼린 뒤 건조기에서 압력을 낮추어 얼음을 승화시켜 수분을 제거한다. 동결 건조법을 이용하여 인스턴트 커피, 라면의 건더기 스프 등을 만들기도 한다.

▲ 음식

⇒

▲ 진공 동결 건조기

⇓

▲ 우주 식품을 먹는 사람들

⇐

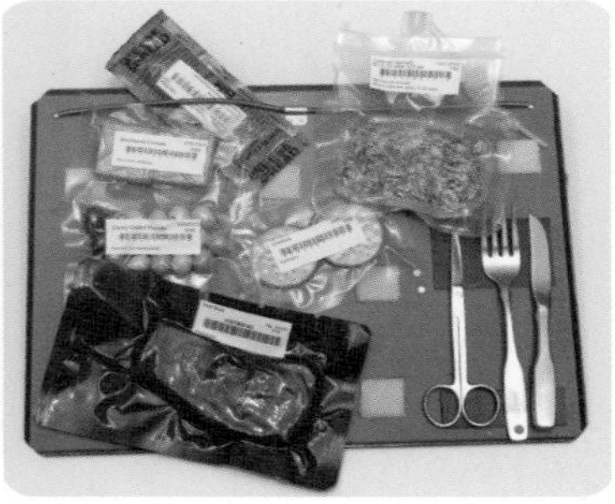
▲ 우주 식품

(1) 우주 식품을 만들 때 어떤 상태 변화가 일어날까?

(2) 진공 동결 건조법으로 만든 식품들의 장점은 무엇일까?

정답 및 해설 11쪽

05 지연이는 민경이에게 공기 중에 수증기가 포함되어 있다는 사실을 보여주기 위해 냉장고에서 차가운 물병을 꺼내 식탁 위에 올려놓았다. 그러자 얼마 후에 물병 표면에 물방울이 맺히는 현상을 관찰할 수 있었다.

지연이는 민경이에게 다음과 같이 설명하였다.
"이 물방울은 공기 중에 있는 수증기가 차가운 물병 표면에서 응결되어 물방울로 변한거야." 그러자 민경이는 *"그걸 어떻게 알 수 있지? 물병으로부터 물이 새어나와 표면에 물방울로 맺힌 것일수도 있잖아."* 라고 말했다.

이 상황에서 민경이의 생각이 틀렸다는 것을 보여줄 수 있는 간단한 실험 방법 2가지를 고안하여 서술하시오.

	실험 방법	이유
방법 1		
방법 2		

스스로 실력 높이기

01 **분자 모형에 대한 설명으로 옳은 것을 〈보기〉에서 모두 고르시오.**

〈 보기 〉

ㄱ. 분자에 대한 이해를 돕기 위해 사용한다.
ㄴ. 실제 분자의 성질을 모두 표현할 수 있다.
ㄷ. 실제 분자와 같은 모양과 크기로 나타내어야 한다.
ㄹ. 같은 종류의 물질은 같은 종류의 분자 모형으로 나타낸다.

02 **아세톤이 들어 있는 비닐 장갑을 잘 묶은 뒤 뜨거운 물에 넣었더니 부풀어 올랐다. 이 실험에 대한 설명으로 옳은 것을 〈보기〉에서 모두 고르시오.**

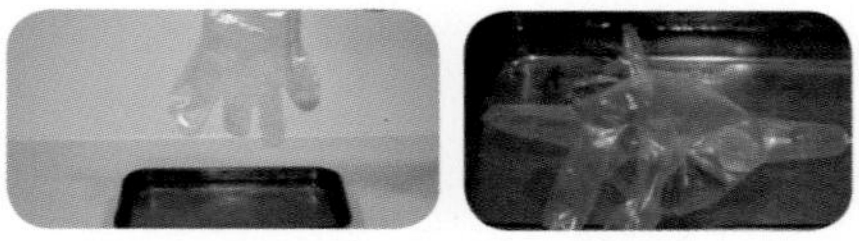

〈 보기 〉

ㄱ. 아세톤 분자의 개수가 늘어났다.
ㄴ. 아세톤 분자 사이의 인력이 강해졌다.
ㄷ. 아세톤 분자 사이의 거리가 멀어졌다.
ㄹ. 아세톤 분자가 뜨거운 물에 반응을 해서 새로운 분자로 바뀌었다.

03 **분자 운동이 둔해지고 분자 배열이 규칙적으로 변하는 경우의 상태 변화를 모두 쓰시오. (3가지)**

04 **일반적으로 부피가 감소하는 상태 변화에 A, 부피가 증가하는 상태 변화에 B를 쓰시오.**

(1) 융해 (　　)
(2) 응고 (　　)
(3) 액화 (　　)
(4) 승화(고체 → 기체) (　　)

05 **설탕을 타지 않게 잘 녹여서 설탕과자를 만들어 먹을 때, 다음 〈보기〉를 보고 변하는 것과 변하지 않는 것으로 구분하여 기호를 쓰시오.**

〈보기〉

㉠ 설탕의 맛 ㉡ 설탕의 질량 ㉢ 설탕의 부피
㉣ 설탕 분자의 개수 ㉤ 설탕 분자의 성질
㉥ 설탕 분자 사이 인력 ㉦ 설탕 분자 사이 거리

(1) 변하는 것 :
(2) 변하지 않는 것 :

06 **다음은 일반적인 물질의 세 가지 상태의 분자 모형이다. 각 상태에 대한 설명 중 옳은 것은 ○표, 옳지 않은 것은 ×표 하시오.**

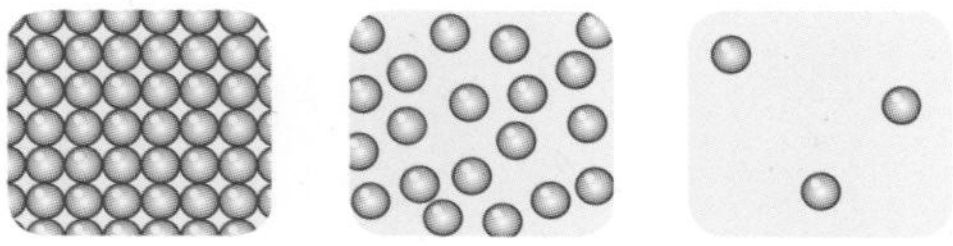

(가) (나) (다)

(1) (나)를 냉각하면 (다)로 상태 변화한다. (　　)
(2) 분자 사이의 거리는 (다)가 (나)보다 멀다. (　　)
(3) 분자 사이의 인력의 크기는 (가)>(나)>(다) 순이다. (　　)
(4) 상온(20℃)에서 드라이아이스는 (가)에서 (나)로 변한다. (　　)

07 **다음의 현상 중 분자 사이의 인력이 강해지는 경우에 '강', 약해지는 경우에 '약'이라고 쓰시오.**

(1) 냉동실에 성에가 생겼다. (　　)
(2) 손에 쥐고 있던 초콜릿이 녹았다. (　　)
(3) 가열한 프라이팬 위에 올려놓은 버터 조각이 녹았다. (　　)
(4) 차가운 물을 꺼내었더니 컵의 표면에 물방울이 맺혔다. (　　)

정답 및 해설 12쪽

08 물질의 세 가지 상태에 대한 설명으로 옳지 않은 것은?

① 고체는 모양과 부피가 일정하다.
② 액체는 담는 그릇에 따라 모양이 변한다.
③ 기체는 퍼지는 성질이 있고 부피가 일정하다.
④ 세 가지 상태 중에서 가장 압축되기 쉬운 것은 기체이다.
⑤ 고체는 분자 배열이 규칙적이고, 액체와 기체는 불규칙적이다.

09 다음 물질의 세 가지 상태의 분자 모형을 보고 상태와 특징을 바르게 짝지은 것은?

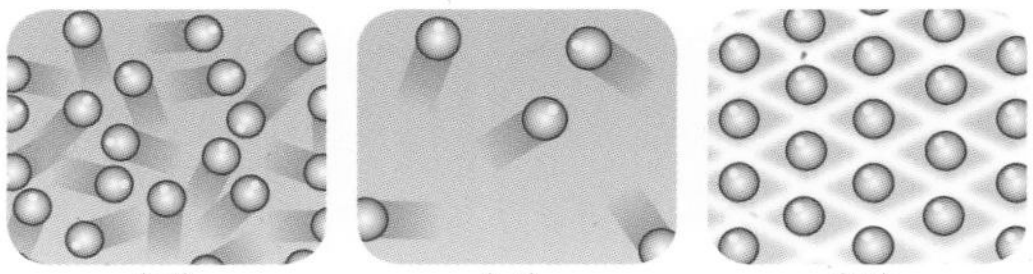
(가) (나) (다)

① (가) - 고체, 규칙적인 배열이다.
② (나) - 액체, 흐르는 성질이 없다.
③ (다) - 고체, 가장 불규칙적인 배열이다.
④ (나) - 기체, 담는 그릇에 상관없이 모양이 일정하다.
⑤ (가) - 액체, 분자 사이 거리가 비교적 가까운 편이다.

10 다음과 같은 특징을 갖는 모형과 그 상태를 바르게 짝지은 것은?

- 분자의 배열이 가장 규칙적이다.
- 분자 사이의 거리가 매우 가깝다.
- 분자 사이의 인력이 매우 강하다.

① 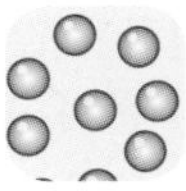
액체

② 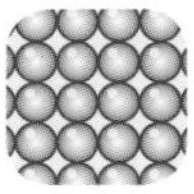
고체

③ 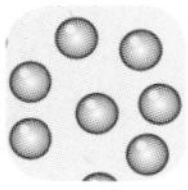
기체

④ 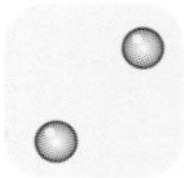
기체

⑤ 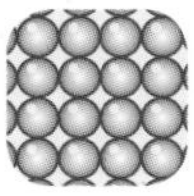
액체

11 다음 그림의 기호와 그에 맞는 상태 변화의 예를 바르게 짝지은 것을 모두 고르시오. (2개)

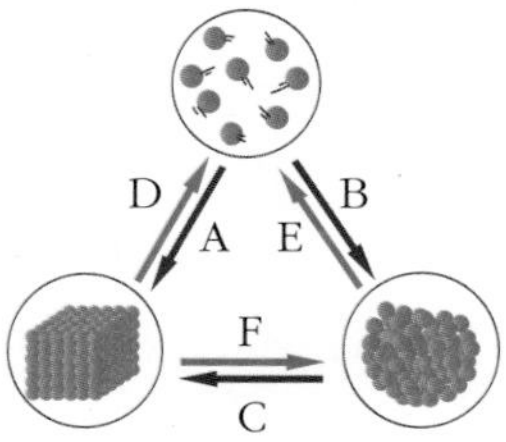

① A : 추운 겨울철 언 빨래가 마른다.
② B : 처마 밑에 매달린 고드름이 녹는다.
③ C : 겨울철 처마 끝에 고드름이 매달린다.
④ D : 겨울철 영하의 온도에서 언 명태가 마른다.
⑤ F : 피부에 알코올을 묻힌 솜을 문지르면 알코올이 증발한다.

[12~13] 다음은 물질의 세 가지 상태를 모형으로 나타낸 것이다.

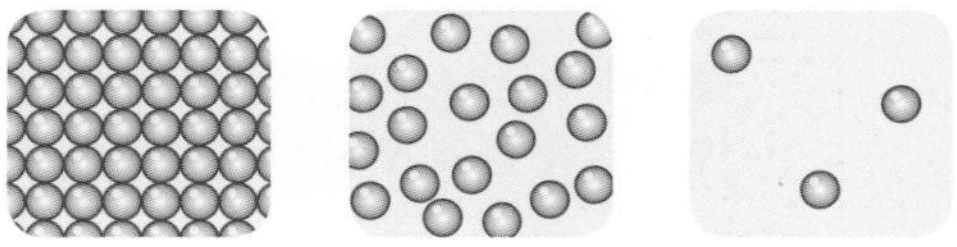
(가) (나) (다)

12 상온(20℃)에서 (가)~(다)와 그 모형으로 나타낼 수 있는 물질을 바르게 연결한 것을 모두 고르시오. (3개)

① (가) - 물 ② (가) - 얼음 ③ (나) - 설탕
④ (나) - 식초 ⑤ (다) - 수증기

13 모두 같은 물질, 동일한 질량일 때, 분자 사이의 인력이 가장 큰 것과 물질의 부피가 가장 큰 것의 기호를 쓰시오. (단, 물질이 물인 경우는 제외한다.)

(1) 분자 사이의 인력이 가장 큰 것 :

(2) 물질의 부피가 가장 큰 것 :

스스로 실력 높이기

14 다음 상태 변화에 대한 설명으로 옳은 것을 모두 고르시오. (단, 물은 제외한다.) (2개)

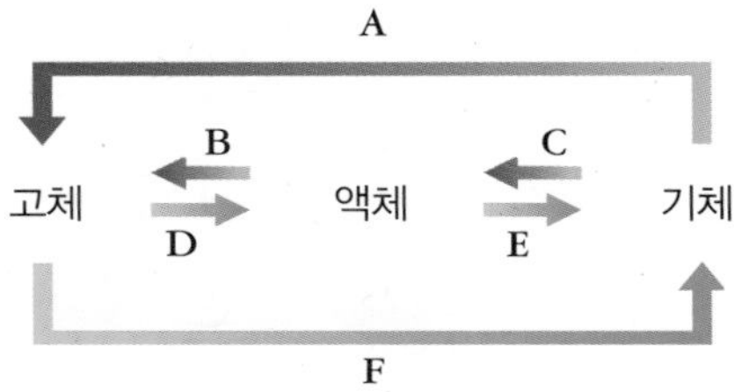

① A과정에서 분자 사이의 인력이 강해진다.
② B과정에서 분자 사이의 거리가 가까워진다.
③ C과정이 일어날 때 분자의 개수가 더 많아진다.
④ D과정이 일어날 때 대부분의 물질은 부피가 작아진다.
⑤ E과정으로 새벽에 이슬이 맺히는 현상을 설명할 수 있다.

15 다음 〈보기〉의 상태 변화에서 공통적으로 나타나는 현상은 무엇인가?

〈 보기 〉
· 흘러내리던 촛농이 굳는다.
· 마그마가 굳어서 화성암이 된다.
· 녹인 금을 틀에 부어 반지를 만든다.

① 입자의 수가 줄어든다.
② 물질의 부피가 증가한다.
③ 입자 배열이 불규칙해진다.
④ 입자 사이의 인력이 약해진다.
⑤ 입자 사이의 거리가 가까워진다.

16 (가)와 (나) 과정에 대한 설명으로 옳지 <u>않은</u> 것은?

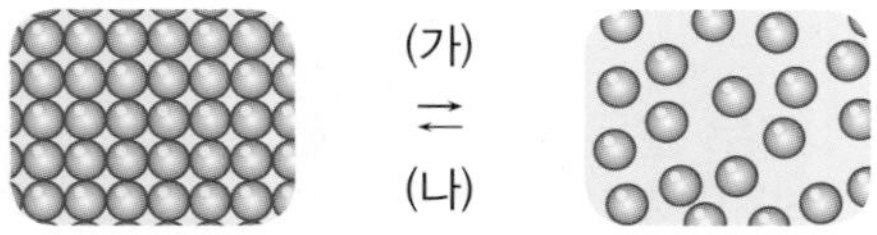

		(가)	(나)
①	상태 변화	융해	응고
②	분자의 배열	불규칙적	규칙적
③	물질의 질량	줄어듦	늘어남
④	분자 사이의 인력	약해짐	강해짐
⑤	분자 사이의 거리	멀어짐	가까워짐

17 다음은 물의 세가지 상태를 나타낸 분자 모형이다. 다음 중 옳지 <u>않은</u> 것은?

(가) (나) (다)

① (나)는 얼음의 분자 모형이다.
② (가)에서 (나)로 상태 변화하는 것을 응고라고 한다.
③ (나)에서 (다)로 상태 변화할 때 부피와 질량이 증가한다.
④ (가)에서 (나)로 상태 변화할 때 분자들 사이에 빈 공간이 생기기 때문에 부피가 증가한다.
⑤ 영하의 날씨에 그늘에 있던 눈사람의 크기가 줄어드는 것은 (나)에서 (다)로 상태 변화하기 때문이다.

18 다음 〈보기〉는 버터를 녹였을 때 관찰한 결과이다. 〈보기〉의 내용에 대한 이유가 될 수 <u>없는</u> 것은?

〈 보기 〉
· 버터의 부피는 약간 증가했다.
· 버터의 질량은 변하지 않았다.
· 버터의 맛과 냄새는 변하지 않는다.

① 분자의 개수는 변함없다.
② 분자의 크기가 작아졌다.
③ 분자 사이 거리가 멀어졌다.
④ 상태가 변해도 성질은 변하지 않는다.
⑤ 액체 버터와 고체 버터의 분자 종류는 같다.

19 유리병에 물을 넣고 얼렸더니 병이 깨졌다. 유리병이 깨진 이유로 옳은 것은?

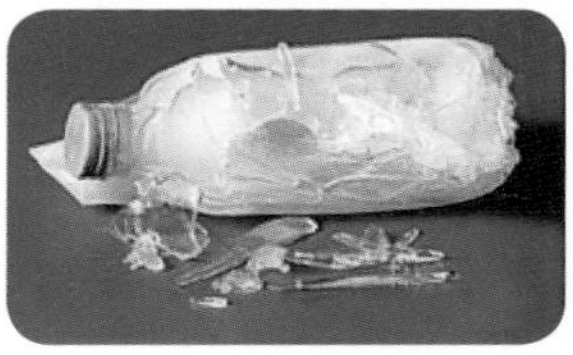

① 분자의 크기가 커지기 때문에 유리병이 깨졌다.
② 분자의 성질이 바뀌어서 유리병과 반응하여 깨졌다.
③ 분자의 운동이 활발해 지면서 유리병의 벽면과 충돌하여 깨졌다.
④ 분자의 개수가 늘어나기 때문에 유리병안에 공간이 부족해 깨졌다.
⑤ 분자가 규칙적인 배열을 이루면서 분자 사이에 빈 공간이 생기기 때문에 부피가 커져서 유리병이 깨졌다.

20 다음은 물질의 상태 변화를 분자 배열로 나타낸 모형이다. 상태 변화 과정과 그에 맞는 생활 속 상태 변화 현상을 바르게 짝지은 것을 모두 고르시오. (2개)

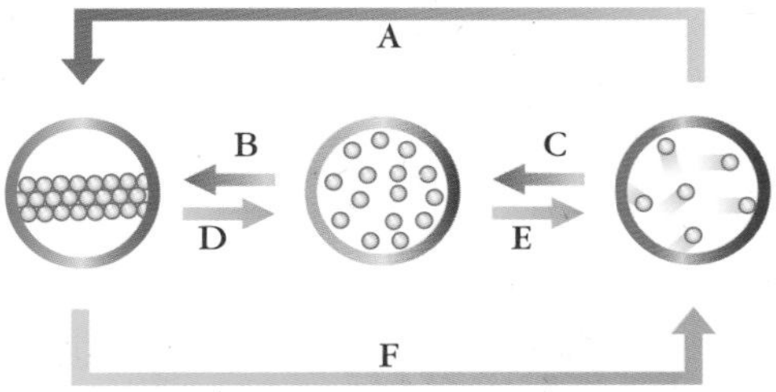

① A - 풀잎에 이슬이 맺힌다.
② B - 겨울철 유리창에 성에가 생긴다.
③ C - 젖은 머리카락을 헤어드라이로 말린다.
④ D - 겨울에 얼었던 강물이 봄이 되면 녹는다.
⑤ F - 영하의 날씨에도 눈사람의 크기가 작아진다.

창의력 서술

21 아래 그림과 같이 찌그러진 탁구공을 뜨거운 물에 넣었더니 원래 모양으로 되돌아왔다. 이러한 현상이 일어나는 이유를 상태 변화와 관련지어 쓰시오.

22 그림과 같이 고체 양초의 질량을 측정하고, 양초를 가열하여 모두 녹인 후 다시 질량을 측정하였다. 상태 변화와 관련지어 양초를 녹이기 전후의 질량을 비교하시오.

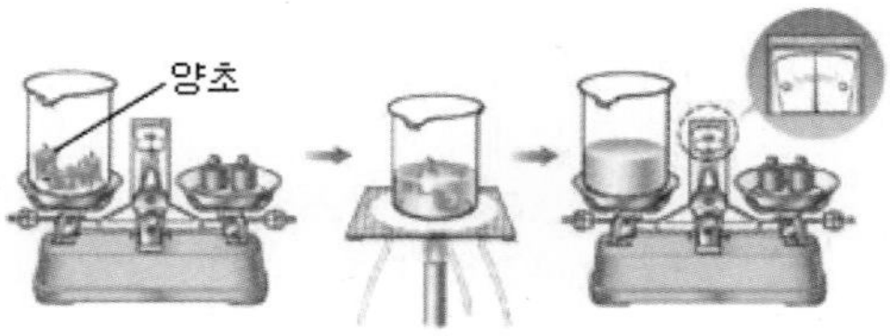

마른 얼음 : 드라이아이스 (Dry ice)

무대 위나 결혼식에서 바닥에 깔리는 안개를 본 적이 있을 것이다. 이 안개에는 작은 물방울과 얼음 알갱이, 그리고 이산화 탄소 기체가 섞여 있다.

▲ 무대 위의 안개

▲ 결혼식에서의 안개

이산화 탄소(CO_2)는 상온(20~25℃)에서 기체(gas) 상태로 존재하고, -78.5℃ 이하에서는 고체(solid) 상태가 되는데, 고체 이산화 탄소를 드라이아이스(dry ice)라고 한다. 드라이아이스에 따뜻한 물을 부으면 드라이아이스에서 승화(sublimation)한 이산화 탄소 기체 분자를 핵으로 하여 따뜻한 물에서 기화한 수증기가 달라 붙어 아주 작은 물방울이 된다. 이산화 탄소 분자가 들어 있는 물방울은 공기보다 무겁기 때문에 드라이아이스로 이용해 만든 안개는 바닥으로 가라앉게 된다.

드라이아이스는 얼음과 비슷한 모습의 고체이다. 그렇지만 얼음과 달리 액체 상태를 거치지 않고 고체에서 기체로 바로 상태 변화한다. 드라이아이스가 승화할 때 주변에서 열을 흡수하기 때문에 드라이아이스 주변은 온도가 낮아진다. 따라서 드라이아이스 주변에 있던 수증기가 열을 잃고 물방울이나 작은 얼음 알갱이로 변하는 것이다.

▲ 얼음

▲ 드라이아이스

정답 및 해설 13쪽

그런데 왜 드라이아이스는 일반적인 물질들처럼 고체 → 액체 → 기체의 상태 변화를 거치지 않고 고체에서 기체로 바로 변하는 걸까?

물질은 온도와 압력에 의해 상태가 변하는데, 이산화 탄소는 5.14기압보다 낮은 기압에서는 고체와 기체 상태로만 존재할 수 있기 때문이다. 이산화 탄소도 5.14기압보다 높고 -56.4℃보다 높은 온도에서는 다른 물질들과 마찬가지로 고체 → 액체 → 기체로 서서히 상태 변화하게 된다.

Q1 아이스크림을 포장할 때 쉽게 구할 수 있는 얼음 대신 드라이아이스를 사용하는 이유는 무엇일까?

아이스크림을 포장할 때 얼음을 사용한다면 드라이아이스를 넣었을 때와 어떤 차이점이 있을지 쓰시오.

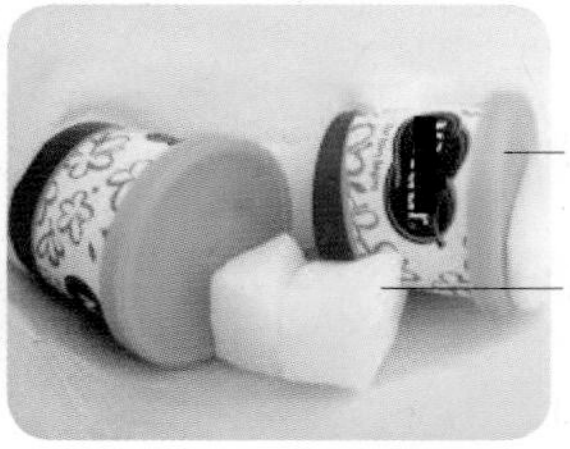

Q2 플라스틱 주사기에 드라이아이스를 잘게 부수어 넣고 입구를 꼭 막았더니 드라이아이스가 액체 상태로 변하였다. 이 주사기 안의 압력과 온도는 대략 얼마일지 예상하고 이유와 함께 써 보시오.

Project - 탐구

[탐구] 이산화 탄소의 성질

계획하여 실험하기

드라이아이스는 상온에서 고체 상태로 존재하지만 공기 중에 놓아 두면 승화되어 기체 상태가 된다. 드라이아이스의 승화를 확인할 수 있는 방법은 다음과 같다.

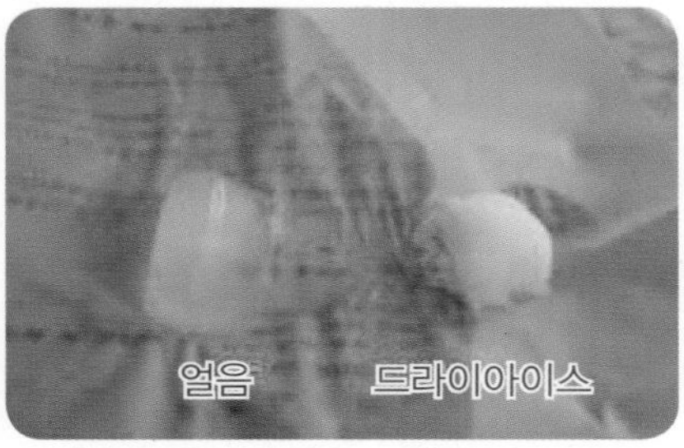

① 종이 위에 얼음과 드라이아이스를 올려 놓고 관찰한다.

② 공기를 모두 뺀 비닐봉지 안에 드라이아이스 조각을 넣어 꽉 묶는다.

③ 드라이아이스 조각 위에 금속 물체를 올려 놓는다.

④ 드라이아이스 조각을 비눗물에 넣고 변화를 관찰한다.

드라이아이스가 물속에서 승화하면 수증기가 드라이아이스의 승화에 의한 이산화 탄소 기체에 달라 붙어 액화하면서 안개가 형성된다. 이 안개가 가라앉는 이유는 이산화 탄소 기체의 무게가 공기보다 무겁기 때문이다. 그렇다면 이산화 탄소 기체가 공기보다 무겁다는 것을 어떻게 증명할 수 있을까? 실험을 통해 확인해 보자.

정답 및 해설 13쪽

탐구 전 확인 문제

1. 책상 위의 드라이아이스 조각이 점점 작아지는 이유는 무엇인가?

2. 드라이아이스 위에 올려 둔 금속 물체가 달그락거리는 이유는 무엇인가?

3. 드라이아이스 조각을 물에 넣었을 때와 비눗물에 넣었을 때, 어떤 차이점이 생기는가?

4. 드라이아이스로부터 발생하는 이산화 탄소 기체를 포집하려고 한다. 기체를 포집할 수 있는 방법은 무엇이 있을까?

5. 빈칸에 알맞은 말을 쓰시오.

이산화 탄소는 고체에서 기체로 (　　　)가 변화해도
석회수를 뿌옇게 흐려지게 하는 (　　　)은 변하지 않는다.

Project - 탐구

이산화 탄소 기체의 성질

이산화 탄소 기체가 공기보다 무겁다는 것을 확인할 수 있는 실험을 설계해 보자.

▲ 물에 넣은 드라이아이스

사용할 수 있는 준비물

드라이아이스, 수조, 크기가 다른 양초, 성냥, 비눗물, 고무관, 비닐랩

기본 준비물 외에 다른 준비물이 더 필요하다면 사용해도 좋다.

실험 방법 계획 세우기

1. 드라이아이스로부터 발생되는 이산화 탄소 기체를 어떻게 포집할 것인가?
2. 공기를 어떻게 포집할 것인가?

TIP
1. 비눗방울 안에는 공기가 들어 있다.
2. 비눗방울은 위로 떠오르는 듯하지만 곧 바닥으로 떨어지면서 터진다.
3. 이산화 탄소는 불을 끄는 성질이 있다.

▲ 비눗방울

계획한 대로 실험해 보자

정답 및 해설 13쪽

1. 확인할 이산화 탄소의 성질 : 공기보다 무겁다

2. 필요한 준비물 :

3. 실험 방법 : (가능하면 그림과 함께 자세히 설계한다.)

4. 실험 결과 :

II

분자 운동과 기체

분자 운동을 하지 않는 물질이 있을까?

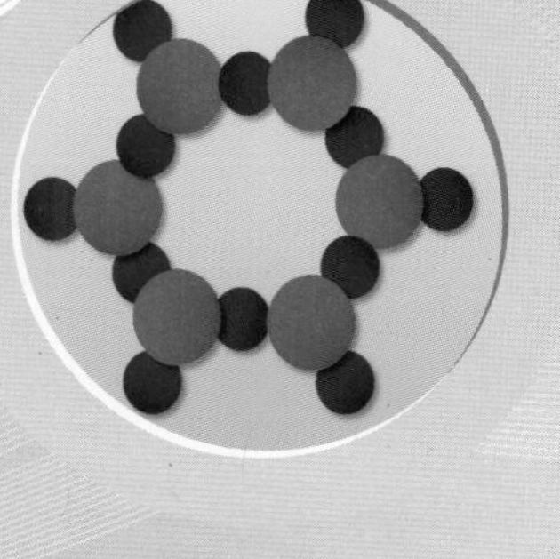

-10
-20
-30
-40
40
20
0
-20
-40

5강. 분자 운동

1. 물질의 상태와 분자 운동

(1) 분자 운동 : 분자들이 끊임없이 여러 방향으로 움직이는 현상이다.

(2) 분자 운동의 빠르기

① 온도가 높을수록 빠르다.
② 분자의 질량이 작을수록 빠르다.
③ 고체 < 액체 < 기체 순으로 빠르다.

(3) 물질의 세 가지 상태와 분자 운동

물질의 상태에 따라 분자 운동의 정도가 다르다.

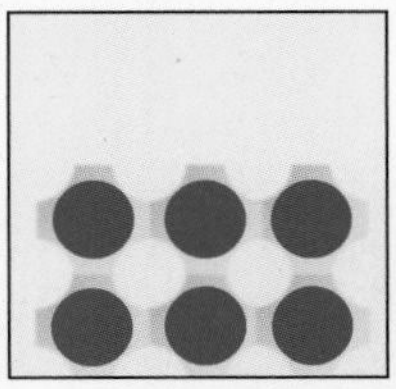

〈 고체 〉

분자 사이의 거리가 매우 가깝다
↓
인력이 크게 작용
↓
제자리에서 진동 운동

〈 액체 〉

분자 사이의 거리가 조금 멀다
↓
인력이 고체보다 약함
↓
일정한 공간에서 비교적 자유로운 운동

〈 기체 〉

분자 사이의 거리가 매우 멀다
↓
인력이 거의 없음
↓
매우 자유롭고 활발한 운동

● 분자 운동이 빠른 경우

▲ 온도가 높을 때

▲ 질량이 작을 때

▲ 인력이 약할 때

● 생각해보기★
분자 운동을 직접 확인할 수는 없을까?

개념확인 1 **다음 〈보기〉 중 상온(20℃)에서 분자 운동이 빠른 것부터 순서대로 쓰시오.**

〈 보기 〉
(가) 얼음 (나) 아세톤 (다) 이산화 탄소

확인 +1 **분자 운동에 대한 설명으로 옳지 않은 것은?**

① 분자는 끊임없이 스스로 운동한다.
② 온도가 높을수록 분자 운동이 활발하다.
③ 고체 상태의 분자는 운동을 하지 않는다.
④ 분자의 질량이 작을수록 분자 운동이 활발하다.
⑤ 기체 상태의 분자는 매우 빠르고 자유롭게 운동한다.

미니사전
질량 물체가 가지고 있는 물체 고유의 양

2. 확산

(1) 확산 : 분자들이 스스로 운동하여 퍼져 나가는 현상이다.

기체 속에서의 확산	액체 속에서의 확산
  ▲ 굴뚝 연기의 확산 ▲ 꽃 향기의 확산	 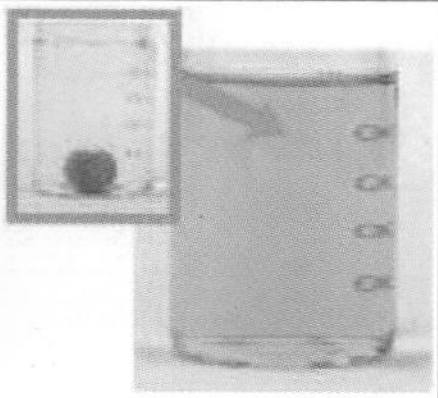 ▲ 잉크의 확산 ▲ 각설탕의 확산
· 연기가 공기 중으로 퍼져 나간다. · 꽃 향기가 방 안 전체에 퍼진다. · 멀리 떨어진 곳에서도 음식 냄새를 맡을 수 있다. · 마약 탐지견이 마약을 찾아낸다. · 모기향 연기가 방으로 퍼져 나간다.	· 물에 잉크를 떨어뜨리면 물 전체가 잉크색으로 변한다. · 물에 각설탕을 넣어 두면 물에서 단맛이 난다. · 냉면 국물에 식초를 넣으면 국물 전체가 시큼해진다.

(2) 확산이 잘 일어나는 조건

① 분자 운동이 활발할 때	· 온도가 높을 수록 · 분자의 질량이 작을 수록 · 고체 < 액체 < 기체 순으로
② 분자의 움직임을 방해하는 입자가 작을 때	· 액체 속 < 기체 속 < 진공 속 순으로

정답 및 해설 14쪽

개념확인 2 **다음 빈칸에 알맞은 말을 넣으시오.**

(1) 각설탕을 물에 넣고 저어 주지 않아도 물 전체에서 단맛이 나는 것은 설탕 분자가 물 분자에 ㉠(　　　)되어 골고루 섞이기 때문이다.

(2) 겨울보다 여름에 화장실 냄새가 많이 나는 이유는 ㉡(　　　)가 높을 수록 냄새 분자의 ㉢(　　　)이 활발해져 잘 퍼져 나가기 때문이다.

확인+2 **확산에 대한 설명으로 옳은 것은 ○표, 옳지 않은 것은 ×표 하시오.**

(1) 진공 속에서는 확산이 일어나지 않는다. (　　)

(2) 분자가 스스로 운동하기 때문에 일어나는 현상이다. (　　)

(3) 같은 물질인 경우 고체 상태일 때 확산 속도가 가장 빠르다. (　　)

간단실험

온도에 따른 확산 속도

준비물 : 비커, 잉크, 더운 물, 찬 물

찬 물　　더운 물

〈실험 과정〉

찬 물과 더운 물에 각각 같은 양의 잉크를 떨어뜨린다.

생각해보기★★

고체 속에서도 확산이 일어날까?

미니사전

진공 공기 등의 물질이 전혀 존재하지 않는 공간

간단실험
바람과 증발의 관계

준비물 : 알코올, 스포이트, 거름종이

〈실험 과정〉

① 두 개의 거름종이에 같은 양의 알코올을 떨어뜨린다.
② 한 쪽 거름종이에만 입김으로 바람을 불어준다.
③ 어느쪽 알코올이 빨리 사라지는지 관찰한다.

3. 증발

(1) 증발 : 액체 표면의 분자들이 스스로 운동해서 일어나는 기화 현상이다.

(2) 증발이 잘 일어나는 조건

온도	습도	바람	표면적	분자 사이의 인력
높을 때>낮을 때	낮을 때>높을 때	강할 때>약할 때	넓을 때>좁을 때	약할 때>강할 때

여름 > 겨울	맑은 날 > 비오는 날	바람 강한 날 > 바람이 없는 날	공기와 넓게 접촉 > 공기와 좁게 접촉	인력이 약한 아세톤이 물보다 빨리 증발한다

(3) 생활 속의 증발 현상

▲ 염전

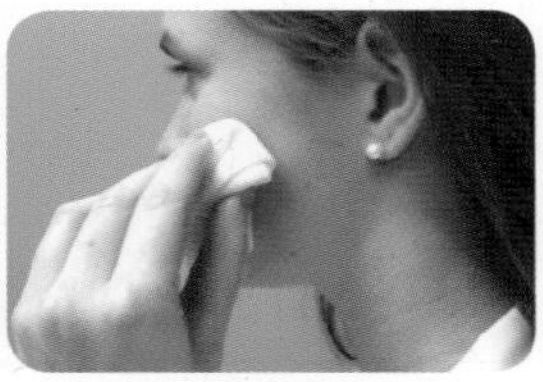
▲ 소독용 알코올

▲ 가뭄

· 어항의 물이 줄어든다.
· 염전에서 소금을 얻는다.
· 소독 알코올이 날라간다.
· 가뭄이 들어 땅이 마른다.
· 음식물이 딱딱하게 굳어진다.
· 뚜껑을 열어 놓은 사인펜의 잉크가 마른다.
· 수채화 물감으로 그림을 그리면 물이 증발한다.
· 젖은 빨래를 널어놓으면 물이 증발하여 빨래가 마른다.

증발이 잘 일어나는 조건
증발이 잘 일어나는 조건은 빨래가 잘 마르는 조건과 같다.

생각해보기★★★
음식의 수분 증발을 막기 위한 방법에는 어떤 것들이 있을까?

개념확인 3 **다음 글을 읽고 빈칸에 알맞은 단어를 넣으시오.**

액체 표면에서 액체가 기체로 되어 날아가는 현상을 ㉠(　　　)(이)라고 하고, 물질을 이루는 입자들이 스스로 운동하여 멀리 퍼져 나가는 현상을 ㉡(　　　)(이)라고 한다.

확인 +3 **증발 현상에 대한 설명으로 옳은 것은?**

① 온도가 낮을수록 증발이 더 잘 일어난다.
② 습도가 높을수록 증발이 더 잘 일어난다.
③ 표면적이 작을수록 증발이 더 잘 일어난다.
④ 분자 사이에 인력이 약할수록 더 잘 일어난다.
⑤ 액체의 표면에서 기체가 액체로 변하는 현상이다.

미니사전
염전 바닷물을 가둔 후 증발시켜 소금을 얻는 곳
습도 공기에 있는 수증기 양의 정도
표면적 물체 겉면의 넓이

4. 증발과 끓음

(1) **끓음** : 외부에서 열을 받아 액체의 표면과 내부에서 일어나는 기화 현상이다.

(2) **증발과 끓음의 비교**

	증발	끓음
모형	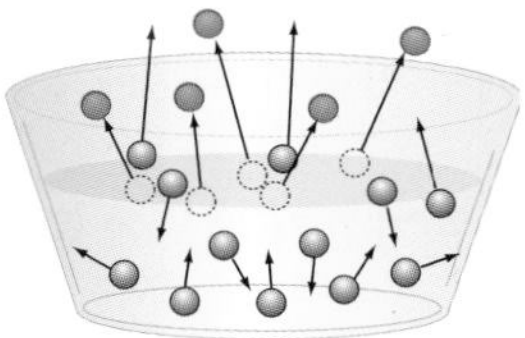	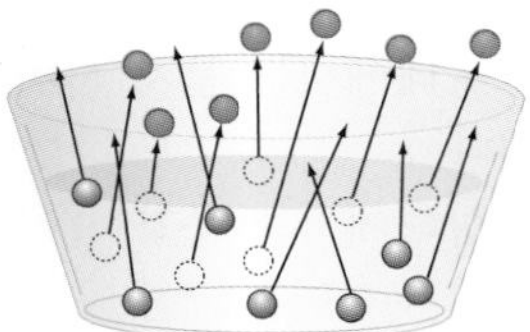
예	 어항의 물이 증발하여 줄어든다	 물이 끓어서 기화한다
장소	액체 표면	액체 전체
온도	모든 온도	끓는점 이상
원인	분자가 스스로 운동해서	외부로부터 열을 받아서

간단실험

아세톤의 증발

준비물 : 윗접시저울, 거름종이, 아세톤

<실험 과정>

① 윗접시저울에 거름종이를 놓고 수평을 맞춘다.
② 한 쪽 거름종이에만 아세톤을 떨어뜨린다.
③ 저울의 수평상태를 관찰한다.

정답 및 해설 14쪽

개념확인 4 **다음 글을 읽고 알맞은 단어를 고르시오.**

증발과 끓음은 모두 액체가 기체로 변하는 ㉠(승화 , 기화 , 액화) 현상이지만, ㉡(증발 , 끓음) 은 액체 표면에서 액체가 기체로 변하는 현상이고, ㉢(증발 , 끓음) 은 외부로부터 열을 받아 액체 표면 뿐만 아니라 내부에서도 액체가 기체로 변하는 현상이다.

생각해보기★★★★

우리 주변에서 볼 수 있는 증발과 끓음 현상에는 무엇이 있을까?

확인 + 4 **다음 증발에 대한 설명으로 옳은 것은 ○표, 옳지 않은 것은 ×표 하시오.**

(1) 기화 현상이다. ( )
(2) 온도가 높을 때에만 일어난다. ( )
(3) 분자 사이의 인력이 작을수록 잘 일어난다. ( )
(4) 끓음과 마찬가지로 액체 내부에서도 일어난다. ( )

미니사전

끓는점 물질이 끓기 시작하는 온도

01 다음 물질의 상태와 분자 운동에 대한 설명 중 옳은 것을 모두 고르시오.(3개)

① 고체 상태의 분자는 진동 운동을 한다.
② 기체 상태의 분자는 매우 활발하게 움직인다.
③ 액체 상태의 분자는 비교적 자유롭게 움직인다.
④ 기체 상태에서는 분자 사이의 인력이 매우 약하기 때문에 분자들이 스스로 움직일 수 없다.
⑤ 고체 상태에서는 분자 사이의 거리가 매우 가깝기 때문에 움직일 공간이 없어 운동을 하지 못한다.

02 분자 운동에 대한 설명으로 옳은 것은?

① 상태 변화는 분자 운동과 관계가 없다.
② 온도가 높을수록 분자의 운동이 느리다.
③ 분자들은 일정한 위치에 고정되어 있다.
④ 액체 상태의 분자가 가장 활발하게 운동한다.
⑤ 기체 분자는 분자 사이의 인력이 약하고 분자의 운동이 빠르다.

03 다음 중 확산이 일어나는 원인으로 옳은 것은?

① 물질을 구성하는 분자들의 개수가 늘어나기 때문이다.
② 물질을 구성하는 분자들의 성질이 달라지기 때문이다.
③ 물질을 구성하는 분자들이 스스로 움직이기 때문이다.
④ 물질을 구성하는 분자들의 질량이 매우 작기 때문이다.
⑤ 물질을 구성하는 분자들이 외부로부터 힘을 받기 때문이다.

04 확산에 대한 설명으로 옳지 않은 것은?

① 분자 운동에 의해 나타나는 현상이다.
② 분자가 작고 가벼울수록 확산 속도가 빠르다.
③ 온도가 높을수록 분자 운동이 활발해져 확산 속도가 빠르다
④ 물질의 상태가 고체＞액체＞기체 순으로 확산 속도가 빠르다.
⑤ 진공 속에서는 분자의 운동을 방해하는 물질이 없어 확산 속도가 빠르다.

05 다음 중 증발이 잘 일어나는 조건으로 옳지 않은 것은?

① 온도가 높을수록
② 습도가 낮을수록
③ 바람이 강할수록
④ 표면적이 좁을수록
⑤ 분자 사이의 인력이 작을수록

06 다음은 증발과 끓음에 대한 설명이다. 옳은 것을 모두 고르시오.(2개)

① 증발과 끓음은 같은 상태 변화 과정이다.
② 액체는 높은 온도에서 끓여야만 증발할 수 있다.
③ 액체가 증발하면 분자 사이의 거리가 가까워진다.
④ 증발 현상은 분자가 운동하지 않는다는 것을 보여주는 현상이다.
⑤ 액체가 끓을 때에는 액체 표면뿐만 아니라 액체 내부에서도 기화가 일어난다.

[유형5-1] 물질의 상태와 분자 운동

다음 〈보기〉는 각각 온도가 다른 물의 세 가지 상태이다. 분자 운동이 빠른 것부터 차례대로 나열하시오.

〈 보기 〉

(가) 0℃ 얼음　　(나) 0℃ 물

(다) 100℃ 물　　(라) 100℃ 수증기

Tip!

01 분자 운동에 대한 설명으로 옳은 것은?

① 분자는 끊임없이 스스로 운동한다.
② 온도가 낮을수록 분자 운동이 활발하다.
③ 고체 상태의 분자가 가장 활발하게 운동한다.
④ 분자의 질량이 클수록 분자 운동이 활발하다.
⑤ 액체 상태의 분자는 제자리에서 진동 운동만 한다.

02 다음 빈칸에 알맞은 말을 〈보기〉에서 찾아 쓰시오.

〈 보기 〉

높을수록 , 낮을수록 , 클수록 , 작을수록 , 기체, 액체, 고체

(1) 분자는 물질의 온도가 ㉠(　　　), 분자의 질량이 ㉡(　　　) 빠르게 움직인다.

(2) 분자의 운동은 ㉢(　　　)가 가장 빠르고 ㉣(　　　)는 제자리에서 진동 운동을 한다.

[유형5-2] 확산

다음은 확산 속도에 대한 설명이다. 다음 글을 읽고 알맞은 단어를 선택하시오.

> 음식을 ㉠ (가열 , 냉각)하면 냄새가 더 빨리 퍼져 나간다. 이것은 온도가 높아질수록 분자 운동이 활발해져 냄새 분자의 ㉡ (증발 , 확산) 속도가 빨라지기 때문이다.

03 온도가 모두 같을 때 확산 속도가 가장 빠른 경우는?

① 소금을 물에 녹일 때
② 잉크가 물속에서 퍼져 나갈 때
③ 향수가 공기 중으로 퍼져 나갈 때
④ 수소 기체가 공기 중으로 퍼져 나갈 때
⑤ 수소 기체가 진공 속에서 퍼져 나갈 때

Tip!

04 다음 그림은 굴뚝에서 나온 연기가 공기 중으로 퍼져 나가는 모습을 나타낸 것이다. 이와 같은 원인으로 설명할 수 있는 현상은?

① 젖은 빨래가 말랐다.
② 염전에서 소금을 얻는다.
③ 가뭄이 들어 땅이 갈라졌다.
④ 손 등에 바른 에탄올이 사라진다.
⑤ 제과점 근처에서는 빵 냄새가 난다.

[유형5-3] 증발

다음 〈보기〉는 여러 가지 분자 운동과 관련된 사진이다. 다음 중 증발 현상과 관련 있는 것을 모두 골라 기호로 쓰시오.

〈 보기 〉

㉠ 가뭄

㉡ 곶감

㉢ 물의 끓음

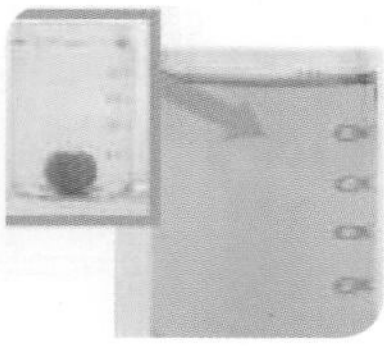
㉣ 각설탕 넣은 물

Tip!

05 다음 중 증발 현상에 해당하는 것은?

① 풀잎에 이슬이 맺힌다.
② 어항의 물이 줄어든다.
③ 손에 쥐고 있던 초콜렛이 녹는다.
④ 겨울철 유리창에 성에가 생긴다.
⑤ 겨울에 얼었던 강물은 봄이 되면 녹는다.

06 비가 오는 날은 빨래가 잘 마르지 않는데 맑은 날은 빨래가 잘 마른다. 그 이유로 가장 적당한 것은?

① 온도가 낮을수록 증발이 잘 일어난다.
② 습도가 낮을수록 증발이 잘 일어난다.
③ 바람이 약하게 불수록 증발이 잘 일어난다.
④ 분자 사이의 인력이 클수록 증발이 잘 일어난다.
⑤ 공기와 닿는 면적이 좁을수록 증발이 잘 일어난다.

정답 및 해설 15쪽

[유형5-4] 증발과 끓음

다음 모형 (가)는 액체 표면에서 일어나는 기화를, (나)는 액체의 표면뿐만 아니라 내부에서도 일어나는 기화를 나타내고 있다. 각각의 모형이 나타내는 현상은 무엇인가?

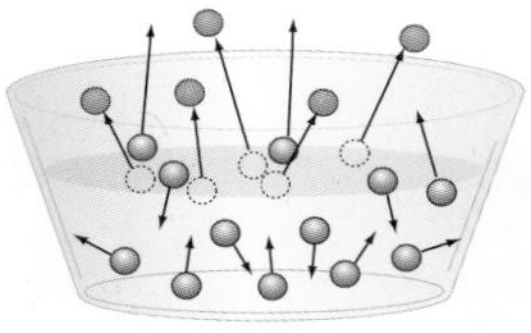

(가)

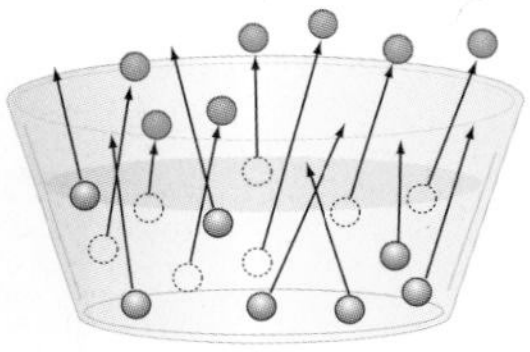

(나)

(가) : (   )   (나) : (   )

07 다음 모형에 대한 설명으로 옳은 것은?

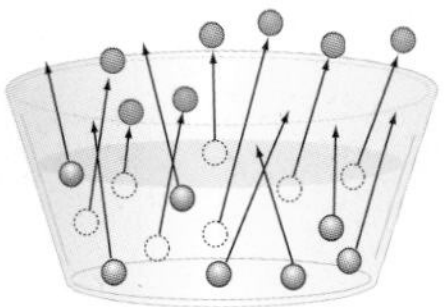

① 증발을 나타내고 있다.
② 모든 온도에서 일어날 수 있다.
③ 고체가 액체로 변하는 현상이다.
④ 비 온 뒤 땅이 마르는 것과 같은 현상이다.
⑤ 액체의 표면뿐만 아니라 내부에서도 일어나는 기화 현상이다.

08 다음 증발에 대한 설명으로 옳은 것은?

① 증발은 액화 현상이다.
② 분자 사이의 인력이 클수록 잘 일어난다.
③ 증발은 외부에서 높은 열을 받아야만 일어난다.
④ 증발은 끓음과 마찬가지로 액체 전체에서 골고루 일어난다.
⑤ 증발은 분자가 스스로 운동하기 때문에 일어나는 현상이다.

Tip!

01 동물이 쉽게 맡을 수 있는 냄새를 사람은 맡지 못하는 경우가 많다. 이것은 냄새 물질의 양이 너무 적어서 사람의 뇌가 냄새를 인식하지 못하기 때문이다. 전자 코는 이러한 한계를 뛰어넘게 해 주는 전자 장비로, 냄새를 분석하여 물질의 종류를 알아낸다. 전자 코가 냄새로 물질을 구별하는 것은 냄새 물질인 기체 분자가 확산하기 때문인데, 기체 분자가 확산되어 전자 코의 감지기에 닿으면 감지기가 그 물질을 인식하는 것이다. 폐암을 진단할 수 있는 전자 코는 폐암에 걸린 사람이 내쉬는 숨에는 정상인과는 다른 특정 물질이 들어 있을 것이라는 점에 착안하여 개발되었다. 이러한 전자 코는 또 어떤 곳에서 사용될 수 있을까?

▲ 우주정거장에서 성분을 분석하기 위해 사용된 전자코 ENose

정답 및 해설 16쪽

02

기온이나 습도에 의해 느끼는 불쾌감의 정도를 수치화한 것을 불쾌지수라고 한다. 기온과 습도가 높을수록 불쾌지수는 높아지게 된다. 불쾌지수는 '0.72 × (기온 + 습구온도) + 40.6'로 계산한다. 불쾌지수가 70 이상인 경우에는 약 10%의 사람이 불쾌감을 느낀다고 하며, 75인 경우에는 약 50%의 사람이, 80 이상인 경우에는 대부분의 사람이 불쾌감을 느낀다고 한다. 공기 중에 수증기가 많이 포함되어 있을수록 습도가 높아지는데, 습도가 높아지면 왜 불쾌감도 커질까?

03

주전자 안의 물이 끓으면 주전자 입구에 김이 생긴다. 김은 눈에 보이지만, 잠시 후 사라져 버린다. 그 이유는 무엇일까?

04 운동 경기에서 땀을 많이 흘린 선수가 잠시 벤치에 앉아 있을 때 옷을 껴입는 것을 볼 수 있다. 그 이유는 무엇일까?

정답 및 해설 16쪽

05 지은이는 추운 겨울에 입술이 건조해져 입술에 침을 자주 묻혔다. 침을 묻히고 나서는 입술이 촉촉한 것 같지만 입술이 더 잘 트게 되었다. 입술이 건조할 때 입술보호제를 바르면 촉촉한 입술을 유지할 수 있지만 침을 바르면 더 건조해지고 잘 트는 이유는 무엇일까?

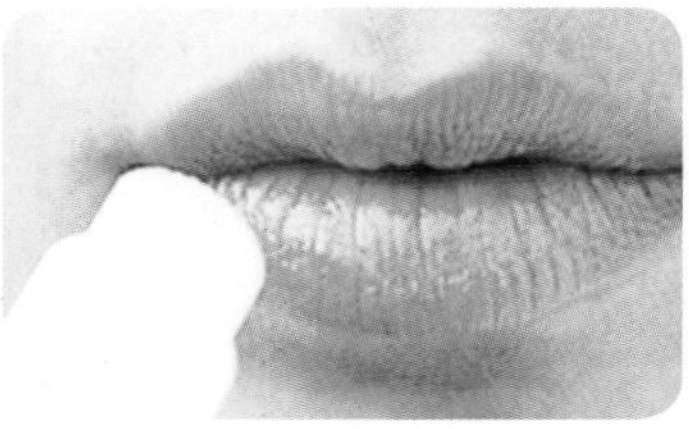

스스로 실력 높이기

01 다음 설명을 읽고 옳은 것은 ○표, 옳지 않은 것은 ×표 하시오.

(1) 분자 운동은 고체 < 액체 < 기체 순서로 빠르다. ( )

(2) 0℃의 얼음과 0℃의 물은 온도가 같으므로 분자 운동의 빠르기가 같다. ( )

(3) 고체 분자는 제자리에서 진동 운동을 하고, 기체 분자는 매우 자유롭고 활발한 운동을 한다. ( )

02 다음 〈보기〉에서 분자 운동에 대한 설명으로 옳은 것을 모두 골라 기호로 쓰시오.

〈 보기 〉

ㄱ. 분자는 모든 방향으로 움직인다.
ㄴ. 분자는 외부의 압력을 받아 움직인다.
ㄷ. 온도가 높을수록 분자의 움직임이 빠르다.
ㄹ. 고체 상태에서는 분자 운동이 일어나지 않는다.

03 다음 〈보기〉에서 확산에 대한 설명으로 옳은 것을 모두 골라 기호로 쓰시오.

〈 보기 〉

ㄱ. 진공 속에서도 확산이 일어난다.
ㄴ. 분자의 질량이 클수록 확산 속도가 빠르다.
ㄷ. 찬물보다 따뜻한 물에서 확산이 잘 된다.
ㄹ. 확산은 액체보다 기체에서 더 빠르게 일어난다.

04 같은 온도의 수소, 산소, 향수 기체 분자가 확산을 하고 있다. 다음 설명을 읽고 빈칸에 알맞은 말을 〈보기〉에서 찾아 쓰시오. (단, 분자의 질량은 수소 < 산소 < 향수 분자 순이다.)

〈 보기 〉

수소 산소 향수 분자 공기 진공 물

㉠( )기체가 ㉡( ) 속으로 나아갈 때 확산 속도가 가장 빠르다.

05 다음 그림은 잉크가 물속으로, 모기향 연기가 공기 중으로 퍼져 나가는 모습을 나타낸 것이다.

▲ 물속의 잉크

▲ 모기향의 연기

이 현상에 대한 설명으로 옳은 것은 ○표, 옳지 않은 것은 ×표 하시오.

(1) 이런 현상들을 확산이라고 한다. ( )

(2) 잉크는 물속에서 움직이지만 모기향 연기는 스스로 움직일 수 없다. ( )

(3) 잉크 분자는 못 움직이지만 물 분자가 운동을 하기 때문에 섞이는 것이다. ( )

(4) 잉크 분자와 물 분자들이 스스로 끊임없이 움직이기 때문에 서로 섞이는 것이다. ( )

06 손 등에 물과 에탄올을 동시에 떨어뜨렸더니 에탄올은 금방 사라졌는데 물은 한참 후에 사라졌다. 이 결과에 대한 설명으로 옳은 것은 ○표, 옳지 않은 것은 ×표 하시오.

(1) 에탄올과 물은 모두 증발하였다. ( )

(2) 같은 조건에서 온도가 더 높아지면 물이 먼저 사라질 것이다. ( )

(3) 에탄올이 먼저 사라진 것으로 보아 에탄올 분자 사이의 인력이 물 분자 사이의 인력보다 약할 것이다. ( )

(4) 에탄올 분자는 스스로 움직일 수 있지만 물 분자는 스스로 움직일 수 없어 이와 같은 결과가 나타났다. ( )

07 아래의 설명을 읽고 증발이 잘 일어나는 조건을 고르시오.

기온이 ㉠(높고, 낮고) 대기가 ㉡(건조하며, 습하며) 바람이 ㉢(불 때, 불지 않을 때) 증발이 잘 일어난다.

정답 및 해설 17쪽

08 다음 중 확산의 예에는 '확', 증발의 예에는 '증'이라고 쓰시오.

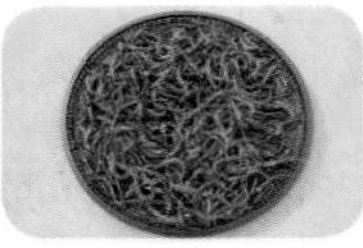

㉠ 고추 말리기 ( )

㉡ 빨래 건조 ( )

㉢ 멀리에서 나는 고기 굽는 냄새 ( )

㉣ 바닷물로부터 소금 얻기 ( )

09 윗접시저울의 수평을 맞춘 후 아래와 같이 왼쪽 접시 위의 거름종이에 아세톤을 떨어뜨렸다. 이에 대한 설명으로 옳은 것은 ○표, 옳지 않은 것은 ×표 하시오.

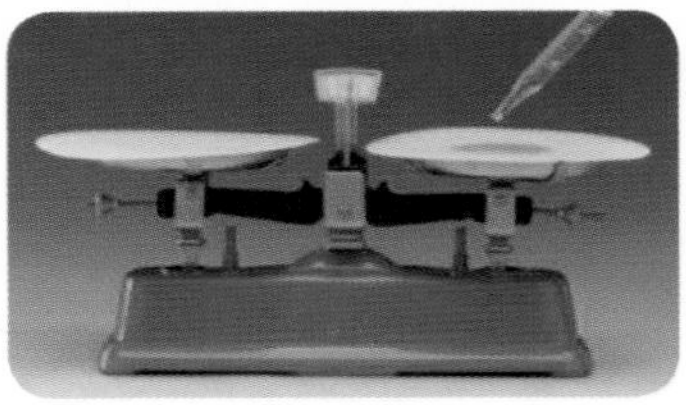

(1) 처음에는 저울이 아세톤을 떨어뜨린 쪽으로 기울어진다. ( )

(2) 시간이 지나면 아세톤이 증발하여 저울이 수평을 이룬다. ( )

(3) 온도가 높을수록 저울이 수평을 이룰 때까지 오랜 시간이 걸린다. ( )

(4) 이 실험으로 모기향 연기가 방으로 퍼져 나가는 것을 설명할 수 있다. ( )

10 분자 운동에 대한 설명으로 옳지 <u>않은</u> 것은?

① 온도가 높을수록 분자 운동이 빠르다.
② 증발과 확산은 분자 운동의 증거가 된다.
③ 분자 운동은 고체 < 액체 < 기체의 순으로 활발해진다.
④ 물질을 이루고 있는 분자들이 스스로 움직이는 현상이다.
⑤ 물질의 상태와 온도가 같을 때 분자의 질량이 클수록 분자 운동이 빠르다.

11 분자가 외부의 열과 상관없이 스스로 운동한다는 것의 증거로 볼 수 있는 현상을 <u>모두 고르시오</u>.(3개)

① 마당에 뿌린 물이 모두 사라진다.
② 풍선을 손으로 움켜 쥐었더니 터졌다.
③ 물을 가열하였더니 끓어서 수증기가 되었다.
④ 물에 설탕을 녹이면 물 전체에서 단맛이 난다.
⑤ 물에 붉은색 잉크를 떨어뜨리면 물 전체가 붉은색으로 변한다.

12 다음은 분자 운동으로 일어나는 여러 현상들을 나타낸 것이다. 확산에 의한 현상을 <u>모두 고르시오</u>.(3개)

① 물에 커피를 넣으면 저절로 녹는다.
② 가뭄이 계속되어 논바닥이 갈라졌다.
③ 제과점 옆을 지나면 빵 굽는 냄새가 난다.
④ 염전에 바닷물을 가두어 놓고 소금을 얻는다.
⑤ 한 쪽에 꽂아 놓은 꽃의 향기가 방 전체로 퍼진다.

13 다음 확산에 대한 설명으로 옳은 것을 <u>모두 고르시오</u>.(3개)

① 온도가 높으면 확산이 빠르다.
② 분자가 스스로 퍼져 나가는 현상이다.
③ 더운물에서보다 찬물에서 확산이 잘 된다.
④ 기체에서보다 진공에서 확산이 더 빠르다.
⑤ 확산은 기체에서는 일어나지만 액체에서는 일어나지 않는다.

스스로 실력 높이기

14 **새벽에 풀잎에 맺힌 이슬은 한낮이 되면 저절로 사라진다. 이슬이 사라지는 원리로 설명할 수 있는 현상을 〈보기〉에서 모두 고른 것은?**

〈 보기 〉
ㄱ. 모기향 연기가 방 전체로 퍼져 나간다.
ㄴ. 가뭄이 계속되어 논바닥이 갈라졌다.
ㄷ. 뭉친 빨래보다 펼쳐진 빨래가 더 잘 마른다.

① ㄱ ② ㄴ ③ ㄷ
④ ㄱ, ㄴ ⑤ ㄴ, ㄷ

15 **다음은 물에 각설탕을 넣었을 때 설탕 분자가 물속으로 퍼져 나가는 모습을 나타낸 것이다.**

위 모형에 대한 설명 중 옳지 않은 것은?

① 설탕 분자만 움직여 확산된다.
② 설탕 분자는 모든 방향으로 움직인다.
③ 물의 온도를 높이면 설탕은 더 빠르게 확산된다.
④ 설탕 분자와 물 분자는 끊임없이 서로 충돌한다.
⑤ 설탕 분자가 고르게 퍼져 나간 것은 물 전체에서 단맛이 나는 것으로 확인할 수 있다.

16 **증발에 대한 설명으로 옳은 것을 모두 고르시오.(3개)**

① 온도가 높을수록 증발이 잘 일어난다.
② 바람이 약할수록 증발이 잘 일어난다.
③ 표면적이 넓을수록 증발이 잘 일어난다.
④ 액체 분자 사이의 인력이 클수록 증발이 잘 일어난다.
⑤ 액체 표면의 분자들이 떨어져 나와 기체로 되는 현상이다.

17 **전자 저울에 거름종이를 올려놓고 아세톤 몇 방울을 떨어뜨린 후 질량을 측정하였다. 그 결과 시간이 지날수록 질량이 감소했다. 그 이유로 옳은 것은?**

① 아세톤 분자가 작아지기 때문
② 아세톤 분자가 운동하기 때문
③ 아세톤 분자가 커지기 때문
④ 아세톤 분자가 가벼워지기 때문
⑤ 아세톤 분자가 공기로 변하기 때문

18 **다음 그림은 얼굴에 난 상처를 알코올로 소독하고 있는 모습이다. 얼굴에 묻은 알코올은 금방 사라지는데 이와 같은 원리로 일어나는 현상을 〈보기〉에서 모두 고른 것은?**

〈 보기 〉
ㄱ. 가뭄으로 땅이 말라 갈라진다.
ㄴ. 각설탕을 물에 넣고 젓지 않아도 녹는다.
ㄷ. 냄비에 물을 넣고 끓이면 물이 줄어든다.
ㄹ. 청소 후 교실 바닥에 남아 있던 물이 사라진다.

① ㄱ, ㄴ ② ㄱ, ㄷ ③ ㄱ, ㄹ
④ ㄴ, ㄷ ⑤ ㄴ, ㄹ

19 오른쪽 그림은 염전에서 소금을 얻고 있는 모습을 나타낸 것이다. 바닷물이 소금이 될 때 일어나는 현상에 관한 다음 설명 중 옳은 것을 모두 고르시오.(2개)

① 분자 운동에 의해 일어나는 현상이다.
② 음식 냄새가 퍼지는 것과 같은 현상이다.
③ 공기와 닿아 있는 면적이 좁을수록 잘 일어난다.
④ 이 현상이 일어나면 분자 사이의 거리가 멀어진다.
⑤ 액체의 표면과 내부에서 동시에 분자가 기체가 되는 현상이다.

20 다음 그림 (가)와 (나)는 물에서 일어나는 어떤 현상을 분자 모형으로 나타낸 것이다.

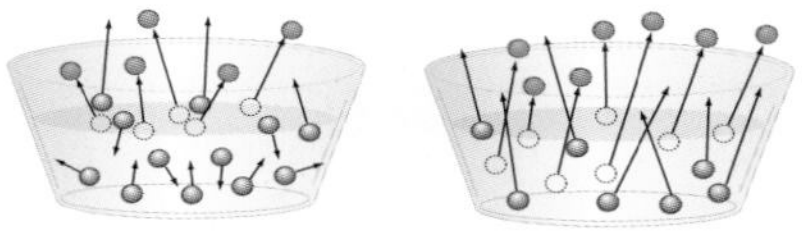

(가) (나)

위 모형 (가)와 (나)에서 일어나는 현상에 대한 설명 중 옳지 않은 것을 고르면?

	(가)	(나)
①	증발	끓음
②	액체 표면에서 일어남	액체 전체에서 일어남
③	모든 온도에서 일어남	끓는점 이상의 온도에서 일어남
④	분자 스스로 운동해서 일어남	외부에서 열을 받았을 때 일어남
⑤	기화	액화

창의력 서술

21 아래 그림은 각각 찬물과 더운물이 담긴 비커에 같은 양의 잉크를 동시에 떨어뜨렸을 때 나타나는 모습을 나타낸 것이다. 이와 같은 현상이 나타난 이유를 분자 운동과 관련하여 쓰시오.

▲ 찬물 ▲ 더운물

22 헤어 드라이어를 이용하면 머리를 빠르게 말릴 수 있는데, 그 원리를 분자 운동과 연관지어 쓰시오.

6강. 기체의 성질

1. 압력

간단실험

연필의 압력

준비물 : 연필

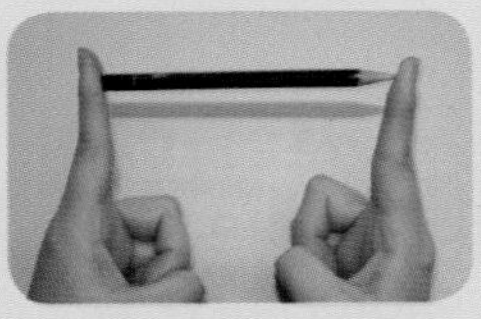

〈실험 과정〉

연필의 양쪽 끝을 잡고 눌러 보자.

(1) **압력** = $\frac{무게}{면적}$

손가락에 작용하는 연필의 압력	스펀지에 작용하는 삼각플라스크의 압력
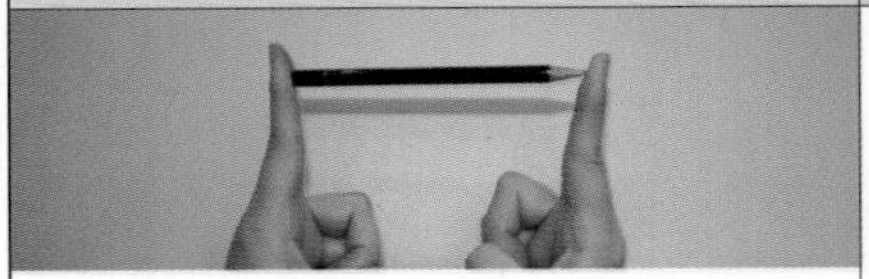	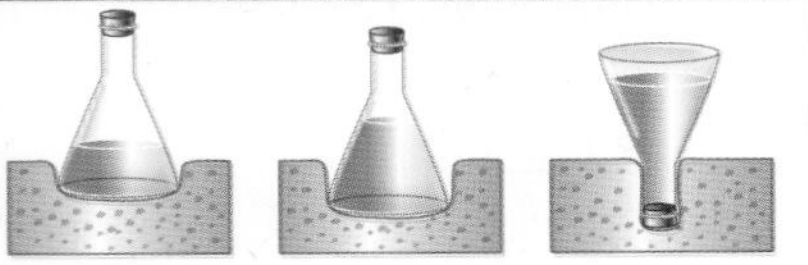
(가) < (나)	(가) < (나) < (다) 물의 양 : (가) < (나) = (다)

(2) **기체의 압력** : 용기가 어떤 모양을 갖게 한다.

① 원인 : 기체 분자들이 끊임없이 운동하면서 용기 벽면에 충돌하기 때문에 나타난다.

② 방향 : 모든 방향으로 같은 크기의 압력이 작용한다.

③ 크기 : 기체 분자가 용기 벽에 충돌하는 횟수가 많아질 때 커진다.

풍선이 둥근 이유

모든 방향으로 같은 크기의 압력이 작용하기 때문이다.

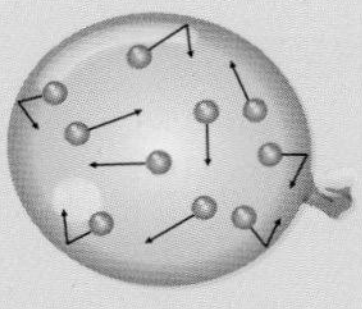

▲ 둥근 모양 풍선

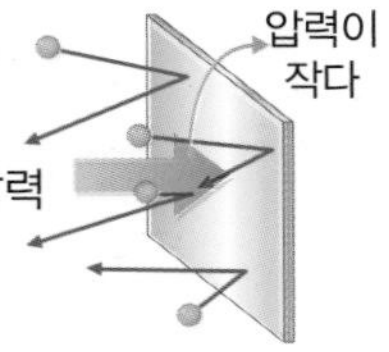

분자 수가 적으면 기체 압력이 작다.

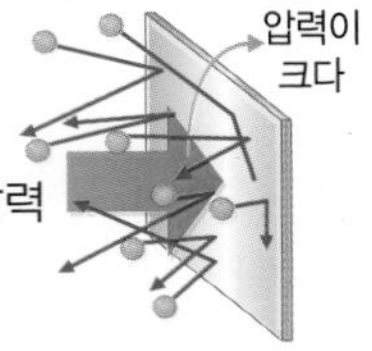

분자 수가 많으면 기체 압력이 크다.

생각해보기★

눈이 많이 내리는 지방에서는 설피를 신발에 덧대어 신는다. 설피를 덧대어 신으면 눈에 빠지지 않는데, 그 이유는 무엇일까?

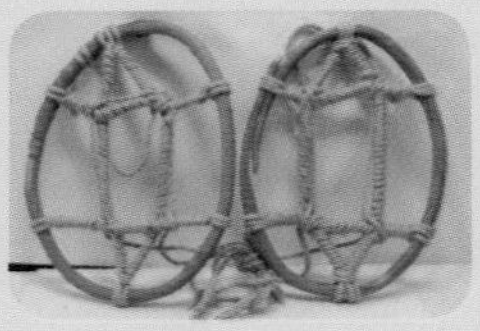

▲ 설피

개념확인 1 그림과 같이 크기가 같은 세 개의 삼각 플라스크에 물을 넣고 스펀지 위에 올려놓았다. (가)~(다) 플라스크와 맞닿은 스펀지가 받는 압력의 크기를 부등호로 비교하시오. (단, 물의 양은 '(가) < (나) = (다)' 이다.)

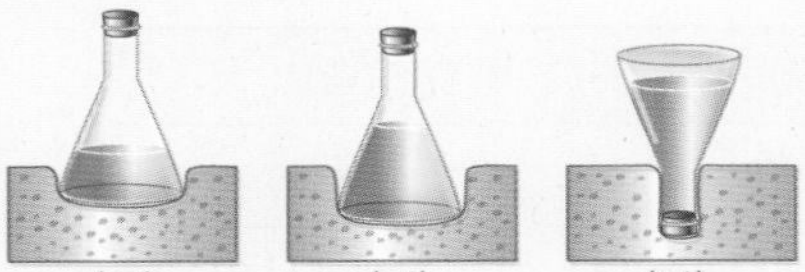

확인 +1 기체의 압력에 대한 설명을 읽고 옳은 것은 O표, 옳지 않은 것은 ×표 하시오.

(1) 용기가 어떤 모양을 갖게 한다. (　　)

(2) 기체 분자 수가 적으면 기체 압력이 크다. (　　)

(3) 기체의 압력은 모든 방향에 대해 같은 크기로 작용한다. (　　)

미니사전

접촉 서로 맞닿음

면적 일정한 평면이나 구면의 크기

2. 보일 법칙 1

(1) 기체의 압력과 부피 : 온도와 기체의 양이 일정할 때 기체의 부피는 압력이 작아지면 커지고, 압력이 커지면 작아진다.

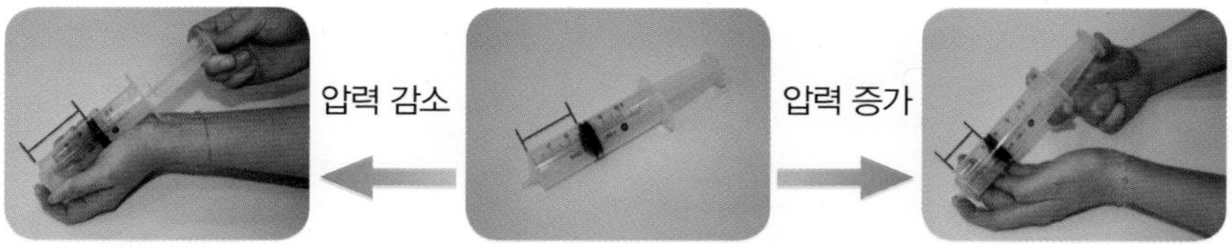

기체의 부피가 커진다.　　　　기체의 부피가 작아진다.

(2) 보일 법칙 : 일정한 온도에서 일정량의 기체는 압력이 커지면 부피는 작아지고, 압력이 작아지면 부피는 커진다.

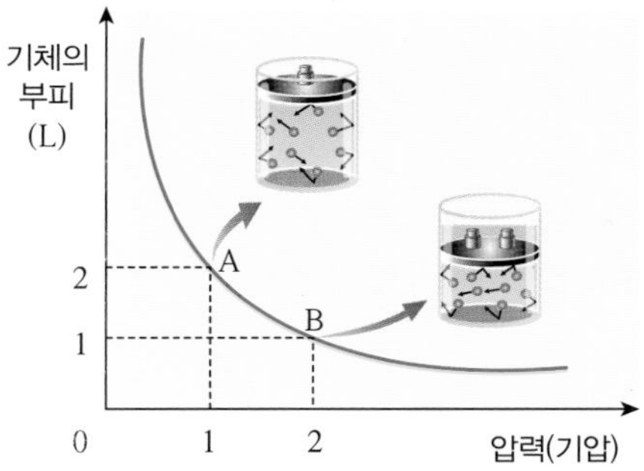

· 외부의 압력이 n배 커지면 기체의 부피는 $\frac{1}{n}$ 배로 줄어든다.

· 압력과 부피를 곱한 값은 일정하다.

A : 1(기압) × 2(L) = 2

B : 2(기압) × 1(L) = 2

간단실험

커지는 마시멜로

준비물 : 마시멜로, 주사기

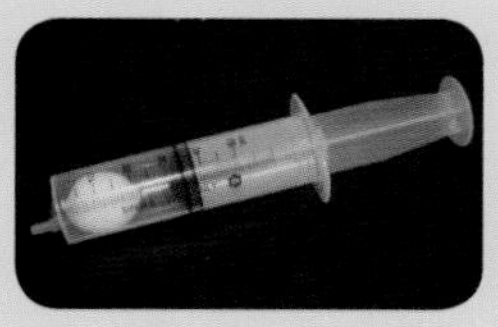

〈실험 과정〉

마시멜로를 주사기에 넣고 입구를 막은 뒤 주사기의 피스톤을 뒤로 잡아 당겨 보자.

정답 및 해설 18쪽

개념확인 2 **괄호에 들어갈 말로 적당한 것을 고르시오.**

온도와 기체의 양이 일정할 때, 주사기의 피스톤을 잡아당기면 외부 압력이 ㉠(증가, 감소)하여 주사기 속 기체의 부피는 ㉡(커지고, 작아지고), 피스톤을 밀면 외부 압력이 ㉢(증가, 감소)하여 주사기 속 기체의 부피가 ㉣(커진다, 작아진다).

생각해보기★★

하늘로 올라간 헬륨 풍선은 왜 커지다가 터질까?

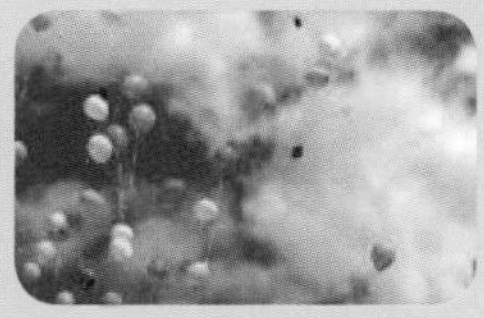

확인 +2 **다음 그래프는 압력에 따른 기체의 부피를 나타낸 것이다. 그래프의 ㉠에 들어갈 부피로 알맞은 것은?**

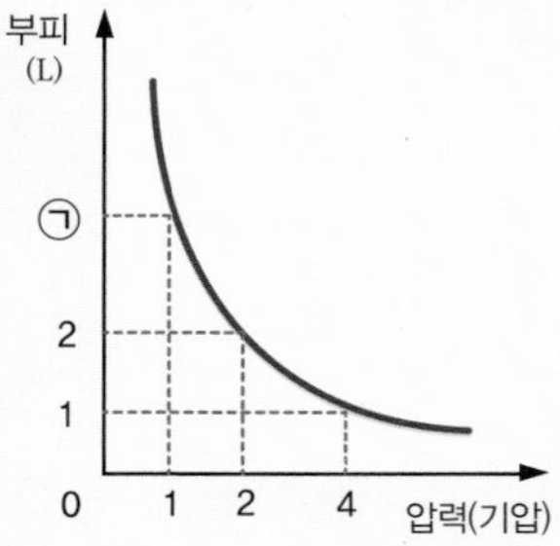

① 1　　② 2　　③ 3
④ 4　　⑤ 5

미니사전

외부　바깥 부분

간단실험
스페레이 누르기
준비물 : 펌프식 꼭지

〈실험 과정〉
투명하고 펌프식 뚜껑이 있는 용기의 펌프 꼭지를 누를 때 용기 내부 공기의 상태와 용액의 흐름을 예상해 보자.

기체 분자와 보일 법칙

	외부 압력 증가	외부 압력 감소
분자 수	일정	
기체의 부피	감소	증가
기체의 충돌 횟수	증가	감소
기체의 압력	증가	감소

생각해보기★★★
비행기를 타거나 높은 곳에 올라가면 귀가 먹먹해지는 이유는 뭘까?

3. 보일 법칙 2

(1) 기체 분자와 보일 법칙

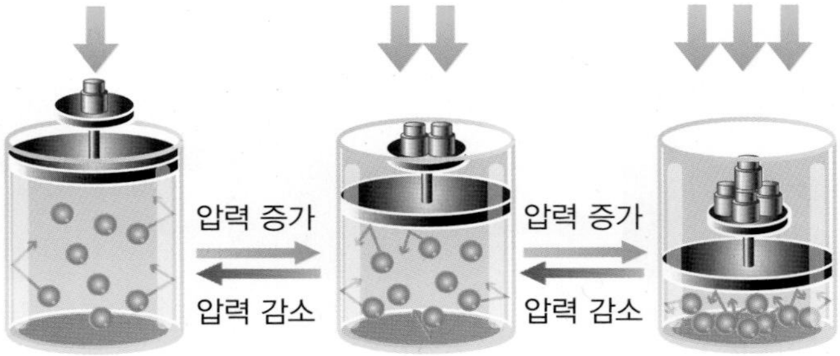

외부 압력 증가 → 부피 감소 → 기체 분자들이 용기 벽과 충돌하는 횟수 증가 → 용기 내부 기체의 압력 증가(외부 압력과 같아질 때까지)

(2) 생활 속 보일 법칙

① 보온병 꼭지를 누르면 액체가 나온다.
② 산이나 하늘 높이 올라가면 귀가 먹먹해진다.
③ 풍선이 하늘로 올라가면 점점 커지다가 터진다.
④ 잠수부가 내놓은 공기 방울의 부피는 수면 가까이 올라갈수록 커진다.

개념확인 3
그림과 같은 피스톤 위에 추의 개수를 2배로 늘리면 용기 내부의 기체의 압력은 어떻게 될지 다음에서 고르시오.

(증가한다 , 일정하다 , 감소한다)

확인 +3
다음 빈칸에 들어갈 말로 옳지 않은 것은?

	분자의 수	기체의 부피	기체의 충돌 횟수	기체의 압력
외부 압력 증가	①	감소	③	⑤
외부 압력 감소		②	④	감소

① 일정　② 증가　③ 증가　④ 감소　⑤ 감소

4. 샤를 법칙 1

(1) 온도와 기체의 부피 : 압력과 기체의 양이 일정할 때, 기체의 부피는 온도가 높아지면 커지고, 온도가 낮아지면 작아진다.

온도가 낮을 때 (얼음) : 비닐 장갑 속 기체의 부피는 작다.

온도가 높을 때 (뜨거운 물) : 비닐 장갑 속 기체의 부피는 크다.

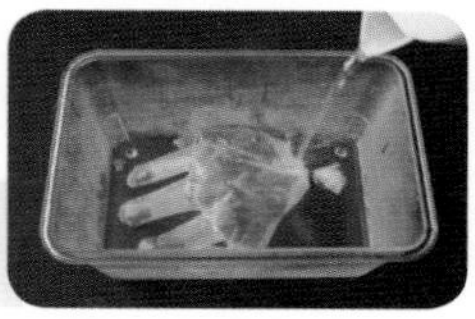

(2) 샤를 법칙 : 압력과 기체의 양이 일정할 때, 온도가 273℃가 되면 기체의 부피는 0℃일 때 기체의 부피의 2배가 된다.

0℃ 일 때 기체의 부피를 10 mL 라고 하면 273℃일 때 기체의 부피는 20 mL 이다.

0℃일 때 : 10 mL

273℃일 때 : 20 mL

정답 및 해설 18쪽

개념확인 4 괄호 안에 알맞은 숫자를 적으시오.

> 샤를 법칙은 압력과 기체의 양이 일정할 때, 일정량의 기체의 부피는 온도가 273℃ 증가할 때마다 0℃일 때 기체 부피의 (　　) 배가 된다는 법칙이다.

확인+4 다음 중 15℃, 1기압에서 샤를 법칙에 따라 부피가 변하지 않는 물질은?

① 헬륨　② 수소　③ 산소　④ 에탄올　⑤ 질소

간단실험
동전 움직이기
준비물: 빈 병(또는 시험관), 동전

<실험 과정>
얼음물에 담가놨던 빈 병의 입구 위에 동전을 올려놓고 양 손으로 빈 병을 감싸 쥐어보자.

뷰테인 가스통에 구멍을 뚫은 후 버리는 이유
가스통에 열이 가해지면 안쪽에 있던 기체의 부피가 커지면서 폭발할 수 있기 때문에 남은 뷰테인 가스가 밖으로 나올 수 있도록 구멍을 뚫어서 버린다.

생각해보기★★★★
두 개의 그릇이 포개져서 잘 빠지지 않을 때 쉽게 뺄 수 있는 방법은 무엇일까?

5. 샤를 법칙 2

(1) 기체 분자와 샤를 법칙

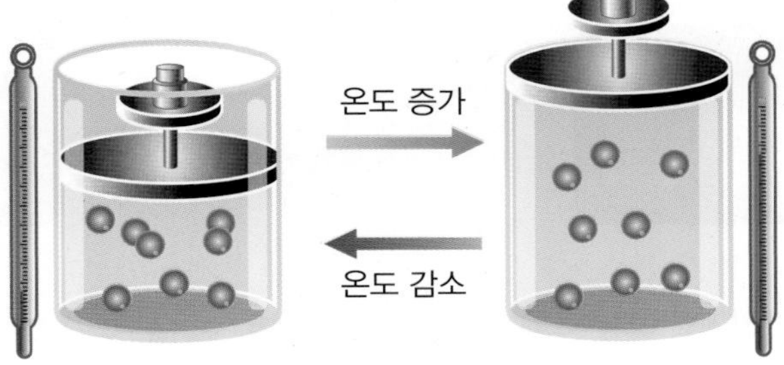

온도 증가 → 기체 분자들의 움직임이 활발해짐 → 용기 벽과 충돌하는 횟수 증가 → 용기를 밀어냄 → 기체 분자 사이의 거리 증가 → 기체의 부피 증가

(2) 생활 속 샤를 법칙

① 여름철에는 자동차 바퀴에 공기를 적게 넣는다.
② 열기구 속 기체를 가열하면 열기구가 위로 떠오른다.
③ 찌그러진 탁구공을 뜨거운 물에 넣으면 원래대로 펴진다.
④ 음료수가 반쯤 남은 페트병을 냉장고에 넣어 두면 찌그러진다.

기체 분자와 샤를 법칙

	온도 증가	온도 감소
기체의 압력	일정	
분자 수	일정	
분자 운동 속도	증가	감소
기체의 충돌 횟수	증가	감소
기체의 부피	증가	감소

샤를 법칙을 이용한 예

오줌싸개 인형의 머리에 뜨거운 물을 부으면 인형 속 공기의 부피가 늘어나면서 인형 속의 물이 구멍을 통해 나온다.

▲ 오줌싸개 인형

생각해보기★★★★★

열기구 속의 공기를 버너로 가열하면 열기구가 떠오른다. 어떤 원리로 열기구가 떠오를까?

개념확인 5

다음은 샤를 법칙에 관련된 사항이다. 빈칸에 알맞은 말을 써 넣으시오.

	기체의 압력	분자의 수	분자 운동 속도	기체의 충돌 횟수	기체의 부피
온도 증가	㉠	일정	증가	㉢	증가
온도 감소			㉡	감소	감소

㉠ : (　　　) ㉡ : (　　　) ㉢ : (　　　)

확인 +5

압력이 일정할 때 일정량의 기체가 들어 있는 용기를 가열하면 값이 증가하는 것을 모두 고르시오.(3개)

① 분자의 크기　② 분자의 수　③ 분자의 운동 속도
④ 기체의 충돌 횟수　⑤ 기체의 부피

< 보일 법칙과 샤를 법칙 관련 실험 >

· 보일 법칙

압력 감소

진공실험기 안에 마시멜로를 넣고 공기를 빼내면 마시멜로의 크기가 커진다.

· 샤를 법칙

뜨거운 물에 담가 두었던 병 입구에 동전을 올리고 찬물에 넣어두었다 꺼내면 병을 뒤집어도 동전이 떨어지지 않는다.

정답 및 해설 18쪽

개념확인 6 다음 괄호 안에 알맞은 말을 고르시오.

진공 실험기 안에 마시멜로를 넣고 공기를 빼내면 마시멜로가 커진다. 그 이유는 마시멜로 주변의 압력이 (높아, 낮아)지면서 마시멜로 속의 기체의 (부피, 질량) 가(이) 커지기 때문이다.

확인 + 6 다음 괄호 안에 알맞은 말을 쓰시오.

빈병을 뜨거운 물에 넣으면 기체 분자 사이의 거리가 ㉠(　　　)지면서 기체의 일부가 병 밖으로 빠져나간다. 기체가 빠져나간 병의 입구를 막고 찬물에 넣으면 병 안의 기체 분자의 움직임이 ㉡(　　　)지면서 병의 내부 압력이 ㉢(　　　)진다.

생각해보기★★★★★★

기체는 온도가 높아지면 부피가 증가한다. 그렇다면 부피가 변하지 않는 용기에 기체를 넣고 밀폐한 후 온도를 높이면 어떤 변화가 일어날까?

개념 다지기

01 아래는 다이아몬드의 모형을 나타낸 그림이다. 다이아몬드를 ①~⑤를 각각 밑면으로 바닥 위에 올려 놓을 때 바닥에 가장 큰 압력을 주는 부분은?

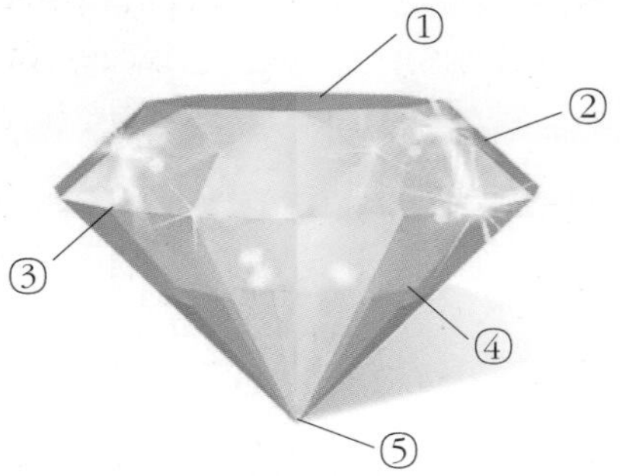

02 풍선에 바람을 불어 넣으면 둥근 모양을 갖는 이유를 모두 고르시오.(3개)

① 기체 분자가 동그랗기 때문에
② 기체 분자의 수가 많기 때문에
③ 기체 분자가 끊임없이 운동하기 때문에
④ 기체 분자가 용기 벽에 충돌하기 때문에
⑤ 풍선 안에서 모든 방향으로 같은 크기의 압력이 작용하기 때문에

03 다음 〈보기〉에서 보일 법칙을 이용한 것을 모두 고른 것은?

〈 보기 〉
㉠ 열기구
㉡ 오줌싸개 인형
㉢ 샴푸의 펌프식 꼭지

① ㉠　② ㉡　③ ㉢
④ ㉠, ㉡　⑤ ㉡, ㉢

04 그림은 한 개의 추가 올려진 피스톤에 한 개의 추를 더 올려 놓는 모습을 나타낸 것이다. 한 개의 추를 더 올려 놓았을 때 기체의 압력과 부피 변화를 바르게 짝지은 것은?

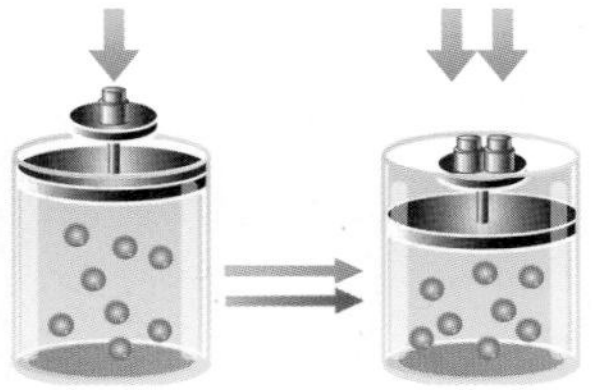

	압력	부피
①	증가	증가
②	증가	감소
③	일정	증가
④	감소	감소
⑤	감소	증가

05 오른쪽 사진과 같이 공기가 든 비닐 장갑의 손목을 묶고 얼음물에 담그었다. 이에 대한 설명으로 옳은 것을 모두 고르시오.(3개)

① 비닐 장갑의 부피가 작아진다.
② 비닐 장갑 속의 기체 분자 수가 증가한다.
③ 비닐 장갑 속의 기체의 압력이 증가한다.
④ 비닐 장갑 속의 분자 운동 속도가 감소한다.
⑤ 비닐 장갑 속의 기체 충돌 횟수가 감소한다.

06 오줌싸개 인형의 머리에 뜨거운 물을 부으면 인형 속 공기의 부피가 늘어나면서 인형 속의 물이 구멍을 통해 나온다. 이와 같은 원리를 이용한 예를 모두 고르시오.(2개)

① 산이나 하늘 높이 올라가면 귀가 먹먹해진다.
② 풍선이 하늘로 올라가면 점점 커지다가 터진다.
③ 열기구 속 기체를 가열하면 열기구가 위로 떠오른다.
④ 찌그러진 탁구공을 뜨거운 물에 넣으면 원래대로 펴진다.
⑤ 잠수부가 내놓은 공기 방울의 부피는 수면 가까이 올라갈수록 커진다.

유형 익히기 & 하브루타

[유형6-1] 압력

다음 그림처럼 스펀지 위에 벽돌이 올려져 있다. 벽돌과 맞닿은 스펀지가 받는 압력이 큰 것부터 순서대로 나열하시오. (단, 벽돌 한 장의 무게는 모두 같고, 스펀지와 닿은 면적은 (가) : (나) : (다) = 1 : 3 : 3 이다.)

(가) (나) (다)

Tip!

01 다음 그림은 삼각 플라스크에 물을 넣어 스펀지 위에 올려 놓고 스펀지에 작용하는 압력의 크기를 비교한 것이다. 압력의 크기를 바르게 나타낸 것은? (단, (나)와 (다)는 물의 양이 같다.)

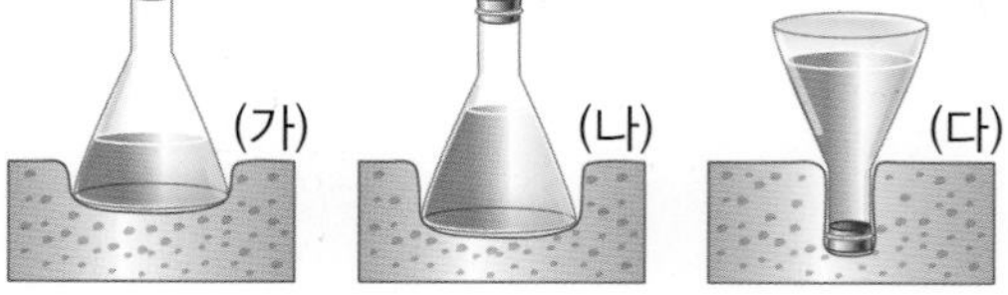

① (가) < (나) < (다) ② (나) < (가) < (다) ③ (다) < (나) < (가)
④ (나) < (다) < (가) ⑤ (가) < (다) < (나)

02 괄호 안에 들어갈 말로 적당한 것을 고르시오.

> 고무 풍선을 불면 기체 분자들은 끊임없이 운동하면서 풍선 내부 벽면에 충돌한다. 기체 분자가 용기 벽에 충돌하는 횟수가 ㉠(많아, 적어)질 때 풍선의 크기는 커지며, 모든 방향으로 같은 크기의 압력이 작용해 풍선은 ㉡(둥근, 길쭉한) 모양이 된다.

정답 및 해설 19쪽

[유형6-2] 보일 법칙

다음 표는 일정한 온도에서 압력을 변화시키며 기체의 부피를 측정한 값을 나타낸 것이다. 빈칸에 들어갈 알맞은 값은?

압력 (기압)	1	2	4	10
부피 (L)	10	(　　)	2.5	1

① 2　② 3　③ 4　④ 5　⑤ 6

03 오른쪽 그래프는 일정한 온도에서 압력을 변화시키며 기체의 부피를 측정한 것이다. ㉠과 ㉡에 알맞은 값을 옳게 짝지은 것은?

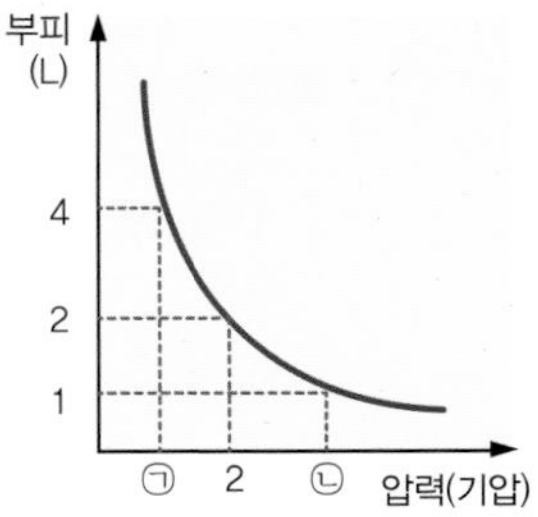

	㉠	㉡
①	1	1
②	1	2
③	1	4
④	2	1
⑤	2	4

Tip!

04 오른쪽 사진과 같이 주사기의 피스톤 끝에 압력계를 꽂아 압력과 기체의 부피를 측정해 다음 표와 같은 결과를 얻었다. ㉠과 ㉡에 들어갈 알맞은 값을 적으시오.

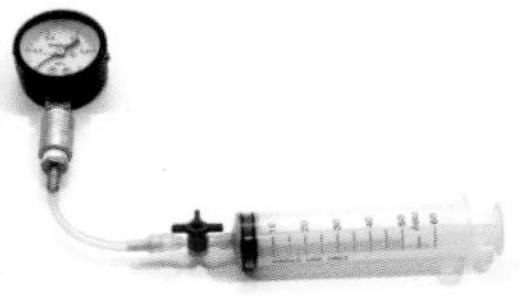

주사기 안 기체의 압력 (기압)	1	2	3	㉡	5
주사기 안 기체의 부피 (mL)	50	㉠	16.7	12.5	10

㉠ (　　　)　　㉡ (　　　)

[유형6-3] 샤를 법칙

0℃, 1기압에서 부피가 100 mL 인 기체의 온도를 같은 압력에서 546℃로 높였을 때 부피는 몇 mL가 되는지 구하시오. (단, 273 × 2 = 546이다.)

100 mL　　　　(　　　)mL

Tip!

05 0℃, 1기압에서 어떤 기체의 부피는 150 mL 이다. 기체의 온도를 같은 압력에서 273℃로 높였을 때 부피는 몇 mL가 되는지 구하시오.

① 100 mL　② 200 mL　③ 300 mL　④ 400 mL　⑤ 500mL

06 0℃, 1기압에서 10 mL 인 어떤 기체가 있다. 같은 압력에서 온도를 변화시켜 부피가 20 mL 가 되었다면 이 기체의 온도는 몇 ℃인지 구하시오.

① 136.5℃　② 273℃　③ 546℃　④ 819℃　⑤ 1092℃

정답 및 해설 19쪽

[유형6-4] 생활 속의 보일, 샤를 법칙

하늘로 날아간 고무 풍선은 높이 올라갈수록 팽팽해지다 결국 터져 버리고 만다. 풍선 속 기체에 나타나는 현상으로 옳은 것은?

	기체의 부피	기체의 충돌 횟수	기체의 압력
①	증가	증가	증가
②	증가	감소	증가
③	증가	감소	감소
④	감소	증가	증가
⑤	감소	증가	감소

07 찌그러진 탁구공을 따뜻한 물에 넣으면 다시 펴진다. 그 이유는 무엇인가?

① 탁구공 속 공기의 부피가 증가했기 때문에
② 탁구공 속 기체 분자 수가 증가했기 때문에
③ 탁구공 속 분자 운동 속도가 감소했기 때문에
④ 탁구공 속 기체 충돌 횟수가 감소했기 때문에
⑤ 탁구공 속 기체 분자 사이의 거리가 감소했기 때문에

08 차가운 빈 병 위에 물 묻힌 동전을 올리고 빈 병을 양손으로 감싸면 동전이 달그락거린다. 빈 병 속 기체에 나타나는 현상에 대해 바르게 설명한 것은?

	기체의 부피	기체의 충돌 횟수	분자 운동 속도
①	증가	증가	증가
②	증가	감소	증가
③	증가	감소	감소
④	감소	증가	증가
⑤	감소	증가	감소

Tip!

창의력 & 토론마당

01 다음 사진은 잠수부가 풍선을 가지고 물속에 잠수했을 때 풍선의 모습이다. 잠수부가 이 풍선을 가지고 그대로 수면 위로 올라간다면 풍선에는 어떤 변화가 생길까?

02 농구는 유난히 점프를 많이 하는 스포츠 중의 하나이다. 대부분의 농구 선수들은 발목의 안정감과 부드러운 착지를 위해 밑창에 공기가 들어 있는 신발을 많이 신는다. 이때 신발 밑창의 공기가 부드러운 착지에 어떤 도움을 주는지 기체의 압력과 관련지어 설명하시오.

정답 및 해설 19쪽

03 0℃, 1기압을 표준 온도 및 표준 압력이라 하며, 0℃, 1기압에서의 기체의 상태를 표준 상태(STP)라 한다. 실제 우리가 생활하고 있는 대기 중의 압력은 표준 압력에 가깝다. 만약 대기의 압력이 1기압이 아니라 2기압이라면 어떤 일들이 발생할까? (단, 2기압은 물속 10 m 깊이에 들어간 것과 같다.)

04 목욕탕에 가면 바가지를 튜브 삼아 물장구를 치고 노는 아이들의 모습을 흔히 볼 수 있다. 바가지 두 개를 마주 보도록 포개어 차가운 물에 담갔다 꺼내면 두 바가지는 서로 달라붙어 잘 떨어지지 않게 되는데, 그 이유는 무엇일까?

정답 및 해설 20쪽

05 다음 그림은 영화 '딥 블루 씨(Deep blue sea)' 의 한 장면이다. 아래의 물음에 답하시오.

'딥 블루 씨(Deep blue sea)'는 사람을 공격하는 상어의 공격을 피해, 수중의 연구소로부터 지상까지의 위험천만한 대피를 그린 영화이다. 많은 희생을 치르고 살아남은 연구원들은 더 이상 피할 곳이 없자 직접 물속을 헤엄쳐 도망가는 방법을 택하게 되는데, 이때 주인공은 연구원들에게 숨을 내뱉으며 올라가라고 주의를 준다.

(1) 수중 18 m 지점은 지상의 약 3배의 압력이 가해지는 곳이다. 만약 주인공이 있는 연구소의 위치가 수중 18 m 지점이었다면, 연구소에서 기체의 부피는 지상에서 기체의 부피의 몇 배인가?

(2) 연구원들이 숨을 내뱉지 않고 올라가면 몸에는 어떤 변화가 일어날까?

01 다음은 양쪽 끝이 다른 연필을 손가락으로 누르는 모습이다. 손가락 A, B 부분에 작용하는 연필의 압력 크기를 비교하여 부등호로 나타내시오.

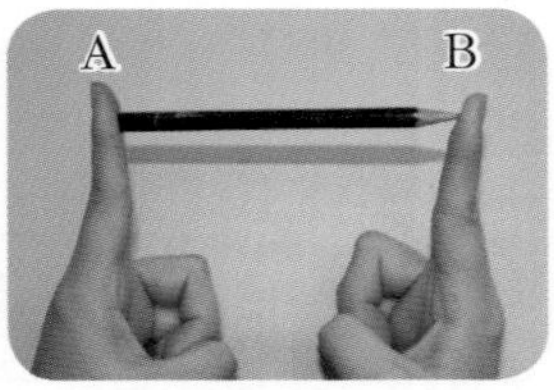

A의 압력 ( ) B의 압력

02 압력을 줄여서 생활에 이용한 경우를 〈보기〉에서 모두 고르시오.

〈 보기 〉

ㄱ. 끝이 뾰족한 삽으로 땅을 판다.
ㄴ. 스키를 신으면 운동화보다 눈에 덜 빠진다.
ㄷ. 사람들은 눈이 오면 눈에 빠지지 않기 위해 설피를 신었다.

03 다음 글의 괄호 안에 들어갈 말로 알맞은 말을 고르시오.

온도와 기체의 양이 일정할 때, 기체의 부피는 압력이 작아지면 ㉠(커지고, 작아지고), 압력이 커지면 ㉡(커진다, 작아진다).

04 다음 그림과 같이 주사기 안에 마시멜로를 넣고 앞쪽을 손가락으로 막은 다음 피스톤을 뒤로 잡아당겼다. 마시멜로의 크기는 어떻게 되는가?

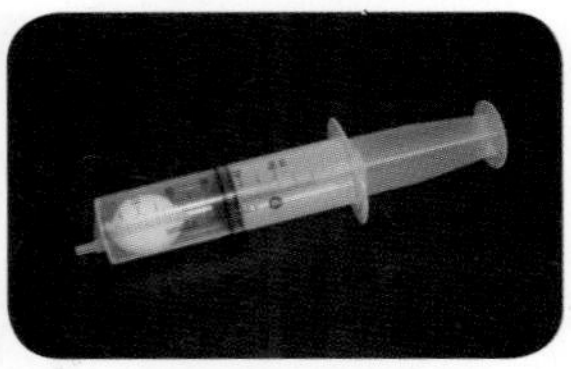

(커진다 , 일정하다 , 작아진다)

05 다음 글의 괄호 안에 들어갈 말로 알맞은 말을 고르시오.

압력과 기체의 양이 일정할 때, 기체의 부피는 온도가 높아지면 ㉠(커지고, 작아지고), 온도가 낮아지면 ㉡(커진다, 작아진다).

06 찌그러진 탁구공을 뜨거운 물에 넣으면 탁구공 내부 온도가 증가하면서 기체의 부피가 증가해 원래대로 펴진다. 이 현상에 적용되는 법칙은 무엇인지 쓰시오.

(   ) 법칙

07 샤를 법칙이 성립할 때, 다음 글의 괄호 안에 알맞은 숫자를 적으시오.

> 압력이 일정한 0℃ 기체의 부피를 10 mL 라고 하면, 273℃일 때 기체의 부피는 (　　　) mL 이다.

08 아래의 표는 책상 위에 올려 놓은 물체들이 책상에 닿는 면적과 그 물체의 무게를 나타낸 것이다. 책상의 접촉한 면에 가장 큰 압력을 가하는 물체는 무엇인가?

	①	②	③	④	⑤
면적 (cm^2)	120	100	80	60	30
무게 (N)	30	60	80	100	120

09 표는 일정한 온도에서 압력을 변화시키며 기체의 부피를 측정한 것이다. 괄호 안에 들어갈 알맞은 값을 적으시오.

압력 (기압)	1	2	4	(　)	20
부피 (L)	100	50	25	10	5

10 다음 중 압력을 크게 해서 사용하는 것을 모두 고르시오.(2개)

① 스노보드
② 모종삽
③ 콜라 캔의 바닥
④ 승용차보다 바퀴의 수가 많은 화물차
⑤ 갈아서 날카롭게 만든 칼

11 압력이 일정할 때 기체가 들어 있는 용기를 가열해도 변하지 않는 것을 모두 고르시오.(2개)

① 분자의 크기　② 분자의 수
③ 분자의 운동 속도　④ 기체의 충돌 횟수
⑤ 기체의 부피

12 그림은 피스톤 위에 추를 올려 기체에 압력을 가하고 있는 그림이다. 피스톤 위에 올려 놓은 추의 개수를 절반으로 줄였을 때 용기 내부에서 일어날 변화로 옳지 않은 것은?

① 기체의 부피는 증가한다.
② 기체의 압력은 증가한다.
③ 기체 분자의 수는 일정하다.
④ 기체의 충돌 횟수는 감소한다.
⑤ 기체 분자의 움직임은 일정하다.

13 다음은 일정한 온도에서 압력을 변화시키며 기체의 부피를 측정한 그래프이다. ㉠과 ㉡에 알맞은 값을 옳게 짝지은 것은?

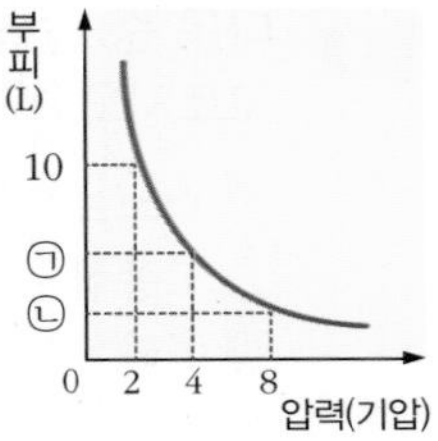

	㉠	㉡		㉠	㉡
①	4	1	②	5	1.5
③	4	2	④	5	2.5
⑤	5	3			

14 뷰테인 가스통을 버릴 때 구멍을 뚫고 버리는 이유로 가장 옳은 것은?

① 재활용을 하기위해
② 환경 오염을 막기 위해
③ 폭발의 위험을 막기 위해
④ 쉽게 압축시켜 버리기 위해
⑤ 벌레가 꼬이는 것을 방지하기 위해

15 다음은 기체의 부피와 압력과의 관계를 나타낸 그래프이다. 온도가 일정할 때 기체의 부피와 압력과의 관계를 바르게 나타낸 것은?

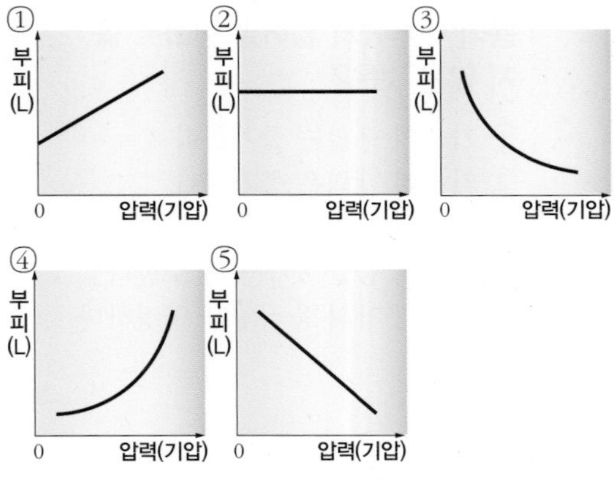

16 음료수가 반쯤 담긴 페트병을 냉장고에 넣어 두면 찌그러진다. 다음 중 냉장고의 페트병이 찌그러지는 것과 같은 원리로 설명할 수 있는 것을 모두 고르시오.(3개)

① 펌프식 뚜껑

② 오줌싸개 인형

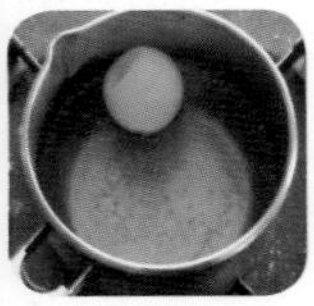
③ 펴지는 탁구공

④ 열기구

⑤ 공기가 든 신발

17 샤를 법칙과 관련된 현상을 〈보기〉에서 모두 고른 것은?

〈보기〉

㉠ 보온병 꼭지를 누르면 액체가 나온다.
㉡ 농구공을 뜨거운 물에 넣으면 딱딱한 느낌이 든다.
㉢ 다 사용한 뷰테인 가스통은 구멍을 뚫은 후 버린다.

① ㉠　② ㉡　③ ㉢
④ ㉠, ㉡　⑤ ㉡, ㉢

18 0℃, 1기압에서 부피가 10 mL 인 기체의 온도를 같은 압력에서 546℃로 높였을 때 부피는 몇 mL가 되는지 구하시오.(단, 273 × 2 = 546이다.)

① 10 mL　② 20 mL　③ 30 mL
④ 40 mL　⑤ 50 mL

정답 및 해설 20쪽

19 그림과 같이 밀폐된 실린더 안에 어떤 기체를 채우고 압력을 일정하게 유지하면서 냉각시켰다. 이에 대한 설명으로 옳지 않은 것은?

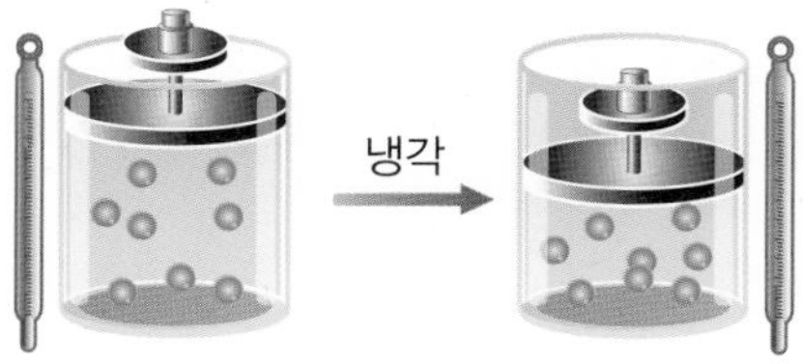

① 기체 분자의 크기가 감소한다.
② 기체 분자의 수에는 변화가 없다.
③ 기체 분자의 충돌 횟수가 감소한다.
④ 기체 분자의 운동 속도가 감소한다.
⑤ 기체의 압력이 외부 압력과 같아질 때까지 부피가 감소한다.

20 다음 그래프는 일정한 온도에서 일정량의 어떤 기체에 압력을 달리 했을 때의 부피 변화를 나타낸 것이다. 그래프에 대한 설명으로 옳지 않은 것은?

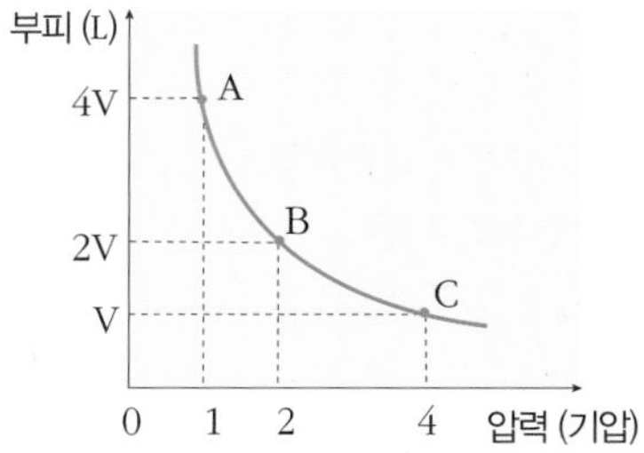

① 압력과 부피를 곱한 값은 같다.
② 압력이 커지면 기체의 부피는 감소한다.
③ 기체 분자의 충돌 횟수는 C점이 가장 많다.
④ 압력이 줄어들면 기체의 분자 수도 줄어든다.
⑤ A에서 C쪽으로 갈수록 분자 사이의 거리가 가까워진다.

창의력 서술

21 풍선이 하늘로 올라가면 어떤 변화가 생기는지 간단히 설명하시오.

22 여름철에 자동차 바퀴에 공기를 적게 넣는 이유에 대해 서술하시오.

팝콘(POPCORN)

영화의 친구이자 우리의 간식인 팝콘. 팝콘을 먹으면서 혹시 궁금해 한 적이 있을까? 작고 딱딱한 옥수수알로부터 어떻게 이렇게 크고 부드러운 팝콘이 만들어지는가를 말이다.

▲ 옥수수 알갱이

▲ 팝콘 알갱이

팝콘이 되기 전의 옥수수알의 내부를 보면 다음 그림과 같다.

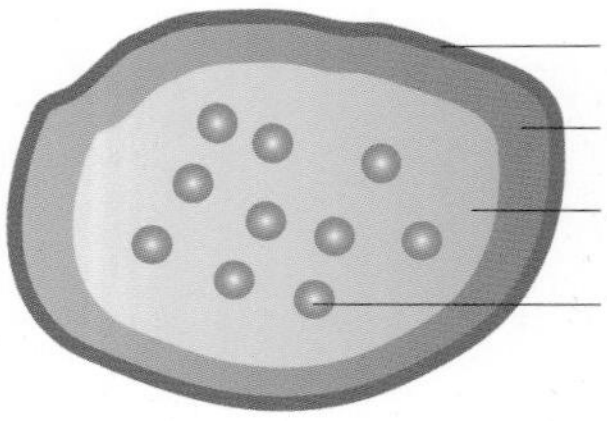

▲ 마른 옥수수 알갱이의 내부

팝콘이 만들어지는 것은 옥수수알의 수분과 딱딱해진 껍질에 있다. 옥수수알을 뜨겁게 가열하면 옥수수알 내부에 들어 있던 수분의 일부가 기화된다. 딱딱한 껍질에 갇힌 기체가 압력이 점점 높아지면서 딱딱하게 마른 녹말 부분과 겉껍질을 펑소리와 함께 뚫고 나오게 된다.

정답 및 해설 21쪽

옥수수알이 팝콘이 되면 얼마나 커지는지 알고 싶다. 옥수수알과 팝콘의 크기를 비교할 수 있는 방법을 쓰시오.

〈팝콘이 만들어 지는 과정〉

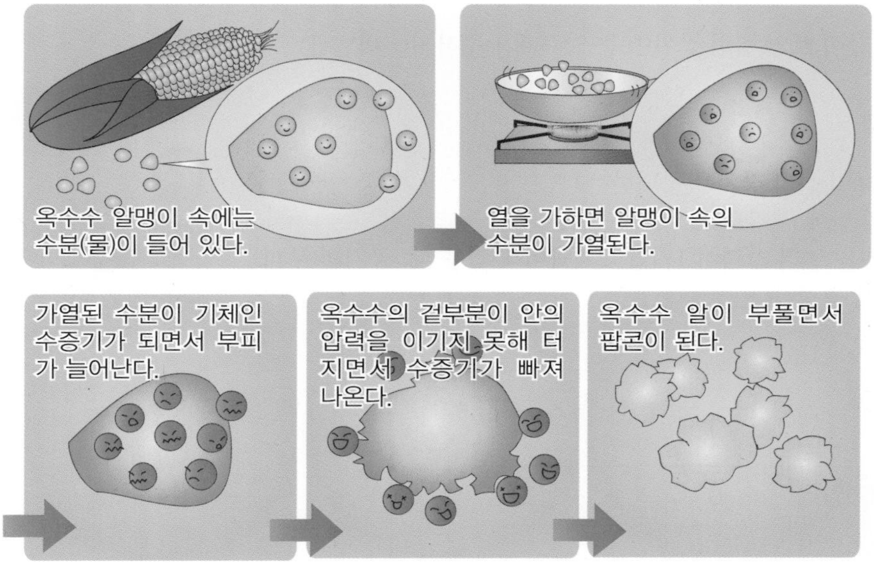

팝콘용 옥수수알을 가열하면 터져서 팝콘이 되지 않고 그대로 남아 있는 옥수수알이 있다. 터지지 않고 그대로 있는 이유가 무엇일지 쓰시오.

Project - 탐구

[탐구-1] 보일 법칙-측정하여 기록하기

1. 탐구 제목 : 압력에 따른 기체의 부피

2. 탐구 날짜 :

3. 탐구 주제 : 압력을 변화시키면서 기체의 부피 변화를 측정하여 압력과 기체의 부피와의 관계를 알아낸다.

4. 탐구 과정

(1) 준비물 : 간이 보일 실험 장치(또는 압력계 + 주사기 + 비닐관)

(2) 실험 방법

① 간이 보일 실험 장치를 준비한다.
② 주사기 안에 공기를 20 mL 넣는다.
③ 피스톤을 눌러 압력이 1기압, 2기압이 되었을 때, 공기의 부피를 각각 측정한다.

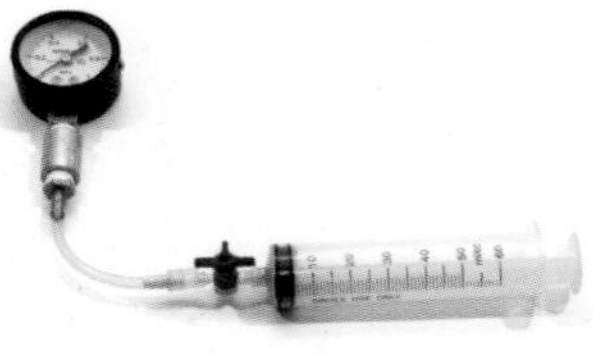
▲ 간이 보일 실험 장치

5. 탐구 결과

압력계 (기압)	0	1	2
실제 압력 (기압) (누른 압력 + 대기압)			
공기의 부피 (mL)			
압력 × 공기의 부피			

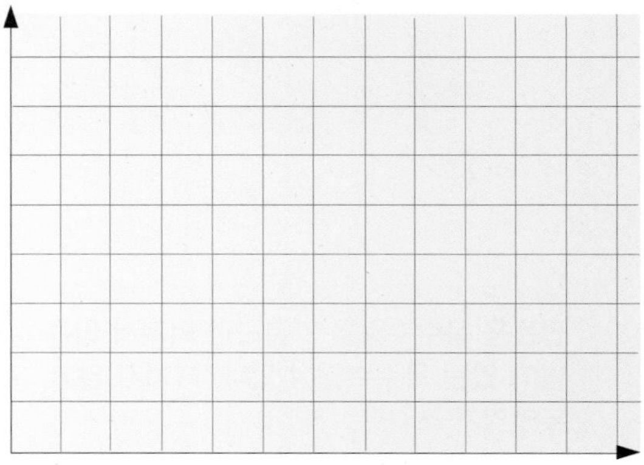

6. 탐구 결과 알게 된 사실

[탐구-2] 샤를 법칙-측정하여 기록하기

1. 탐구 제목 : 온도에 따른 기체의 부피

2. 탐구 날짜 :

3. 탐구 주제 : 기체의 온도를 변화시키면서 부피를 측정하여 온도와 기체의 부피와의 관계를 알아낸다.

4. 탐구 과정

(1) 준비물 : 유리 주사기, 고무 마개, 온도계, 비커

(2) 실험 방법

① 유리 주사기 안에 공기를 20mL를 넣은 후, 주사기의 입구를 막는다.
② 20℃, 50℃, 80℃ 물에 주사기를 담그고, 주사기 안 공기의 부피를 측정한다.

5. 탐구 결과

온도 (℃)	20	50	80
공기의 부피 (mL)			

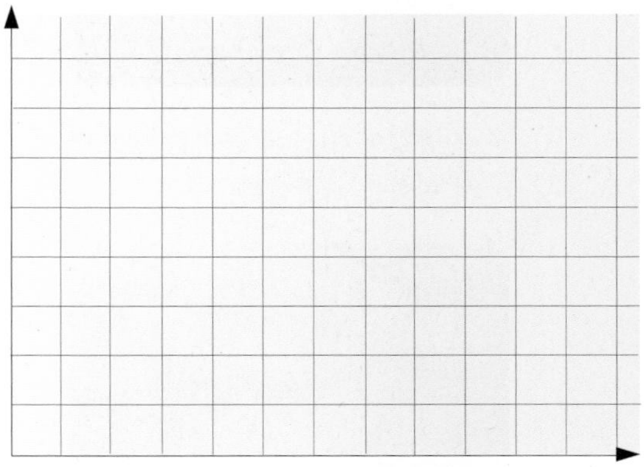

6. 탐구 결과 알게 된 사실

Project - 탐구

[탐구-3] 보일 법칙-단계적으로 이해하기

준비물 I 마시멜로, 과자 봉지, 진공실험기, 풍선, 고체로 된 물체

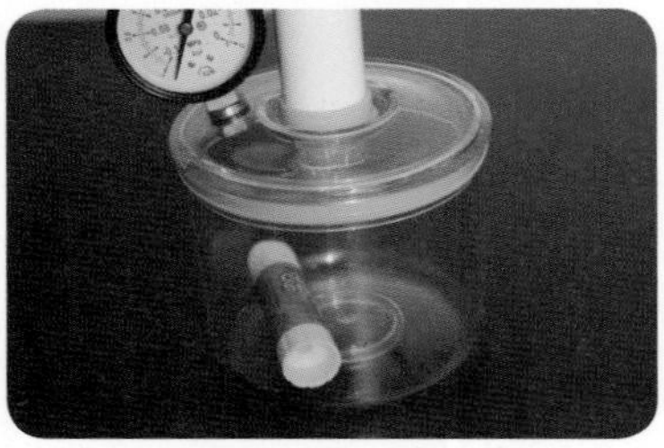

① 진공실험기 안에 고체 물질을 넣는다.

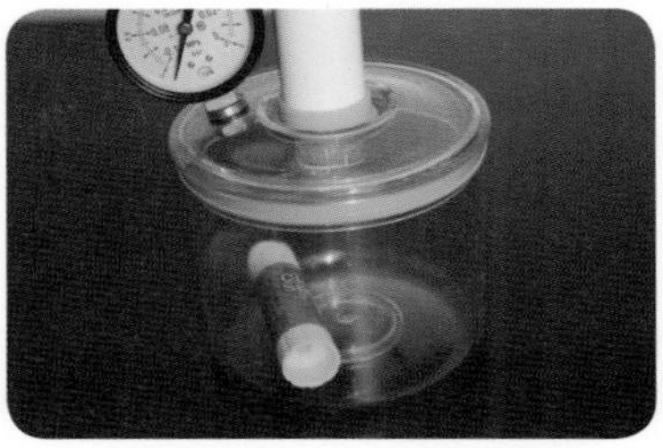

② 진공실험기 안의 공기를 빼내면서 변화를 관찰한다.

③ 고체 물질을 꺼내고 공기를 작게 불어 넣은 풍선을 넣는다.

④ 진공실험기 안의 공기를 빼내면서 변화를 관찰한다.

⑤ 진공실험기 안에 공기를 넣으면서 변화를 관찰한다.

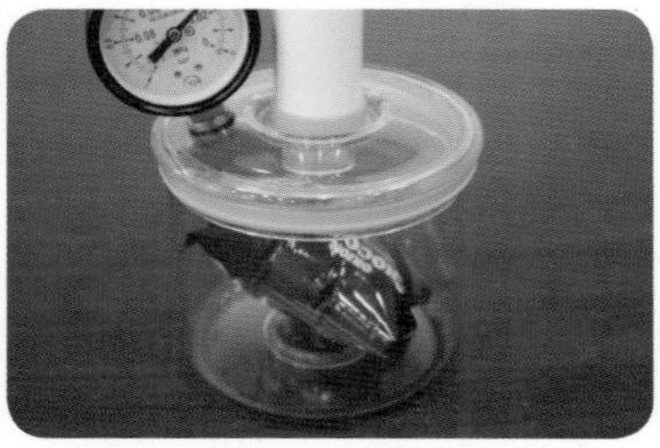

⑥ 풍선을 꺼내고 과자 봉지를 넣은 후 공기를 빼낸다.

⑦ 과자 봉지를 꺼내고 마시멜로를 넣는다.

⑧ 진공실험기 안의 공기를 빼내면서 변화를 관찰한다.

정답 및 해설 21쪽

탐구 해석 및 일반화

1. 그림 (가)는 1기압(대기압)일 때의 진공실험기 안의 기체 분자와 지우개의 분자 분포를 나타낸 것이다. 진공실험기 안에 지우개를 넣고 공기를 빼냈을 때 기체의 분자와 지우개의 분자는 어떻게 분포할지 그림 (나)에 분자를 그려 넣으시오.

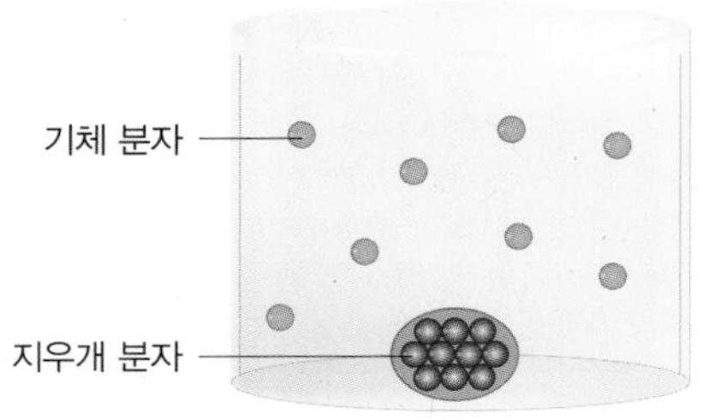

(가) 1기압에서의 기체 분자 분포

(나) 진공기 안의 공기를 빼낸 경우

2. 진공기 실험기 안의 공기를 빼기 전과 후에 지우개 분자의 주변의 기압은 어떻게 변하는지 쓰고, 지우개의 부피가 변하지 않는 이유도 설명하시오.

3. 그림 (가)는 1기압(대기압)일 때의 진공실험기 안과 풍선 안의 기체 분자의 분포를 나타낸 것이다. 진공실험기 안에 풍선을 넣고 공기를 빼냈을 때 진공실험기 안과 풍선 안의 기체 분자는 어떻게 분포할지 그림 (나)에 분자를 그려 넣으시오.

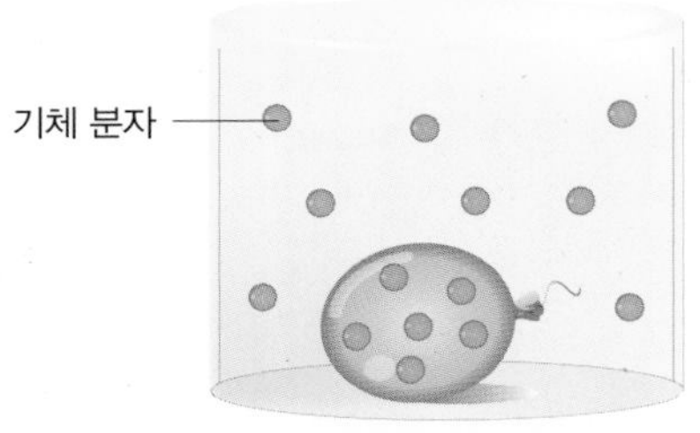

(가) 1기압에서의 기체 분자 분포

(나) 진공기 안의 공기를 빼낸 경우

4. 풍선이 커지는 이유를 위의 그림을 참고하여 답하시오.

5. 마시멜로 실험으로 알 수 있는 것은 무엇인지 다음 빈칸에 알맞은 말을 써 넣으시오.

고체는 가해지는 압력이 변해도 부피가 변하지 않는다. 진공실험기 안의 공기를 빼냈을 때 마시멜로의 부피가 (   ) 것으로 보아 고체 마시멜로 안에는 (   )가 들어 있다는 것을 알 수 있다.

Project - 탐구

[탐구-4] 샤를 법칙-단계적으로 이해하기

준비물 | 얼음, 빈 음료수 병, 병 입구에 맞는 동전, 비커, 수조

① 빈 음료수 병을 얼음물이 든 비커에 몇 분 넣어 둔다.

② 병 입구 윗부분에 물을 묻히고 동전을 올려 놓는다.

③ 뜨거운 물이 들어 있는 수조에 음료수 병을 세워 둔다.

④ 병과 동전에서 일어나는 변화를 관찰한다.

⑤ 동전을 치우고, 병을 뜨거운 물에 담가 둔다.

⑥ 병을 꺼내어 입구에 물을 묻히고 동전을 올려 놓는다.

⑦ 병을 얼음물에 담가 둔다.

⑧ 병을 꺼내어 거꾸로 들어 본다.

탐구 해석 및 일반화

1. (가)는 상온에서 병과 병 외부의 기체 분자 분포를 나타낸 것이다. 과정1에서 이 병을 얼음물에 담가 두었을 때 병 내부와 외부에 분자는 어떻게 분포하겠는지 그림 (나)의 빈 병에 분자를 그려 넣으시오.

(가) 상온에서 병 내부와 외부의 분자 분포

(나) 얼음물에 넣은 병

2. 위 문제 1의 답을 참고하여 과정 ④에서 병을 뜨거운 물에 넣었을 때, 동전이 달그락거리는 이유를 설명하시오.

3. 병을 뜨거운 물에 넣었을 때 분자의 분포는 어떠하겠는지 그림 (나)의 빈 병에 분자를 그려 넣으시오.

(가) 상온에서 병 내부와 외부의 분자 분포

(나) 뜨거운 물에 넣은 병

4. 위 문제 3의 답을 참고하여 과정 ⑦에서 병을 다시 얼음물에 넣었을 때, 병 내부와 병 외부의 기체의 압력은 어떤 차이가 나는지 부등호로 나타내시오.

병 내부의 기체의 압력 ◯ 병 외부의 기체의 압력

5. 위 (4)의 답을 활용하여 병을 거꾸로 들어도 동전이 떨어지지 않는 이유를 설명하시오.

III

물질의 구조

원소의 성질은 무엇에 의해 결정될까?

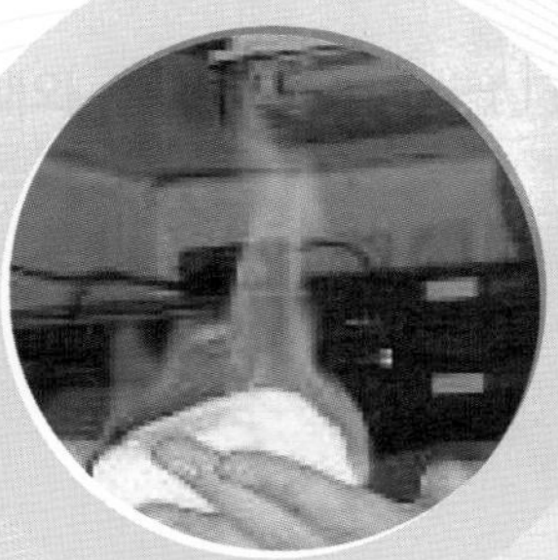
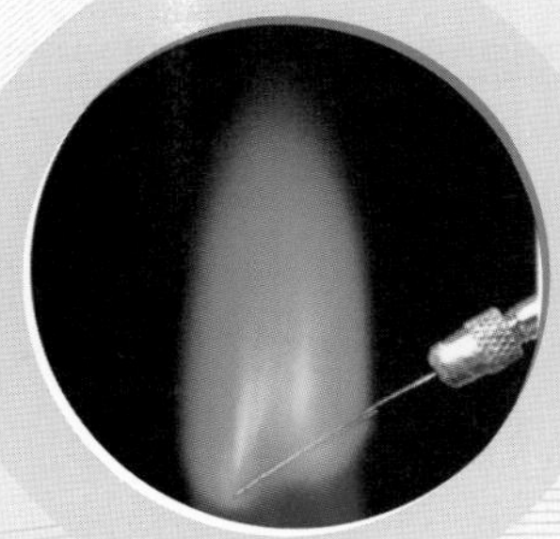

8강. 원소

1. 원소

(1) 원소에 대한 생각의 변화

고대

탈레스의 일원소설
모든 물질의 근원은 물이 틀림없어!

엠페도클레스의 4원소설
물질은 물, 불, 흙, 공기로 이루어져!

데모크리토스의 입자설
물질은 계속 쪼개면 입자가 돼.

아리스토텔레스의 4원소설
물은 불이되기도 하고 흙, 공기가 되기도 하지.

중세

연금술사
정말?! 그럼 금을 만들어야지!

근대

보일의 원소설
원소는 더 이상 분해되지 않는 물질이야!

라부아지에의 원소설
물을 구성하는 수소와 산소는 원소지만, 물은 원소가 아니야!
원소에는 33종이 있어.

(2) 원소 : 더 이상 분해되지 않는 물질을 이루는 기본 성분

㉮ 수소, 산소, 탄소, 질소, 구리 등

개념확인 1 〈보기〉에서 원소를 모두 고르시오.

〈 보기 〉
㉠ 수소 ㉡ 탄소 ㉢ 돌 ㉣ 물 ㉤ 금

확인 + 1 물질은 물, 불, 흙, 공기로 이루어져 있다는 주장을 한 사람은?

연금술사
원소가 다른 원소로 바뀔 수 있다는 아리스토텔레스의 생각에 기초하여, 값싼 금속을 금으로 바꾸려고 노력하였다. 금을 만드는 것은 비록 실패하였지만 실험 기구와 시약의 개발 등 화학 발전에 많은 기여를 하였다.

▲ 연금술사

아리스토텔레스의 4원소설

물질은 물, 불, 흙, 공기로 이루어져 있고 차가움, 따뜻함, 건조함, 습함의 4가지 성질에 의해 서로 변환된다.

생각해보기★
지구에 존재하는 원소는 몇 가지일까?

미니사전
근원 어떤 일이 시작되는 곳
입자 눈에 보이지 않을 정도의 작은 알갱이
분해 화합물이 간단한 화합물들로 나뉘는 것
기여 도움이 되는 것

2. 원소의 표현 방법

(1) **원소 기호** : 원소를 간단히 알파벳으로 나타낸 것이다.

대문자 Na 소문자

- 항상 알파벳으로 나타낸다.
- 첫번째 글자는 대문자로 나타낸다.
- 두번째 글자는 소문자로 나타낸다.
- 첫 글자가 같을 때 두번째 글자는 그 이름의 알파벳 중에 하나를 선택한다. ㉮ 질소(N)와 나트륨(Na)

(2) 여러 가지 비슷한 원소 기호

원소 기호	원소의 영어이름	원소의 한글이름
C	Carbon	탄소
S	Sulfur	황
Ca	Calcium	칼슘
Cl	Chlorine	염소
Si	Silicon	규소

간단실험

원소 기호 맞추기

준비물 : 두꺼운 종이카드

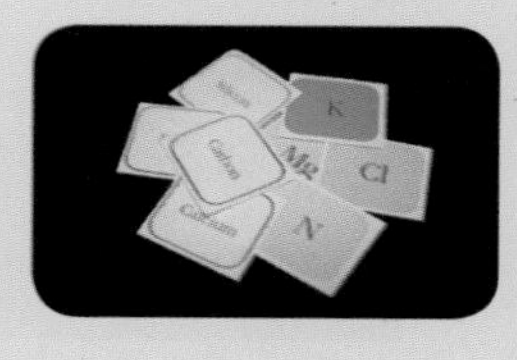

〈실험 과정〉

원소의 영어 이름이 적힌 두꺼운 종이 카드를 준비해 원소 기호는 무엇일지 추측해 본다.

원소 기호의 변천

▲ 연금술사

▲ 돌턴

Cu	S	Au	Fe
구리	황	금	철

▲ 현재

정답 및 해설 22쪽

개념확인 2 다음 기호에서 각각은 무엇을 의미하는지 빈칸에 알맞은 말을 넣으시오.

C ——— ㉠ (　　　　　)

Carbon ——— ㉡ (　　　　　)

탄소 ——— ㉢ (　　　　　)

생각해보기★★

철의 영어 이름은 Iron 이지만 원소 기호는 Fe이다. 왜 그럴까?

확인+2 다음 원소 기호에 대한 설명 중 옳은 것은 O표, 옳지 않은 것은 ×표 하시오.

(1) 첫 번째 글자는 대문자, 두 번째 글자는 소문자로 나타낸다. (　　)

(2) 첫 글자가 같을 때 두번째 글자를 하나 더 적는다. (　　)

(3) 알파벳과 숫자로 나타낸다. (　　)

(4) Si 는 규소를 나타낸 원소 기호이다. (　　)

간단실험
황산 구리의 불꽃색
준비물 : 황산 구리, 물, 알코올 램프, 니크롬선

〈실험 과정〉
염산으로 세척한 니크롬선에 황산 구리 수용액을 묻힌 뒤 겉불꽃에 넣어 보자.

3. 불꽃 반응에 의한 원소 확인

(1) 불꽃 반응 : 금속 원소를 불꽃에 넣어 연소시키면 원소의 종류에 따라 특정한 불꽃색을 나타낸다.

(2) 불꽃 반응 실험 방법

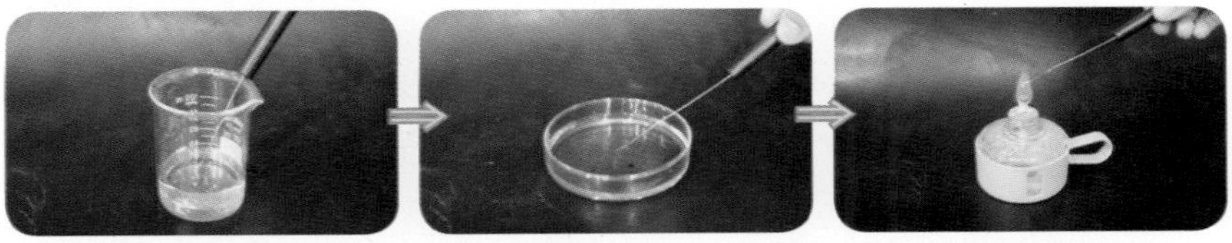

니크롬선에 묻은 불순물을 염산에 녹여 제거한다. → 세척한 니크롬선에 시료를 묻힌다. → 시료를 묻힌 니크롬선을 겉불꽃에 넣어 관찰한다.

(3) 원소의 확인

원소	리튬	스트론튬	나트륨	칼륨	칼슘	구리
불꽃색	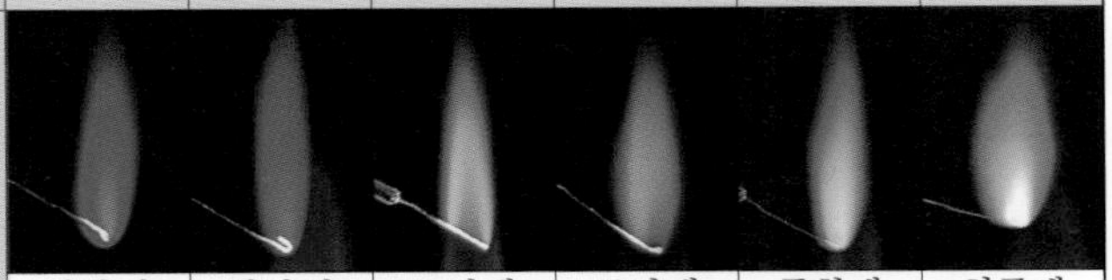					
	빨간색	빨간색	노란색	보라색	주황색	청록색

(4) 불꽃 반응의 특징

① 실험 방법이 쉽고 간단하다.
② 적은 양의 물질로도 금속 원소를 확인할 수 있다.
③ 모든 원소가 불꽃 반응을 나타내진 않는다.

생각해보기★★★
원소의 확인에 사용되는 니크롬선은 불꽃 반응에 영향을 미치지 않을까?

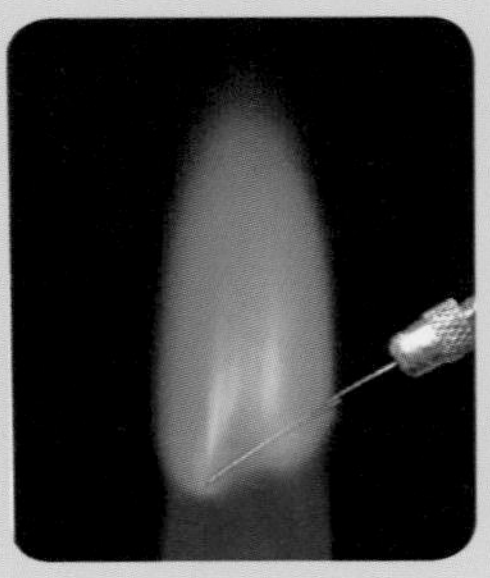

개념확인 3 각 원소의 불꽃색을 쓰시오.

(1) 나트륨 : (   )색
(2) 칼슘 : (   )색
(3) 구리 : (   )색

확인 + 3 불꽃 반응에 대한 설명 중 옳지 <u>않은</u> 것은?

① 실험 방법이 쉽고 간단하다.
② 리튬과 스트론튬의 불꽃색은 비슷하다.
③ 금속 원소를 불꽃으로 가열해 확인한다.
④ 모든 원소가 불꽃 반응을 나타내진 않는다.
⑤ 물질의 양이 적으면 금속 원소를 확인할 수 없다.

미니사전
연소 물질이 타며 빛과 열을 내는 현상

4. 선 스펙트럼에 의한 원소 확인

(1) 선 스펙트럼 : 불꽃색을 분광기로 관찰할 때 특정 부분에만 나타나는 밝은색 선의 띠이다.

▲ 분광기의 사용 방법

(2) 선 스펙트럼의 특징

① 원소의 종류에 따라 선의 색깔, 위치, 개수, 굵기가 모두 다르다.
② 불꽃색이 비슷한 원소도 서로 구별할 수 있다.

(3) 원소의 선 스펙트럼 분석

※ 물질 X는 리튬과 칼슘을 포함하고 있다.

간단실험
무지개 만들기
준비물: 프리즘

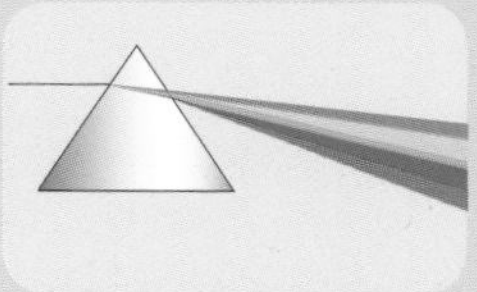

〈실험 과정〉
햇빛을 프리즘에 통과 시켜 보자.

햇빛의 스펙트럼
햇빛을 분광기로 관찰하면 무지개같은 색깔 띠의 스펙트럼이 나타나는데 이를 연속 스펙트럼이라 한다.

▲ 연속 스펙트럼

정답 및 해설 22쪽

개념확인 4 괄호에 들어갈 말로 알맞은 말을 고르시오.

선 스펙트럼은 불꽃색을 ㉠(분광기, 현미경)(으)로 관찰할 때 특정 부분에만 나타나는 ㉡(밝은색, 어두운색) 선의 띠이다.

생각해보기★★★★
프리즘이나 분광기같은 도구 없이 일상 생활에서 손쉽게 스펙트럼을 관찰할 수 있는 방법은 없을까?

확인 + 4 다음 선 스펙트럼에 대한 설명 중 옳은 것은 ○표, 옳지 않은 것은 ×표 하시오.

(1) 분광기를 이용해서 선 스펙트럼을 만든다. ( )
(2) 원소의 종류에 따라 선의 색깔, 위치, 개수, 기울기가 다르다. ( )
(3) 물질의 선 스펙트럼을 통해 구성 원소를 추측할 수 있다. ( )
(4) 리튬과 스트론튬 원소의 구별이 가능하다. ( )

개념 다지기

01 물을 구성하는 수소와 산소는 원소지만, 물은 원소가 아님을 밝혀낸 학자는?

① 탈레스　　② 데모크리토스　　③ 엠페도클레스
④ 라부아지에　　⑤ 아리스토텔레스

02 다음 물질 중 원소인 것을 <u>모두</u> 고르시오.(2개)

① 설탕

② 소금물

③ 은

④ 철

⑤ 공기

03 원소의 이름과 원소 기호가 바르게 연결된 것은?

① S - 황　　② K - 칼슘　　③ Ca - 칼륨
④ Co - 구리　　⑤ Mg - 나트륨

04 원소 기호를 잘못 표현한 것은?

① Cu ② C ③ Ca ④ Cl ⑤ CR

05 폭죽을 터뜨렸더니 노란색과 보라색이 나왔다. 폭죽에는 어떤 원소가 포함되어 있는가?

① 나트륨, 칼륨 ② 칼슘, 칼륨 ③ 칼륨, 스트론튬
④ 구리, 나트륨 ⑤ 칼슘, 구리

06 그림 (가)는 불꽃 반응에 의한 리튬과 스트론튬의 불꽃색을, (나)는 원소들의 선 스펙트럼을 나타낸 것이다. 다음 중 옳지 않은 것은?

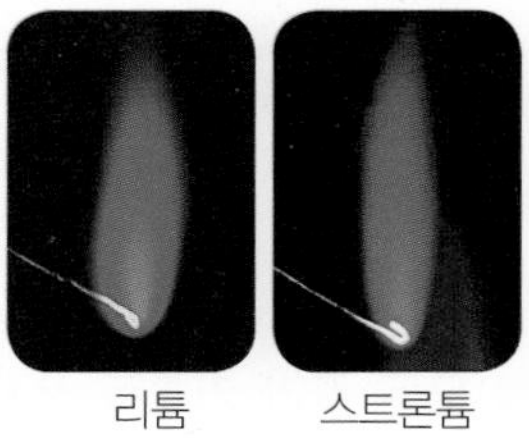

(가)

(나)

① (가)의 경우 불꽃색이 비슷해 원소의 구분이 어렵다.
② (나)의 경우 원소를 명확히 구분할 수 있다.
③ 리튬과 스트론튬을 섞은 불꽃색은 파랗다.
④ 칼슘은 물질 X에 포함되지 않는다.
⑤ 물질 X는 리튬과 스트론튬의 혼합물이다.

[유형8-1] 여러 가지 원소

도희, 민석, 아름이는 원소에 대해 이야기하고 있다. 원소에 대해 바르게 말하고 있는 사람은?

① 도희 ② 아름 ③ 도희, 아름 ④ 아름, 민석 ⑤ 도희, 민석

Tip!

01 더 이상 분해되지 않는 물질의 기본 성분이 <u>아닌</u> 것은?

① 나트륨 ② 칼륨 ③ 칼슘
④ 마그네슘 ⑤ 탄산

02 〈보기〉에서 원소를 모두 골라 기호로 쓰시오.

〈보기〉
ㄱ. 흙 ㄴ. 불 ㄷ. 돌 ㄹ. 물 ㅁ. 금 ㅂ. 철

정답 및 해설 23쪽

[유형8-2] 여러 가지 원소 기호

원소의 영어 이름과 원소 기호를 바르게 짝지어 선으로 연결하시오.

① Carbon	·	·	㉠ N
② Silicon	·	·	㉡ Si
③ Nitrogen	·	·	㉢ C
④ Magnesium	·	·	㉣ Mg

03 오른쪽 원소 기호가 나타내는 원소의 이름은?

Na

① 질소 ② 나트륨 ③ 네온
④ 염소 ⑤ 칼슘

04 아래 그림은 원소 기호, 영어 이름, 한글 이름을 차례로 나타낸 것이다. 빈칸에 알맞은 말을 각각 쓰시오.

㉠ (　　　)	Cl	Si
Calcium	Chlorine	Silicon
칼슘	㉡ (　　　)	㉢ (　　　)

Tip!

[유형8-3] 불꽃 반응에 의한 원소 확인

다음 중 주어진 금속 원소와 그 금속 원소의 불꽃색이 바르게 짝지어진 것은?

원소	① 나트륨	② 칼륨	③ 리튬	④ 구리	⑤ 칼슘
불꽃색					
	빨간색	빨간색	노란색	보라색	주황색

Tip!

05 다음 중 불꽃 반응색이 빨간색인 원소를 모두 고르시오.(2개)

① 리튬　② 스트론튬　③ 나트륨　④ 칼륨　⑤ 칼슘

06 오른쪽 사진은 불꽃 반응에 의한 어떤 원소의 불꽃색을 나타낸 것이다. 불꽃색이 청록색으로 나타나는 이 원소의 이름은 무엇인지 쓰시오.

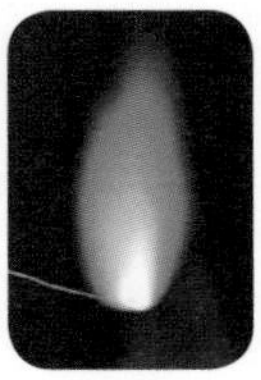
청록색

[유형8-4] 선 스펙트럼에 의한 원소 확인

그림은 몇 가지 원소와 물질 X의 선 스펙트럼을 나타낸 것이다. 물질 X에 들어 있을 것으로 예상되는 원소를 모두 고르시오.

07 다음은 물질 X와 몇 가지 원소의 선 스펙트럼을 나타낸 것이다. 물질 X에 포함된 원소를 모두 고른 것은?

① 리튬　② 구리　③ 바륨
④ 리튬, 구리　⑤ 구리, 바륨

08 다음 그림은 몇 가지 원소의 선 스펙트럼과 미지의 물질 X의 선 스펙트럼을 나타낸 것이다. 물질 X에 포함되어 있는 원소는 모두 몇 개인가?

Tip!

창의력 & 토론마당

01 다이아몬드는 탄소로만 이루어진 원소의 집합체이다. 이와 같이 한 가지 원소로만 이루어진 물질에는 어떤 것이 있을까?

02 고대 그리스의 철학자인 탈레스는 "모든 물질의 근원은 물이다."라고 하였다. 탈레스의 이 주장을 근거를 들어 반박해 보자.

"모든 물질의 근원은 물이 틀림없어!"

정답 및 해설 23쪽

03 연금술사들은 원소가 다른 원소로 바뀔 수 있다는 아리스토텔레스의 생각에 기초하여, 값싼 금속을 금으로 바꾸려고 노력하였지만 실패하였다. 만약 연금술사들이 실험에 성공해서 값싼 금속을 금으로 바꿀 수 있었다면, 금값은 싸졌을까, 비싸졌을까? 근거를 들어 설명하시오.

04 다음 그림은 야영장에서 구리 석쇠와 숯으로 고기를 굽기 위해 토치로 숯에 불을 붙이는 모습을 나타낸 것이다.

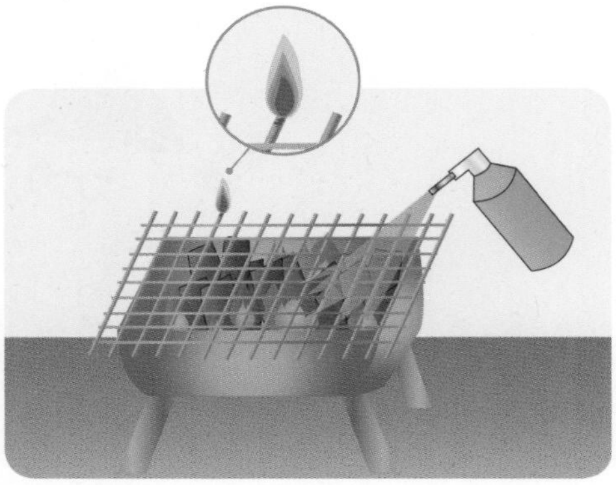

(1) 토치의 불꽃색은 파란색이고 연탄에 붙은 불의 색은 빨간색이다. 불꽃색이 빨간색일 때와 파란색일 때의 차이점은 무엇일까?

(2) 구리 석쇠의 코팅이 벗겨지자 구리 석쇠 근처의 불꽃이 청록색으로 변했다. 왜 그럴까?

05 다음은 분광 필름을 이용해 빛의 스펙트럼을 관찰하는 실험 방법을 나타낸 것이다.

① 종이컵 2개의 바닥의 앞뒷면을 매직으로 검게 칠한다.
② 종이컵의 바닥에 핀으로 구멍을 뚫어준다.
③ 검은색 도화지를 말아서 종이컵 안에 꽉차게 말아 넣는다.
④ 또 다른 종이컵 바닥에 구멍을 뚫고, 분광 필름을 붙인다.
⑤ 두 종이컵을 맞대어 붙여준다.

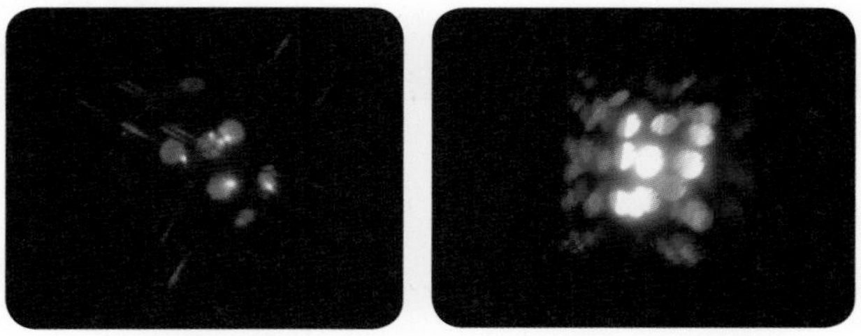

▲ 분광 필름을 통해 바라본 빛의 모습

(1) 매직과 도화지를 이용해 종이컵 안을 까맣게 하는 이유는 무엇인가?

(2) 실험에서 분광 필름의 역할은 무엇인가?

(3) 태양 광선을 이루고 있는 빛의 색깔은 몇 가지일까?

스스로 실력 높이기

01 다음은 원소의 정의를 나타낸 것이다. 괄호에 알맞은 말을 쓰시오.

> 원소는 더 이상 (　　　)되지 않는, 물질을 이루는 기본 성분이다.

02 다음 기호가 나타내는 원소의 이름을 쓰시오.

Ca

(　　　　　)

03 다음 글이 설명하는 학자는 누구인가?

> 원소가 다른 원소로 바뀔 수 있다는 아리스토텔레스의 생각에 기초하여, 값싼 금속을 금으로 바꾸려고 노력하였다. 실험은 실패하였지만 실험 기구와 시약의 개발 등 화학 발전에 많은 기여를 하였다.

(　　　　　)

04 원소를 확인하기 위한 불꽃 반응 실험에서 스트론튬과 같은 불꽃색을 내는 원소는 무엇인가?

05 불꽃 반응의 불꽃색을 선 스펙트럼으로 관찰하면 그 물질을 구성하고 있는 원소의 종류를 확인할 수 있다. 선 스펙트럼을 관찰하는 도구는 무엇인가?

06 "물질은 더 이상 분해되지 않는 원소로 이루어져 있다"는 현대적인 원소의 개념을 최초로 제안한 학자는 누구인가?

① 보일　② 탈레스
③ 아리스토텔레스　④ 데모크리토스
⑤ 라부아지에

07 학자의 이름과 원소에 대한 생각이 옳은 것은 ○표, 옳지 않은 것은 ×표 하시오.

(1) 탈레스 : 모든 물질의 근원은 불이야. ( )

(2) 엠페도클레스 : 물질은 물, 불, 흙, 공기로 이루어져. ( )

(3) 아리스토텔레스 : 원소는 서로 바뀔 수 없어. ( )

(4) 보일 : 원소는 더 작게 분해시킬 수 있어. ( )

08 원소에 대한 설명으로 옳지 않은 것은?

① 더 이상 분해되지 않는다.
② 물질을 이루는 기본 성분이다.
③ 수소, 산소, 질소 등의 기체만을 말한다.
④ 라부아지에는 최초로 33종의 원소를 이야기하였다.
⑤ 원소에 대한 학자들의 생각은 수차례 변화되어 왔다.

09 다음 사진 중 원소에 해당하는 것은?

① 불

② 공기

③ 얼음

④ 금

⑤ 뷰테인 가스

10 다음 중 원소의 이름과 원소 기호가 바르게 짝지어진 것은?

① 칼슘 - K
② 규소 - SI
③ 나트륨 - Na
④ 탄소 - Cu
⑤ 알루미늄 - Fe

11 다음은 세 시대의 원소 기호를 나타낸 그림이다. 원소 기호를 시대가 오래된 것부터 순서대로 바르게 나열한 것은?

㉠ 

㉡ 

㉢ Cu | S | Au | Fe

① ㉠ - ㉡ - ㉢
② ㉠ - ㉢ - ㉡
③ ㉡ - ㉢ - ㉠
④ ㉡ - ㉠ - ㉢
⑤ ㉢ - ㉡ - ㉠

12 첫 글자가 C로 시작되는 원소 기호를 가진 원소를 모두 고르시오.(2개)

① 규소
② 질소
③ 염소
④ 칼슘
⑤ 칼륨

[13~15] 다음 그림은 불꽃 반응 실험을 순서 없이 나타낸 것이다. 다음 물음에 답하시오.

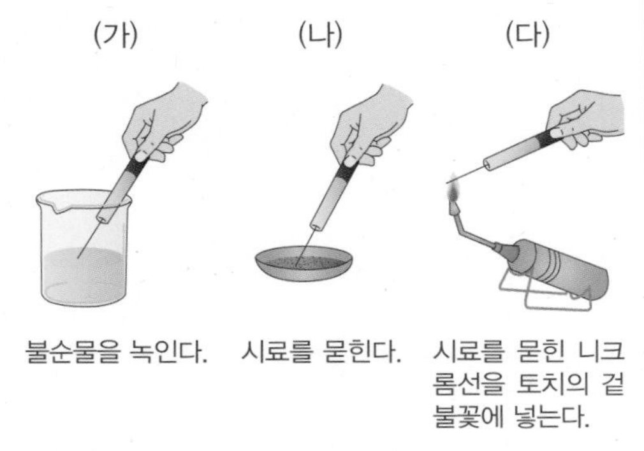

13 불꽃 반응의 실험 순서를 바르게 나열한 것은?

① (가) - (나) - (다) ② (가) - (다) - (나)
③ (나) - (다) - (가) ④ (다) - (가) - (나)
⑤ (다) - (나) - (가)

14 불꽃 반응 실험시 속불꽃보다 겉불꽃을 이용하는 것이 결과를 관찰하기가 더 쉽다. 그 이유로 옳은 것을 모두 고르시오.(3개)

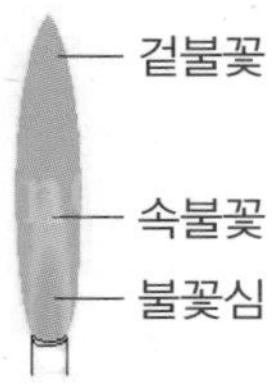

① 색이 없기 때문에
② 그으름이 없기 때문에
③ 불꽃심과 가깝기 때문에
④ 온도가 충분히 높기 때문에
⑤ 산소 공급이 원활하기 때문에

15 (가)의 과정을 거치는 이유로 옳은 것은?

① 실험 도구가 녹지 않게 하기위해
② 실험 도구가 타는 것을 막기 위해
③ 더 선명한 불꽃색을 나타내기 위해
④ 실험 도구가 녹스는 것을 막기 위해
⑤ 실험에 방해되는 이물질을 제거하기위해

16 불꽃 반응의 특징으로 옳은 것을 모두 고르시오.(3개)

① 실험 방법이 복잡하다.
② 금속 원소를 확인하는데 유용하다.
③ 니크롬선은 원소의 불꽃색에 영향을 준다.
④ 모든 원소를 불꽃 반응으로 확인할 수 없다.
⑤ 적은 양의 물질로 금속 원소를 확인할 수 있다.

17 다음 그림은 원소 A와 B의 선 스펙트럼을 나타낸 것이다. 원소 A와 B로 이루어진 화합물의 선 스펙트럼은?

18 다음은 화합물 X와 몇 가지 원소의 선 스펙트럼을 나타낸 것이다. 화합물 X에 포함된 원소를 모두 고른 것은?

① ㉠ ② ㉡ ③ ㉠, ㉡
④ ㉡, ㉢ ⑤ ㉠, ㉢

정답 및 해설 24쪽

19 불꽃 반응 실험으로 서로 구별할 수 없어 선 스펙트럼으로 관찰해야 구분할 수 있는 원소끼리 짝지어진 것은?

① 리튬, 나트륨　② 리튬, 칼륨
③ 스트론튬, 리튬　④ 칼륨, 칼슘
⑤ 칼륨, 스트론튬

20 다음 그림은 리튬, 스트론튬, 칼슘과 미지의 물질 A와 B의 선 스펙트럼을 나타낸 것이다. 이에 대한 설명으로 옳은 것은?

① 물질 A에는 리튬이 포함되어 있다.
② 물질 B에는 칼슘이 포함되어 있다.
③ 물질 A에는 스트론튬이 포함되어 있다.
④ 물질 A와 B에는 공통적인 원소가 없다.
⑤ 리튬과 칼슘의 불꽃색은 비슷할 것이다.

창의력 서술

21 분광기의 내부는 굉장히 어둡다. 분광기를 어둡게 만들어 사용하는 이유는?

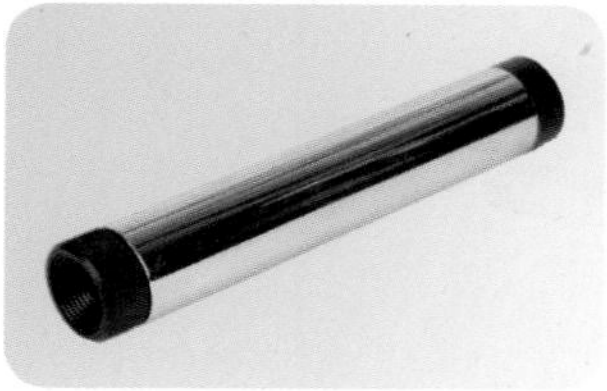

22 탈레스의 일원소설을 간단히 설명하시오.

9강. 원자와 주기율

1. 원자

(1) 원자 : 물질을 구성하는 기본 입자이다.

(2) 원자의 구조 : 중심에 원자핵이 있고, 전자가 원자핵 주위를 빠르게 움직인다.

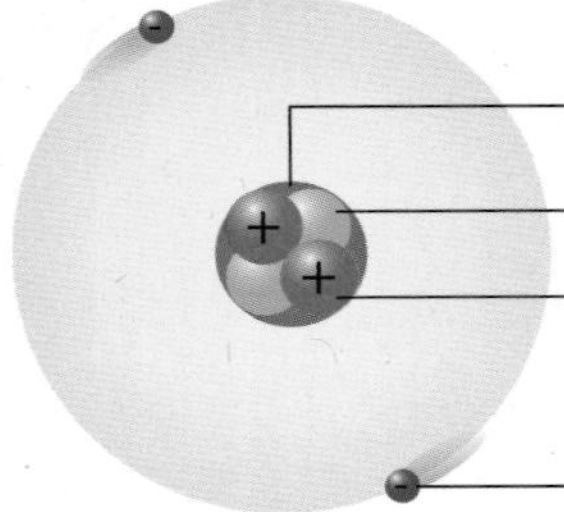

▲ 원자의 구조

(3) 원자의 전하 : 양성자(+)와 전자(−)의 수가 같기 때문에 중성이다.

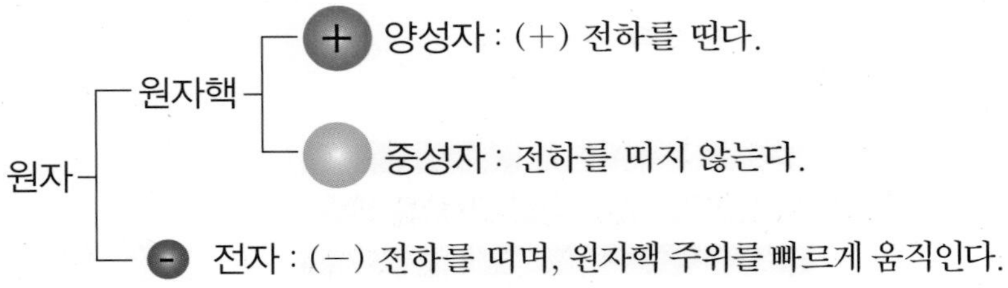

● 원소와 원자의 구분

원소	원자
물질을 이루는 기본 성분	물질을 이루는 기본 입자
종류	개수

· 원소 : 과일의 종류
→ 사과, 귤, 포도
· 원자 : 과일의 개수
→ 사과 2개, 귤 3개, 포도 1개

● 전자와 양성자의 전하량

전자 1개의 전하량은 원자 종류와 상관없이 항상 (-1)이며 양성자의 전하량은 (+1)이다.

개념확인 1 다음 빈칸에 알맞은 말을 넣으시오.

(1) 원자의 중심에 ㉠(　　　)이 있고, 그 주위에 ㉡(　　　)가 움직이고 있다.

(2) 원자핵은 (+)전하를 띠는 ㉢(　　　)와 전하를 띠지 않는 ㉣(　　　)로 이루어져 있다.

● 생각해보기★

원자핵은 어떤 전하를 띠고 있을까?

확인 +1 원자에 대한 설명으로 옳은 것은 ○표, 옳지 않은 것은 ×표 하시오.

(1) 원자는 물질을 구성하는 기본 입자이다. (　　　)

(2) 원자는 종류에 관계없이 전자의 수가 같다. (　　　)

(3) 전자는 (+)전하를 띠며 원자핵 주위를 움직이고 있다. (　　　)

(4) 원자핵을 이루고 있는 양성자의 (+)전하량과 전자의 총 (−)전하량이 같아 원자는 전기적으로 중성이다. (　　　)

미니사전

전하 전기 현상을 일으키는 것으로 (+)전하와 (−)전하가 있다.

중성 전하를 띠지 않는 상태

2. 원자의 특징

(1) 원자의 크기와 질량

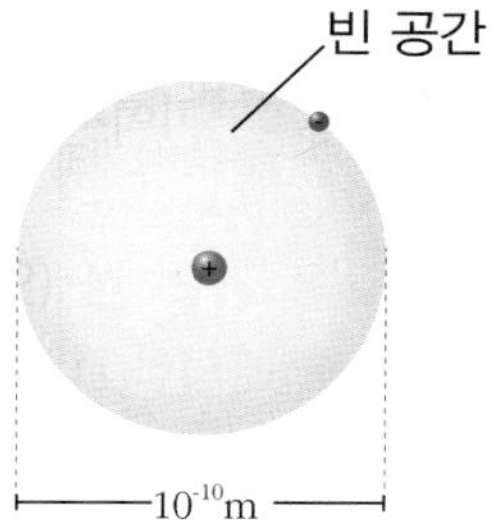

▲ 원자의 크기

- 원자핵과 전자의 크기는 매우 작기 때문에 원자는 대부분 빈 공간이다.
- 원자의 질량은 원자핵의 질량과 거의 같다.
- 전자의 크기와 질량은 너무 작아 거의 무시할 수 있다.

(2) 원자 모형 : 크기가 너무 작아서 눈으로 볼 수 없는 원자를 설명하기 위해 모형으로 나타낸다.

	수소	리튬	탄소	산소
원자 모형		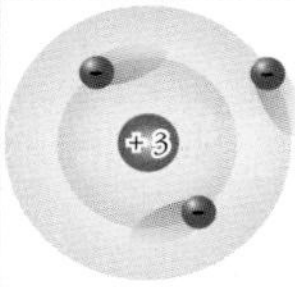	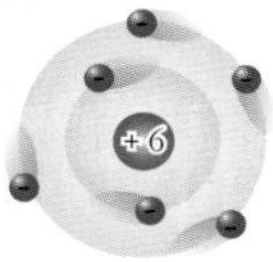	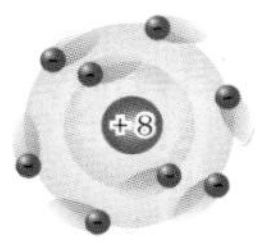
원자핵 전하량	+1	+3	+6	+8
전자의 전하량	−1	−3	−6	−8
원자의 전하	0	0	0	0

● 원자핵의 크기 비유

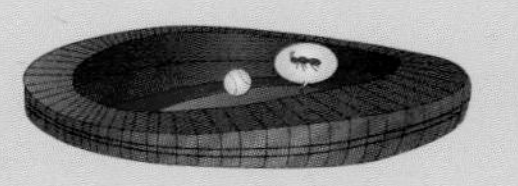

▶ 원자의 크기를 지름 700m인 원형 야구장에 비교하면 원자핵은 지름 7cm의 야구공의 크기와 같다.
▶ 전자의 크기는 무시할 수 있을 정도로 작기 때문에 운동장 안에서 끊임없이 움직이는 개미에 비유할 수 있다.

● 수소의 원자핵과 전자의 질량 비교

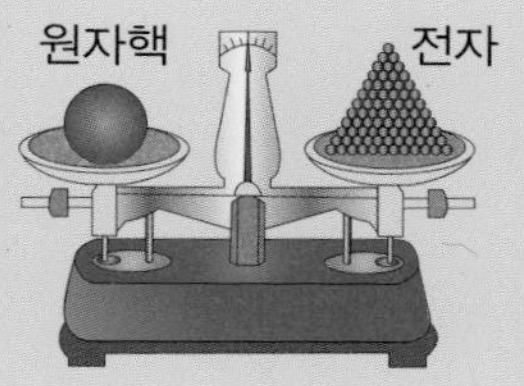

수소 원자핵 1개의 질량은 전자 1,836개 정도의 질량과 같다.

정답 및 해설 25쪽

개념확인 2 다음 표는 몇 가지 중성 원자의 원자핵의 전하량과 전자의 수를 나타낸 것이다. 빈칸 안에 들어갈 알맞은 숫자와 전하량을 쓰시오.

	수소	리튬	산소	나트륨
원자핵 전하량	+1	+3	㉢(　　)	㉣(　　)
전자의 수(개)	㉠(　　)개	㉡(　　)개	8개	11개

확인 +2 원자에 대한 설명으로 옳지 않은 것은?

① 원자는 매우 작아서 맨눈으로 볼 수 없다.
② 원자 크기의 대부분은 원자핵이 차지한다.
③ 원자 질량의 대부분은 원자핵이 차지한다.
④ 전자의 크기와 질량은 무시할 수 있을 정도로 매우 작다.
⑤ 눈에 보이지 않는 원자를 이해하기 쉽게 나타낸 모형을 원자 모형이라고 한다.

3. 주기율표 1

(1) 주기율 : 원소들을 원자 번호 순으로 배열할 때, 일정한 간격을 두고 비슷한 성질을 갖는 원소가 주기적으로 나타나는 성질

(2) 원자 번호 : 양성자 수를 원자 번호로 사용한다.

중성 원자 : 원자 번호 = 양성자 수 = 전자 수

(3) 주기율표 : 주기율을 바탕으로 원소들을 원자 번호 순으로 배열한 표

① 족 : 주기율의 세로줄

② 주기 : 주기율의 가로줄

● 주기율의 원인

원소의 원자가 전자 수가 주기적으로 변하기 때문에 주기율이 나타난다.

● 3~12족 원소

3~12족 원소는 4주기부터 (원자 번호 21번부터) 나오기 때문에 장주기형 주기율표에 나온다.

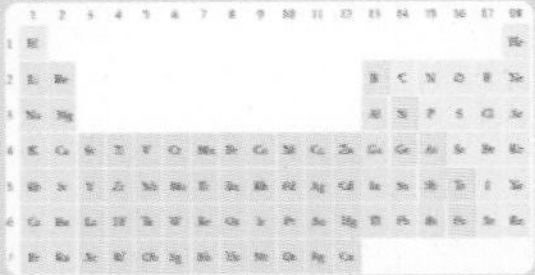

주기 \ 족	1	2	13	14	15	16	17	18
1	1 (원자번호) H (원소 기호) 수소 (원소 이름)							2 He 헬륨
2	3 Li 리튬	4 Be 베릴륨	5 B 붕소	6 C 탄소	7 N 질소	8 O 산소	9 F 플루오린	10 Ne 네온
3	11 Na 나트륨	12 Mg 마그네슘	13 Al 알루미늄	14 Si 규소	15 P 인	16 S 황	17 Cl 염소	18 Ar 아르곤
4	19 K 칼륨	20 Ca 칼슘						

▲ 주기율표

개념확인 3 **원소의 주기율을 기준으로 하여 원소들을 원자 번호 순으로 배열한 표를 무엇이라고 하는가?**

● 생각해보기★★

원소들의 규칙성을 제일 먼저 찾아낸 사람은 누구일까?

확인+3 **주기율과 주기율표에 대한 설명으로 옳은 것은 ○표, 옳지 않은 것은 ×표 하시오.**

(1) 원자 번호는 양성자의 수로 정해진다. ( )

(2) 주기율표의 세로줄을 주기, 가로줄을 족 이라고 한다. ( )

(3) 원자의 종류에 따라서 양성자 수와 전자 수가 다르다. ( )

(4) 원소를 어떤 기준에 따라 배열할 때, 성질이 비슷한 원소가 주기적으로 나타나는 것을 주기율이라고 한다. ( )

4. 주기율표 2

(1) 최외각 전자 : 가장 바깥쪽에 있는 전자를 최외각 전자라고 한다.

(2) 원자가 전자 : 가장 바깥쪽에서 원소끼리 결합할 때 결합에 참여하는 전자를 원자가 전자라고 한다.

▶ 18족 원소는 결합을 하지 않아 원자가 전자의 개수가 0개이고, 최외각 전자는 8개(He은 2개)이다.

▶ 같은 족 원소는 원자가 전자의 개수가 같아서 화학적 성질이 비슷하다.

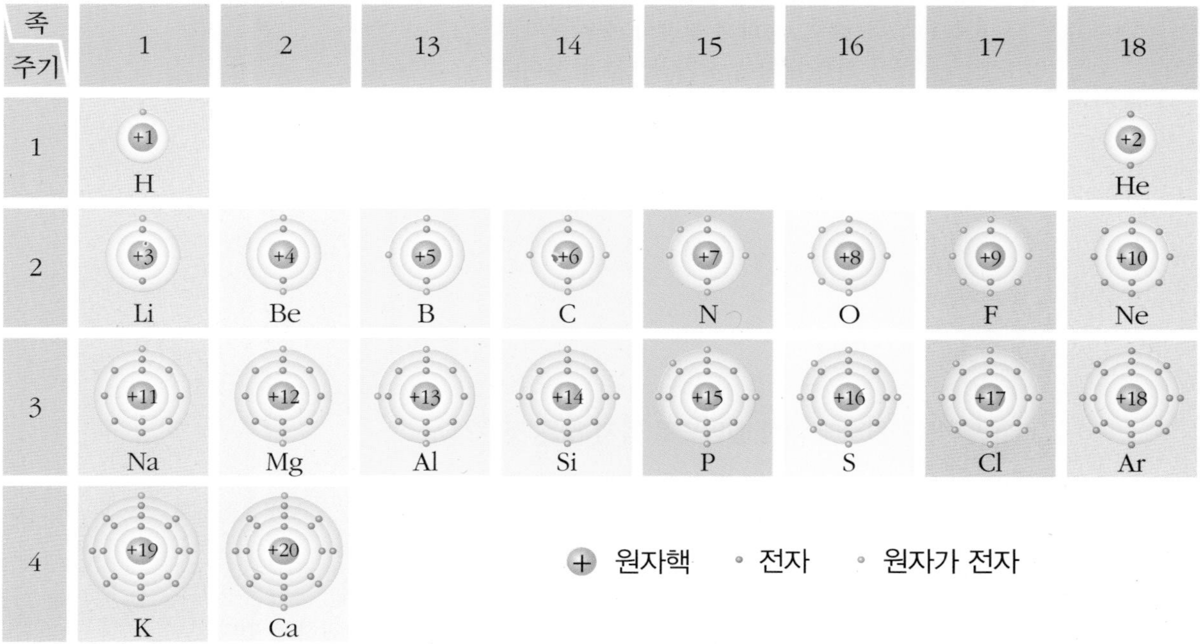

▲ 주기율표에 따른 원소의 전자 배치 모형

정답 및 해설 **25쪽**

개념확인 4 **원자의 구조에서 가장 바깥쪽에서 원소끼리 결합할 때 결합에 참여하는 전자를 무엇이라고 하는가?**

확인 +4 **다음 빈칸에 알맞은 숫자를 넣으시오.**

(1) 산소(O)의 양성자는 ㉠(　　)개 이다.

(2) 황(S)의 원자가 전자는 ㉡(　　)개 이다.

(3) 탄소(C)의 원자 번호는 ㉢(　　)번 이다.

(4) 리튬(Li), 나트륨(Na), 칼륨(K)의 원자가 전자는 모두 ㉣(　　)개로 같다.

화학적 성질
산성, 알칼리성, 가연성, 폭발성, 산화성, 환원성 등이 있다.

미니사전
배치 일정한 차례나 간격에 따라 벌여 놓음

개념 다지기

01 다음 그림은 리튬(Li) 원자를 모형으로 나타낸 것이다. 이에 대한 설명으로 옳지 않은 것은?

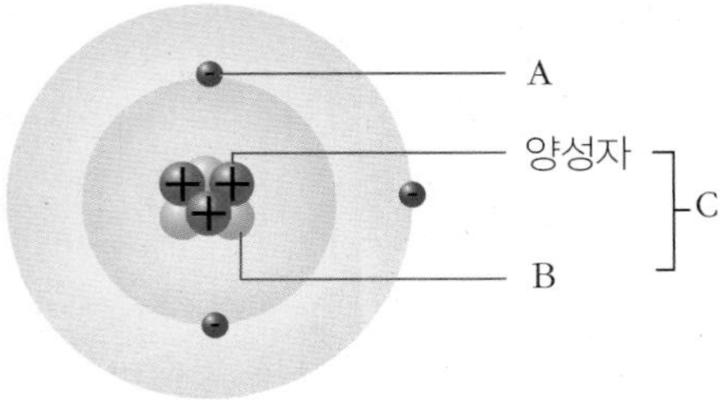

① A는 (−)전하를 띤다.
② B는 전하를 띠지 않는다.
③ C의 전체 전하량은 +3이다.
④ A는 C에 비해 질량이 매우 크다.
⑤ 리튬 원자는 전기적으로 중성이다.

02 원자에 대한 설명으로 옳지 않은 것은?

① 전기적으로 중성을 띤다.
② 종류에 따라 전자의 수가 다르다.
③ 종류에 상관없이 원자핵의 전하량은 항상 같다.
④ 종류에 상관없이 전자 1개의 전하량은 항상 같다.
⑤ 양성자가 (+)전하를 띠기 때문에 원자핵은 (+)전하를 띤다.

03 전자에 대한 설명으로 옳은 것을 모두 고르시오.(3개)

① 원자의 중심에 있다.
② (−)전하를 띠고 있다.
③ 원자 안에서 끊임없이 움직인다.
④ 원자의 질량 대부분을 차지한다.
⑤ 질량과 크기가 매우 작아서 원자 질량을 잴 때 무시할 수 있다.

정답 및 해설 26쪽

04 다음 〈보기〉 중 중성 원자가 가지는 숫자가 다른 것은?

〈 보기 〉

(가) 양성자의 수　　(나) 원자핵의 수
(다) 전자의 수　　(라) 원자 번호

① (가)　② (나)　③ (다)
④ (라)　⑤ 없다

05 주기율표에 대한 설명으로 옳지 않은 것은?

① 원자 번호는 양성자 수로 정해진다.
② 같은 주기의 원소는 화학적 성질이 비슷하다.
③ 주기율의 세로줄을 족이라고 하며 1족 부터 18족 까지 있다.
④ 주기율의 가로줄을 주기라고 하며 1주기 부터 7주기 까지 있다.
⑤ 원소들을 원자 번호 순으로 배열하면 일정한 간격을 두고 비슷한 성질을 갖는 원소가 주기적으로 나타난다.

06 다음 중 화학적 성질이 비슷한 원소끼리 묶은 것은?

족 / 주기	1	2	13	14	15	16	17	18
1	1 H 수소							2 He 헬륨
2	3 Li 리튬	4 Be 베릴륨	5 B 붕소	6 C 탄소	7 N 질소	8 O 산소	9 F 플루오린	10 Ne 네온
3	11 Na 나트륨	12 Mg 마그네슘	13 Al 알루미늄	14 Si 규소	15 P 인	16 S 황	17 Cl 염소	18 Ar 아르곤
4	19 K 칼륨	20 Ca 칼슘						

① He, Ne, Ar　② H, B, Si　③ C, N, O　④ K, C, Ca　⑤ Ne, He, Be

유형 익히기 & 하브루타

[유형9-1] 원자

다음은 원자의 구조를 나타낸 그림이다. 빈칸에 알맞은 원자의 구성 요소를 채워 넣으시오.

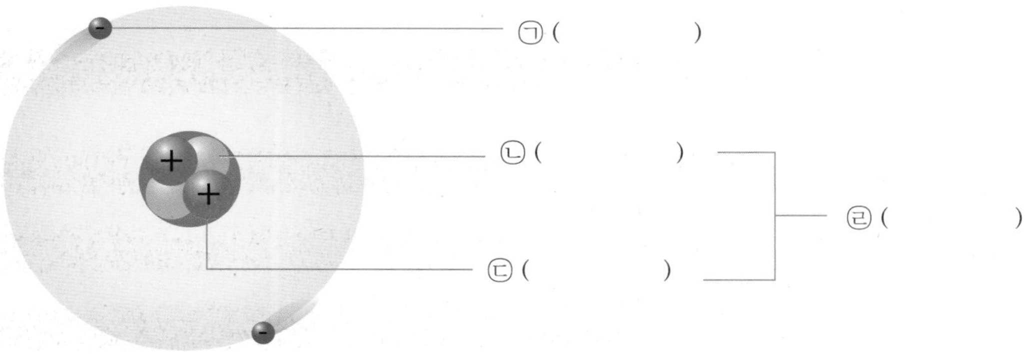

Tip!

01 원자에 대한 설명으로 옳지 <u>않은</u> 것은?

① 물질을 이루는 기본 입자이다.
② 눈으로 직접 볼 수 있는 크기이다.
③ 중심에 (+)전하를 띤 원자핵이 있다.
④ 종류에 따라 원자핵의 전하량이 다르다.
⑤ 원자핵 주위에서 (−)전하를 띤 전자가 운동하고 있다.

02 다음 빈칸에 알맞은 말을 〈보기〉에서 찾아서 쓰시오.

〈 보기 〉
양성자 , 중성자 , 전자 , 원자 , 원자핵 , (+) , (−) , 중성

(1) 원자핵은 전기적으로 ㉠(　　　)전하를 띠는데, 그 이유는 원자핵을 이루고 있는 ㉡(　　　)가 ㉢(　　　)전하를 띠고 있기 때문이다.

(2) 전자는 ㉣(　　　)전하를 띠고 있다.

(3) 원자는 (+)전하를 띠는 ㉤(　　　)와/과 (−)전하를 띠는 ㉥(　　　)의 수가 같기 때문에 전기적으로 ㉦(　　　)이다.

정답 및 해설 26쪽

[유형9-2] 원자의 특징

다음 그림은 세 가지 물질의 원자 모형을 나타낸 것이다. 다음 원자 모형을 보고 질량이 큰 것부터 차례대로 쓰시오.

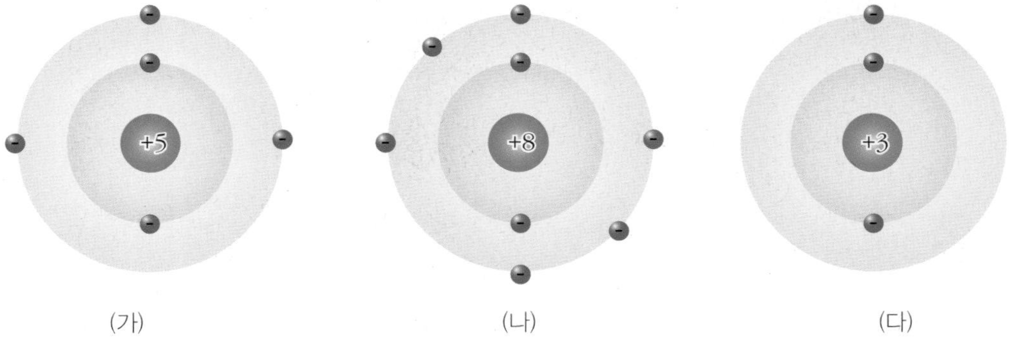

03 그림은 어떤 원자의 모형을 나타낸 것이다. 이 원자에 대한 설명으로 옳지 않은 것은?

① 양성자는 6개이다.
② 전자는 모두 6개이다.
③ 원자의 전하는 +12이다.
④ 전자의 총 전하는 −6이다.
⑤ 원자핵의 전하량은 +6 이다.

Tip!

04 원자의 내부는 대부분 빈 공간이다. 그 이유로 알맞은 것은?

① 전자가 매우 빠르게 움직이기 때문에
② 원자핵과 전자의 크기는 매우 작기 때문에
③ 원자핵과 전자가 서로 밀어내고 있기 때문에
④ 원자핵과 전자의 전하가 서로 다르기 때문에
⑤ 원자핵과 전자는 실제 존재하지 않는 것이기 때문에

유형 익히기 & 하브루타

[유형9-3] 주기율표 1

다음은 주기율표의 일부를 나타낸 것이다. 탄소(C)의 양성자 수와 전자 수를 각각 쓰시오.

주기 \ 족	1	2	13	14	15	16	17	18
1	H 수소							He 헬륨
2	Li 리튬	Be 베릴륨	B 붕소	C 탄소	N 질소	(가)	(나)	Ne 네온
3	Na 나트륨	(다)	Al 알루미늄	(라)	P 인	S 황	(마)	Ar 아르곤
4	K 칼륨	Ca 칼슘						

· 탄소의 양성자 수 : ㉠(　　　)개　　　· 탄소의 전자 수 : ㉡(　　　)개

Tip!

05 위의 표의 빈 자리 (가)~(마)중, 다음 원자 모형의 자리로 알맞은 곳은?

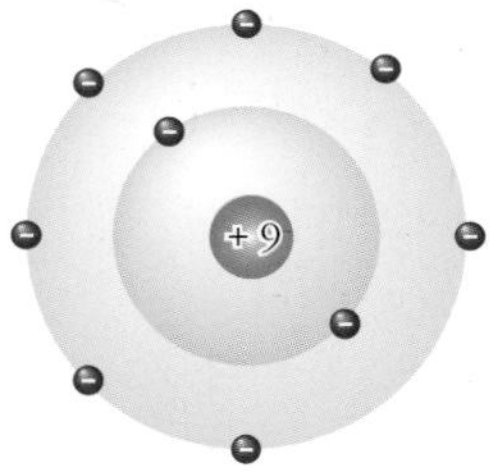

① (가)　② (나)　③ (다)　④ (라)　⑤ (마)

06 중성 원자에서 원자 번호와 같은 것을 다음 〈보기〉에서 모두 골라 기호로 쓰시오.

〈 보기 〉

㉠ 양성자 수　㉡ 원자핵 수　㉢ 전자 수

정답 및 해설 26쪽

[유형9-4] 주기율표 2

다음은 원자의 전자 배치 모형으로 나타낸 주기율표의 일부이다.

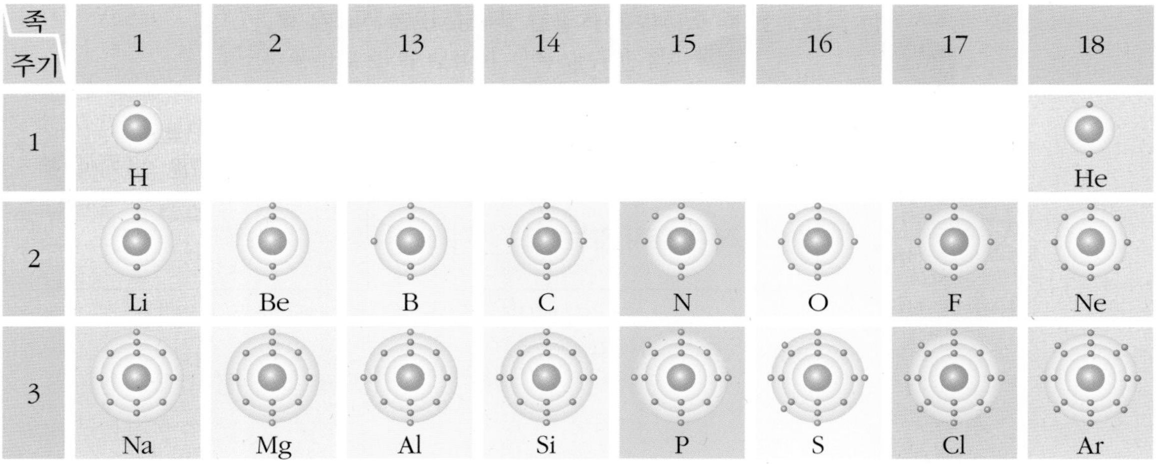

탄소(C)와 염소(Cl)의 원자가 전자의 개수는 각각 몇 개인가?

· 탄소(C) : ㉠(　　　　)개　　　　· 염소(Cl) : ㉡(　　　　)개

07

다음 중 화학적 성질이 비슷한 원소끼리 짝지어진 것을 모두 고르시오. (2개)

① H, He　　② Be, B　　③ Li, Na
④ N, Na　　⑤ He, Ne

08

다음 빈칸에 알맞은 말을 넣으시오.

같은 족의 원소들이 화학적 성질이 비슷하게 나타나는 이유는 (　　　　)의 수가 같기 때문이다.

Tip!

01

영국의 화학자이자 물리학자인 돌턴은 1803년에 '물질은 더 이상 쪼개지지 않는 작은 입자로 구성된다'는 원자설을 제창하였다. 다음은 돌턴의 원자설을 나타낸 것이다.

1. 모든 물질은 더 이상 쪼갤 수 없는 원자로 이루어져 있다.

2. 같은 종류의 원자는 크기와 질량이 같고, 다른 종류의 원자는 크기와 질량이 다르다.

3. 원자는 없어지거나 새로 생기지 않으며, 다른 종류의 원자로 변하지 않는다.

4. 서로 다른 원자들이 일정한 개수비로 결합하여 새로운 물질이 만들어진다.

이후 과학의 발달로 인해 돌턴의 원자설은 수정되어야 하는 점이 생겼다. 위의 원자설 중 1번 항목을 현대의 상황에 맞게 각자 수정해 보자.

정답 및 해설 27쪽

02 다이아몬드는 탄소로 이루어진 광물로, 단단하고 무색이며 반짝거리는 성질이 있어 보석과 연마제로 쓰인다. 흑연도 탄소로 이루어진 물질이지만 색이 검고 무르기 때문에 연필심이나 고체 윤활제로 사용된다. 이처럼 탄소로만 이루어진 다이아몬드와 흑연이 서로 다른 성질을 갖는 것은 원자 배열이 다르기 때문인데, 흑연의 원자 구조 모형을 각자 그려 보고 그렇게 그린 이유를 서술해 보자.
(힌트 : 흑연의 원자 모형은 층을 이루고 있다.)

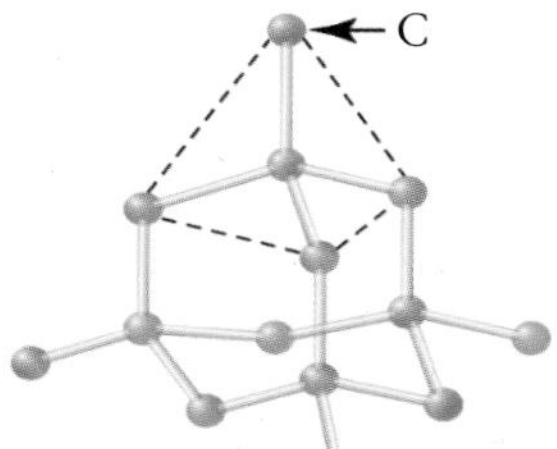

▲ 다이아몬드의 원자 구조 모형

03 18세기 초반까지만 해도 발견된 원소의 종류는 20여 가지에 불과했다. 18세기 후반에 많은 종류의 원소들이 발견되어 과학자들의 원소의 분류에 대한 관심이 높아졌다. 근대에 최초의 원소 분류는 1789년 라부아지에에 의해 시작되었다. 라부아지에는 그 당시에 원소로 알려진 33종의 물질을 다음과 같이 4종류로 분류하였다.

산소, 질소, 수소, 빛, 열 등

황, 인, 탄소, 염소, 플루오린 등

은, 코발트, 구리, 납, 수은, 니켈 등

생석회(CaO), 마그네시아(MgO), 알루미나(Al_2O_3), 실리카(SiO_2) 등

라부아지에가 원소를 분류한 기준은 현재의 시각으로 볼 때는 큰 의미가 없다. 라부아지에가 빛과 열을 원소라고 생각한 이유는 무엇일까?

창의력 & 토론마당

04 주기율표에서 같은 주기의 원소들은 원자의 반지름이 비슷한데, 그렇다면 주기율표에서 1주기에서 4주기로 갈수록 원자의 크기는 어떻게 될지 각자의 의견을 이유와 함께 적어 보자.

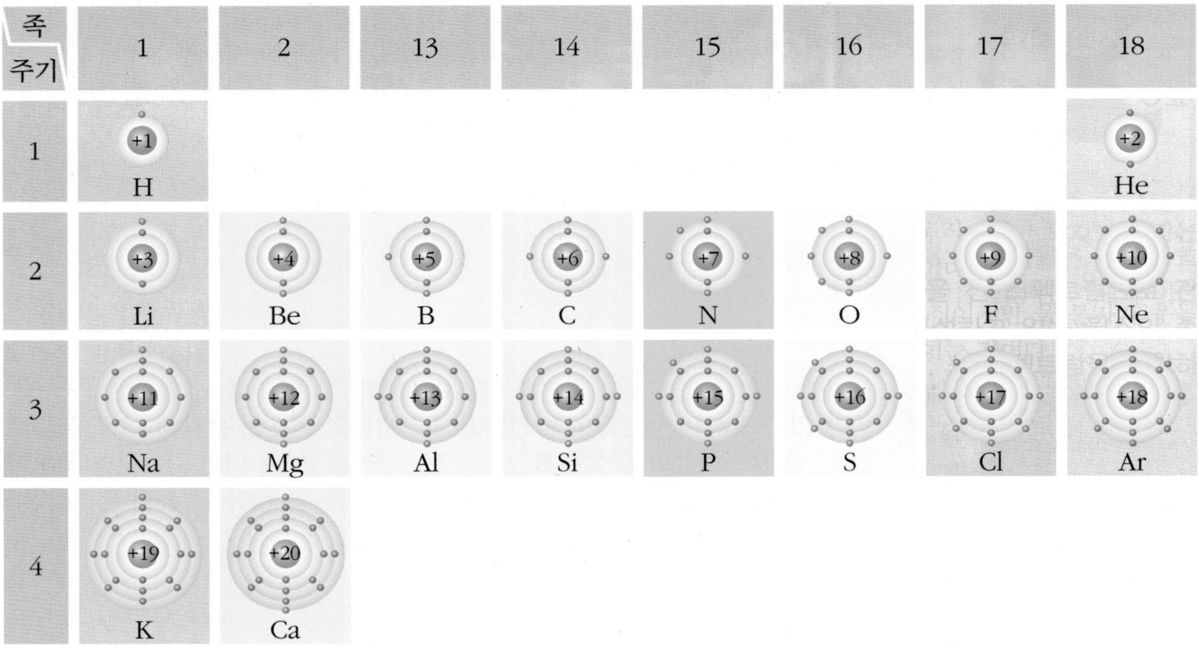

정답 및 해설 27쪽

05 다음은 나트륨과 마그네슘의 원자 모형이다. 원자의 중심에는 원자핵이 있고, 전자가 원자핵 주위를 빠르게 움직인다.

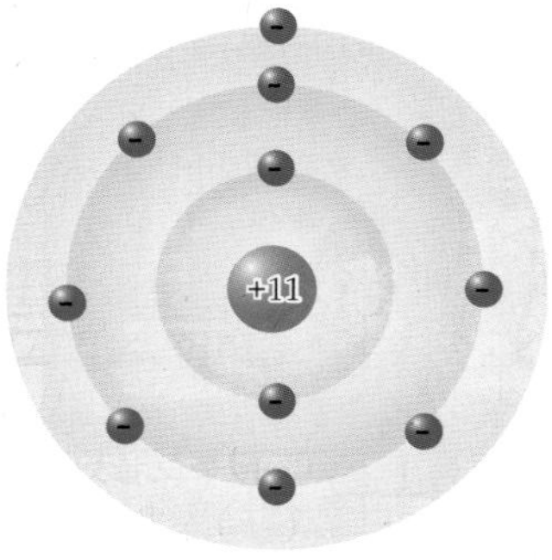

▲ 나트륨 원자 모형

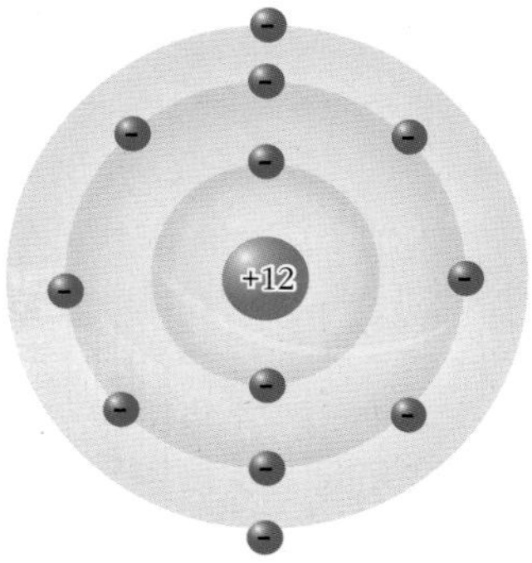

▲ 마그네슘 원자 모형

(1) 전자들이 자유롭게 움직인다면 원자로부터 멀리 떨어져 나갈 수 있을까? 어떤 전자가 원자로부터 더 쉽게 떨어져 나갈 수 있을까?

(2) 나트륨과 마그네슘을 비교하면, 나트륨의 전자가 더 잘 떨어져 나간다. 그 이유가 무엇일지 설명해 보자.

01 다음 빈칸에 알맞은 말을 쓰시오.

> 원자는 중심에 ㉠(　　　　)이 있고, 그 주변을 빠르게 움직이는 ㉡(　　　　)가 있다.

02 다음 빈칸에 알맞은 말을 쓰시오.

(1) 원자핵은 ㉠(　　)전하를 띤다. 그 이유는 원자핵을 이루는 ㉡(　　)가 ㉢(　　)전하를 띠기 때문이다.

(2) 전자는 ㉣(　　)전하를 띤다.

03 원자에 대한 설명으로 옳은 것은 ○표, 옳지 않은 것은 ×표 하시오.

(1) 원자는 매우 작아서 눈에 보이지 않는다. (　　)

(2) 원자는 종류에 관계없이 전자의 수가 같다. (　　)

(3) 중성 원자에서 양성자 수와 전자 수는 같다. (　　)

(4) 원자핵은 원자 내부 공간의 대부분을 차지한다. (　　)

(5) 원자핵과 전자의 크기는 매우 작기 때문에 원자는 대부분 빈 공간이다. (　　)

04 다음 그림은 어떤 원자 모형을 나타낸 것이다. 이 원자에 대한 설명으로 옳은 것을 〈보기〉에서 모두 고르시오.

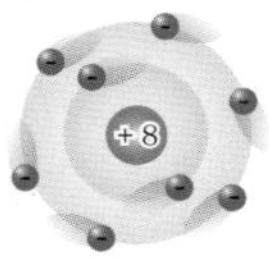

〈 보기 〉

ㄱ. 양성자는 8개이다.
ㄴ. 원자핵의 전하는 $+8$이다.
ㄷ. 전자의 총 전하는 -8이다.
ㄹ. 원자핵 주위에서 움직이는 전자는 총 6개 이다.

05 그림은 몇 가지 원자 모형을 나타낸 것이다.

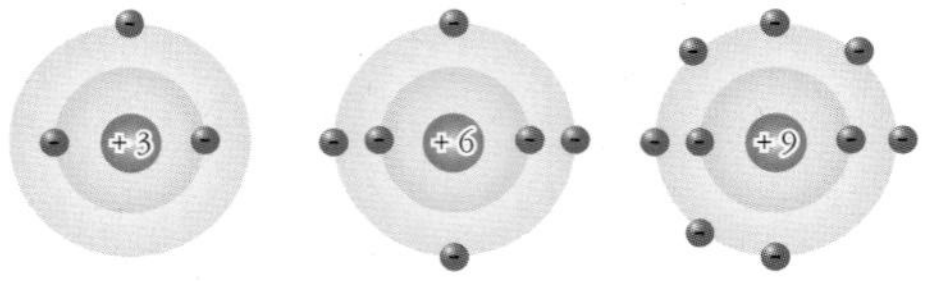

(가)　　(나)　　(다)

(가)~(다)에 대한 설명으로 옳은 것을 〈보기〉에서 모두 고르시오.

〈 보기 〉

ㄱ. 양성자의 수는 (다) > (나) > (가) 순이다.
ㄴ. 전자 수는 (다) > (나) > (가) 순이다.
ㄷ. 전기적으로 중성인 것은 (가) 하나이다.

06 다음 빈칸에 알맞은 말을 넣으시오.

> 원소들을 ㉠(　　　　　　) 순서로 배열할 때 일정한 간격으로 비슷한 성질을 갖는 원소가 주기적으로 나타나는 성질을 주기율이라고 한다. 그리고 이것을 바탕으로 배열한 표를 ㉡(　　　　　)라고 한다.

정답 및 해설 27쪽

07 주기율표에 대한 설명으로 옳은 것은 ○표, 옳지 않은 것은 ×표 하시오.

(1) 주기율표의 세로줄을 주기라고 한다. (　　)

(2) 주기율표의 가로줄을 족이라고 한다. (　　)

(3) 원자 번호는 양성자의 수로 정해진다. (　　)

[08~09] 다음 중성 원자 모형을 보고 아래의 물음에 답하시오.

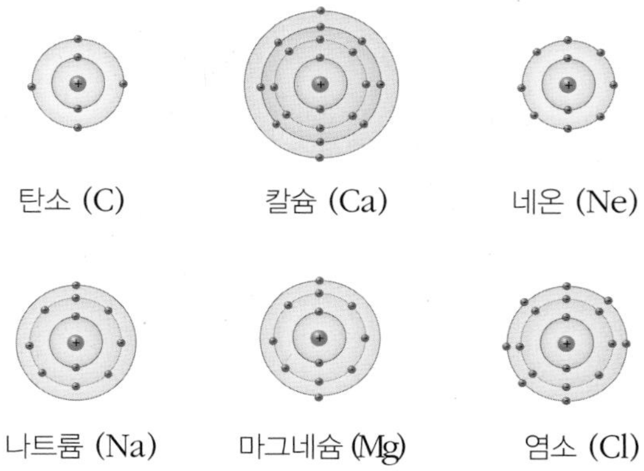

08 위의 모형을 보고 화학적 성질이 비슷한 원소들의 원소 기호를 모두 쓰시오.

09 Cl(염소)의 원자 번호를 쓰시오.

10 원자에 대한 설명으로 옳은 것은?

① 원자핵은 전기적으로 중성이다.
② 원자핵은 양성자와 전자로 구성된다.
③ 중심에 (+)전하를 띠는 전자가 있다.
④ 원자핵은 전자에 비해 질량이 매우 작다.
⑤ 원자는 종류에 따라 원자핵의 (+)전하량이 다르다.

11 오른쪽 그림과 같은 원자 모형에 대한 설명으로 옳은 것은?

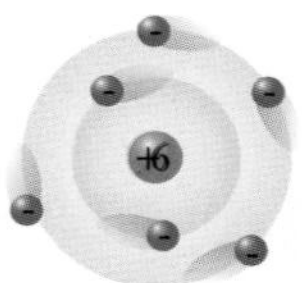

① 전자의 수는 12개이다.
② 원자핵의 수는 6개이다.
③ 이 원자는 (−)전하를 띤다.
④ (+)전하량과 (−)전하량이 같다.
⑤ 원자핵이 전자 주위를 움직이고 있다.

12 다음 그림은 원자의 구조를 모형으로 나타낸 것이다. 이에 대한 설명으로 옳지 않은 것은?

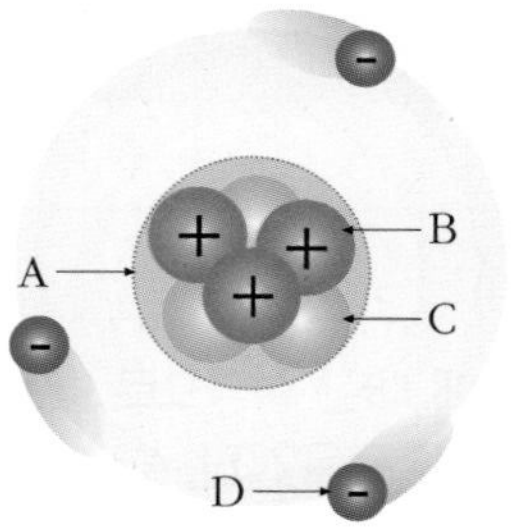

① A는 원자핵, D는 전자이다.
② 원자의 대부분은 A로 가득 차 있다.
③ B는 원자핵 속에 있으며 (+)전하를 띤다.
④ C는 원자핵 속에 있으며 전하를 띠지 않는다.
⑤ 원자핵의 (+)전하량과 전자의 총 (−)전하량이 같다.

13 다음 〈보기〉 중 전자에 해당하는 특징을 모두 고른 것은?

〈 보기 〉
ㄱ. 원자핵 주위를 빠르게 움직인다.
ㄴ. 원자의 중심에 있으며 움직이지 않는다.
ㄷ. 질량이 무시할 수 있을 정도로 매우 작다.

① ㄱ ② ㄴ ③ ㄷ
④ ㄱ, ㄷ ⑤ ㄴ, ㄷ

14 헬륨의 원자핵 전하량은 +2이다. 헬륨의 원자 번호와 전자 수를 더한 값은?

① 2 ② 3 ③ 4 ④ 5 ⑤ 6

15 그림은 주기율표의 일부를 나타낸 것이다.

주기＼족	1	2	13	14	15	16	17	18
2		A			B			
3	C				D		E	

A ~ E에 대한 설명으로 옳은 것만을 〈보기〉에서 모두 고른 것은? (단, A ~ E는 임의의 원소 기호이다.)

〈 보기 〉
ㄱ. A와 B는 화학적 성질이 비슷한 원소이다.
ㄴ. 원자의 질량은 E가 C보다 크다.
ㄷ. B와 D 의 전자의 개수는 다르다.

① ㄱ ② ㄴ ③ ㄷ
④ ㄱ, ㄴ ⑤ ㄴ, ㄷ

[16~20] 아래는 주기율표를 나타낸 것이다.

	1	2	13	14	15	16	17	18
1	H 수소							He 헬륨
2	Li 리튬	Be 베릴륨	B 붕소	C 탄소	N 질소	O 산소	F 플루오린	Ne 네온
3	Na 나트륨	Mg 마그네슘	Al 알루미늄	Si 규소	P 인	S 황	Cl 염소	Ar 아르곤
4	K 칼륨	Ca 칼슘						

16 다음 〈보기〉에서 나타내는 수를 모두 더한 값은?

〈 보기 〉
ㄱ. 탄소의 전자 수
ㄴ. 수소의 양성자 수
ㄷ. 헬륨의 원자핵 수

① 6 ② 7 ③ 8 ④ 9 ⑤ 10

17 다음 중 같은 주기에 있는 원소끼리 짝지은 것은?

① H, O ② He, Be ③ Be, B
④ N, P ⑤ Si, Ca

18 다음 중 같은 족에 있는 원소끼리 짝지은 것은?

① H, O ② He, Be ③ Be, B
④ N, P ⑤ Si, Ca

19 다음 빈칸에 들어갈 숫자를 차례대로 짝지은 것은?

· 칼슘(Ca)은 원자 번호가 ㉠(　)이다.
· 칼슘(Ca)의 전자 수는 ㉡(　)개 이다.
· 칼슘(Ca)의 가장 바깥에 있는 전자의 개수는 ㉢(　)개이다.

	㉠	㉡	㉢
①	20	10	10
②	20	20	2
③	10	10	10
④	10	10	2
⑤	20	10	2

20 다음 〈보기〉에서 설명하는 원자에 해당하는 것은?

〈 보기 〉
· 질소보다 무겁다.
· 염소보다 전자 수가 작다.
· 나트륨과 같은 주기에 있다.
· 베릴륨과 화학적 성질이 비슷하다.

① 붕소　② 아르곤　③ 규소
④ 마그네슘　⑤ 칼슘

창의력 서술

21 원자를 구성하는 원자핵과 전자는 모두 전하를 띠는데, 원자는 전기적으로 중성이다. 그 이유가 무엇일까?

22 같은 족의 원소는 화학적 성질이 비슷하다. 그 이유가 무엇일까?

원소의 이름

지구상에는 얼마나 많은 수의 원소들이 존재할까?

현재의 주기율표에 나타나 있는 원소는 모두 114가지이다. 주기율표에는 발견되었지만 아직 이름이 지어지지 않은 원소들과 아직 발견되지 않은 원소들이 추가될 예정이다.

그렇다면 이 많은 원소들의 이름은 누가 어떤 방법으로 정했을까?

주기율표
(Periodic Table of Elements)

원자 번호 / 기호 / 원소명 / 원자량

	1	2	3	4	5	6	7	8	9	10	11	12	13	14	15	16	17	18
1	1 H 수소 1.007																	2 He 헬륨 4.003
2	3 Li 리튬 6.938	4 Be 베릴륨 9.012											5 B 붕소 10.80	6 C 탄소 12.00	7 N 질소 14.00	8 O 산소 16.00	9 F 플루오린 19.00	10 Ne 네온 20.18
3	11 Na 나트륨 22.99	12 Mg 마그네슘 24.31											13 Al 알루미늄 26.98	14 Si 규소 28.08	15 P 인 30.97	16 S 황 32.05	17 Cl 염소 35.44	18 Ar 아르곤 39.95
4	19 K 칼륨 39.10	20 Ca 칼슘 40.08	21 Sc 스칸듐 44.96	22 Ti 타이타늄 47.87	23 V 바나듐 50.94	24 Cr 크로뮴 52.00	25 Mn 망가니즈 54.94	26 Fe 철 55.85	27 Co 코발트 58.93	28 Ni 니켈 58.69	29 Cu 구리 63.55	30 Zn 아연 65.38	31 Ga 갈륨 69.72	32 Ge 저마늄 72.63	33 As 비소 74.92	34 Se 셀레늄 78.96	35 Br 브로민 79.90	36 Kr 크립톤 83.80
5	37 Rb 루비듐 85.47	38 Sr 스트론튬 87.62	39 Y 이트륨 88.91	40 Zr 지르코늄 91.22	41 Nb 나이오븀 92.91	42 Mo 몰리브데넘 95.96	43 Tc 테크네튬	44 Ru 루테늄 101.1	45 Rh 로듐 102.9	46 Pd 팔라듐 106.4	47 Ag 은 107.9	48 Cd 카드뮴 112.4	49 In 인듐 114.8	50 Sn 주석 118.7	51 Sb 안티모니 121.8	52 Te 텔루륨 127.6	53 I 아이오딘 126.9	54 Xe 제논 131.3
6	55 Cs 세슘 132.9	56 Ba 바륨 137.3	57-71 란타넘족	72 Hf 하프늄 178.5	73 Ta 탄탈럼 180.9	74 W 텅스텐 183.8	75 Re 레늄 186.2	76 Os 오스뮴 190.2	77 Ir 이리듐 192.2	78 Pt 백금 195.1	79 Au 금 197.0	80 Hg 수은 200.6	81 Tl 탈륨 204.3	82 Pb 납 207.2	83 Bi 비스무트 209.0	84 Po 폴로늄	85 At 아스타틴	86 Rn 라돈
7	87 Fr 프랑슘	88 Ra 라듐	89-103 악티늄족	104 Rf 러더포듐	105 Db 더브늄	106 Sg 시보귬	107 Bh 보륨	108 Hs 하슘	109 Mt 마이트너륨	110 Ds 다름슈타튬	111 Rg 뢴트게늄	112 Cn 코페르니슘		114 Fl 플레로븀		116 Lv 리버모륨		

57 La 란타넘 138.9	58 Ce 세륨 140.1	59 Pr 프라세오디뮴 140.9	60 Nd 네오디뮴 144.2	61 Pm 프로메튬	62 Sm 사마륨 150.4	63 Eu 유로퓸 152.0	64 Gd 가돌리늄 157.3	65 Tb 터븀 158.9	66 Dy 디스프로슘 162.5	67 Ho 홀뮴 164.9	68 Er 어븀 167.3	69 Tm 툴륨 168.9	70 Yb 이터븀 173.1	71 Lu 루테튬 175.0
89 Ac 악티늄	90 Th 토륨 232.0	91 Pa 프로트악티늄 231.0	92 U 우라늄 238.0	93 Np 넵투늄	94 Pu 플루토늄	95 Am 아메리슘	96 Cm 퀴륨	97 Bk 버클륨	98 Cf 캘리포늄	99 Es 아인슈타이늄	100 Fm 페르뮴	101 Md 멘델레븀	102 No 노벨륨	103 Lr 로렌슘

원소의 이름은 원소를 발견한 사람의 뜻에 따라 정해졌다. 원소의 성질에서 이름을 따오기도 하고, 국가 이름, 대륙 이름, 또는 고대 신화의 신들의 이름에서 따오기도 했다.

수소(hydrogen)는 hydro(물)-gen(만들다)으로 물을 만드는데 사용되는 원소라는 뜻이다. 질소는 nitrogen으로 생명과 반대되는 숨쉬기 힘들게 하는 공기라는 뜻을 가지고 있다.

정답 및 해설 29쪽

32번 Ge(germanium, 저마늄), 84번 Po(polonium, 폴로늄), 87번 Fr(francium, 프랑슘), 95번 Am(americium, 아메리슘)

32번 원소는 발견자인 화학자 윈클러가 자신의 조국 독일(Germany)을 기념하기 위해 저마늄으로, 84번은 그것을 발견한 퀴리 부부가 자신들의 나라인 폴란드를 기념하기 위해 폴로늄으로, 87번은 프랑스의 여성과학자 페레가 자신의 나라 이름에서 프랑슘으로, 95번은 캘리포니아 대학의 글렌 시보그가 미국 이름을 따서 아메리슘으로 이름을 지었다.

2번 He(helium, 헬륨), 92번 U(uranium, 우라늄), 94번 Pu(plutonium, 플루토늄)

2번 헬륨은 태양의 스펙트럼을 관찰하다가 발견되었는데, 그리스 신화 태양의 신 헬리오스에서 따왔다. 92번 우라늄은 독일의 과학자에 의해 발견되었는데, 비슷한 시기에 발견된 천왕성(Uranus, 그리스 신화 하늘의 신 우라노스)에서 이름지었다. 94번은 그리스의 저승의 신 플루토에서 명명되었다.

Q1 주기율표에서 대륙이나 지역의 이름에서 명명되어진 원소를 찾아보자.

Q2 다음 보기의 원소들을 보고 물음에 답하시오.

〈보기〉

Cm(퀴륨), Es(아인슈타이늄), No(노벨륨), Md(멘델레븀)

(1) 나열된 이름들의 공통된 유래는 무엇일까?

(2) 제시된 이름과 비슷한 유래를 가진 원소들을 더 찾아보자.

Project - 탐구

[탐구-1] 주기율표의 특징 알아보기

① 주기율 전자 배치표를 프린트하거나 오른쪽 전자 배치표를 확대 복사한다.
② 다음 조건에 맞게 전자(스티커)를 붙이되, 가장 바깥쪽의 전자(최외각 전자)는 다른 색의 스티커를 붙인다.

※ 프린트나 확대 복사가가 어렵다면 오른쪽 페이지의 전자 배치표에 펜을 이용하여 점으로 전자를 표현해 본다. 가장 바깥쪽의 전자는 다른 색으로 표현한다.

전자를 배치하는 방법

1. 전자 수는 원자 번호와 같다.
2. 모형의 O는 전자가 들어가는 전자 껍질이다.
3. 가장 안쪽의 전자 껍질에는 전자가 2개 들어갈 수 있다.
4. 1~20번까지의 원자는 가장 안쪽의 전자 껍질에는 2개, 그 외에는 8개의 전자가 들어간다.
5. 전자는 가장 안쪽의 껍질부터 바깥쪽으로 순서대로 채워진다.
6. 전자는 서로 가장 멀리 떨어져 있는 것이 안정하다.

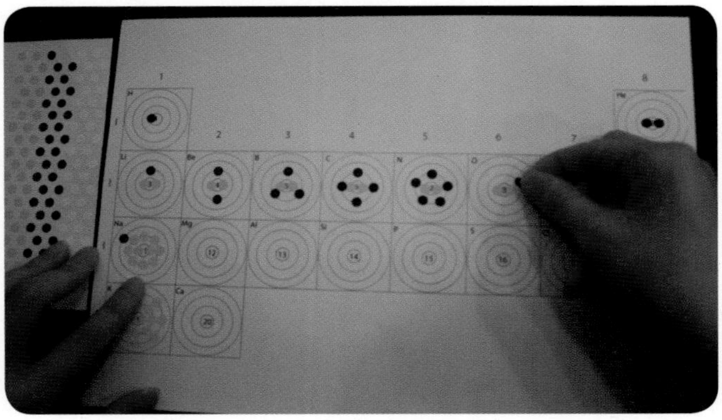

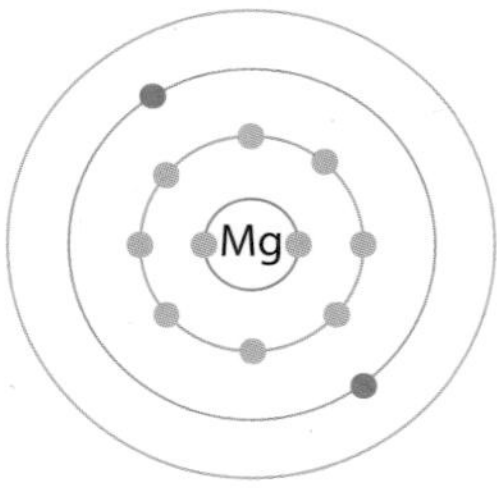

완성된 전자 배치표를 보고 물음에 답하시오.

(1) 같은 족의 공통점은 무엇인가?

(2) 같은 주기의 공통점은 무엇인가?

주기율표와 전자 배치

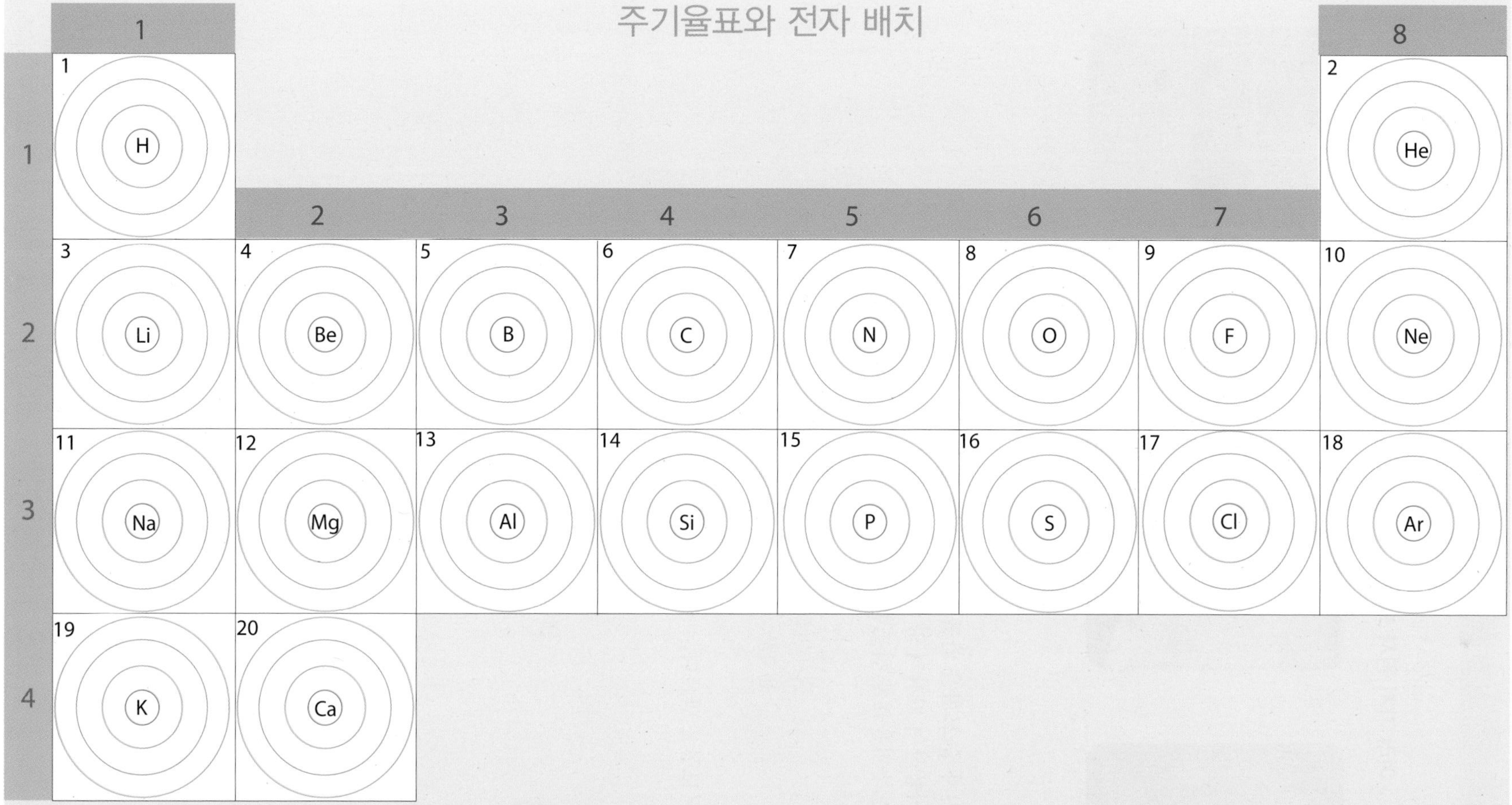

1~20번 까지 원자의 전자 배치

1. 원소 기호 주변의 원 (O)은 전자 껍질을 의미한다.
2. 가장 안쪽의 껍질에는 2개의 전자가 나머지 껍질에는 8개의 전자가 채워질 수 있다.
3. 전자는 안쪽 껍질부터 차례대로 채워진다.

Project - 탐구

[탐구-2] 원자 모형 만들기

나만의 원자 모형 만들기 : 여러 가지 원자 모형을 참고하여 나만의 원자 모형을 만들어 본다.

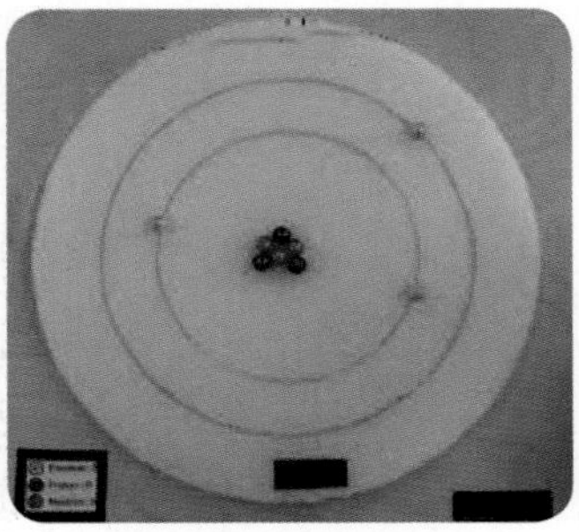

원자 모형 1

원자 모형 2

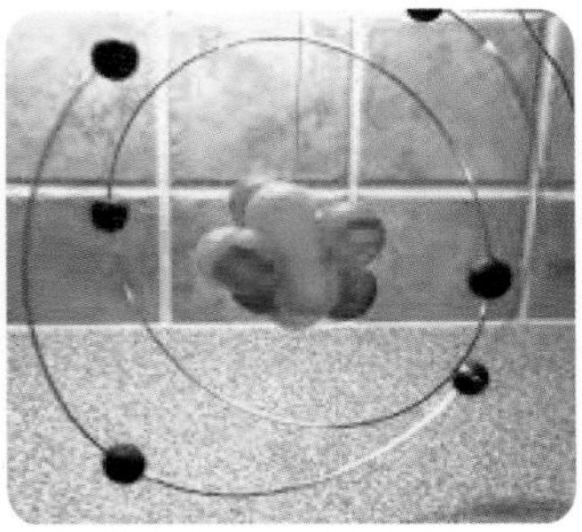

원자 모형 3

1. 원자 번호 1~20번의 원자 중 모형을 만들고 싶은 것을 선택한다.
2. 원자 번호, 원자량을 이용하여 원자의 양성자, 중성자, 전자 수를 계산한다.
   (원자 번호와 원자량은 주기율표를 참조한다.)

> 원자 번호 = 양성자 수 = 전자 수
> 원자량 = 양성자 수 + 중성자 수

3. 원자 모형을 설계한 후 모형을 만든다.

1. 선택한 원자 · 원자 이름 : · 원자 기호 : · 양성자 수 : · 중성자 수 : · 전자 수 :	〈원자 모형 설계도〉

정답 및 해설 29쪽

탐구 해석 및 일반화

1. 다음은 헬륨 원자의 구조를 나타낸 모형이다. 각 부분의 이름을 쓰시오.

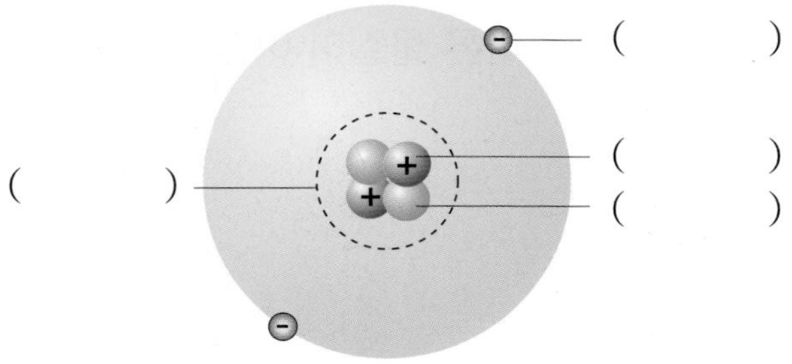

2. 다음은 양성자와 중성자로 나타낸 여러 가지 원자의 핵 모형이다. 물음에 답하시오.

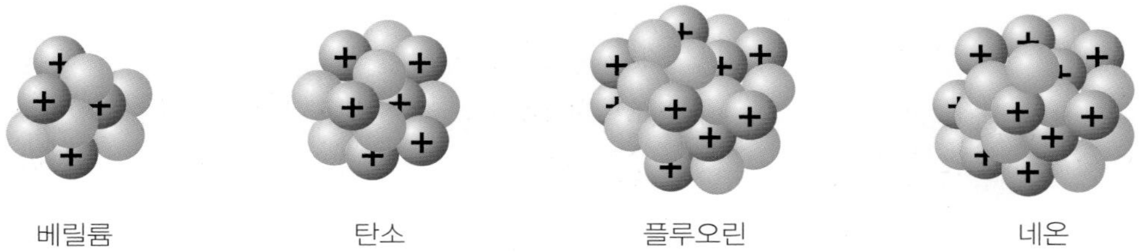

(1) 다음 빈칸에 각 원자의 양성자 수와 중성자 수를 쓰시오.

원자	베릴륨	탄소	플루오린	네온
양성자 수(개)				
중성자 수(개)				

(2) 위의 원자핵을 통해 알게된 특징을 정리하시오.

① 원자핵은 중성자와 양성자로 되어 있다.

②

③

IV 화합물

서로 다른 물질이 어떤 방식으로 결합하여 화합물이 될까?

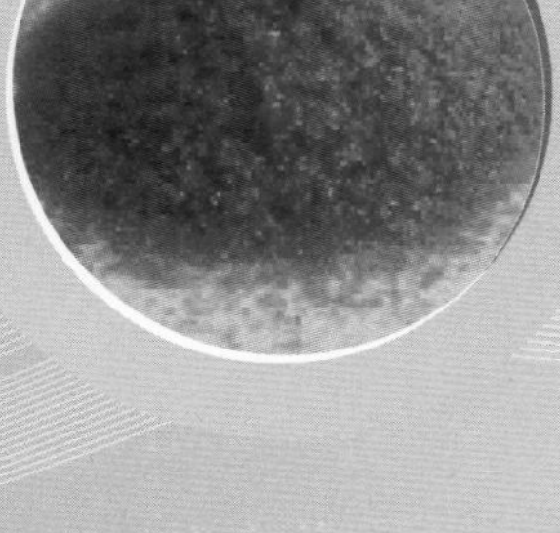

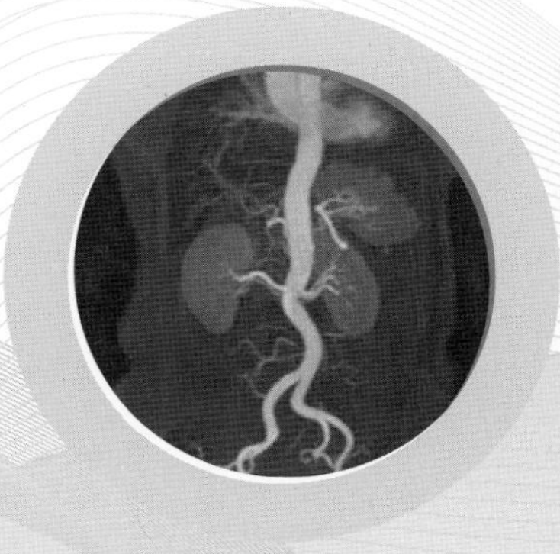
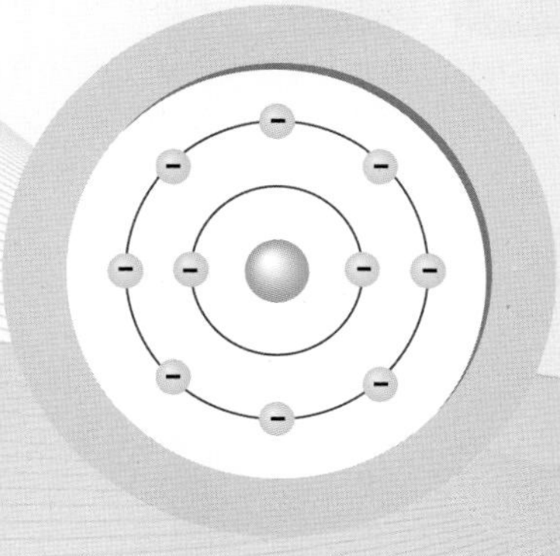

11강. 이온

1. 이온의 형성 - 양이온

(1) 이온 : 원자가 전자를 잃거나 얻어서 전하를 띠게 된 입자이다.

(2) 양이온 : 원자가 전자를 잃어서 (+) 전하를 띠게 된 입자이다.

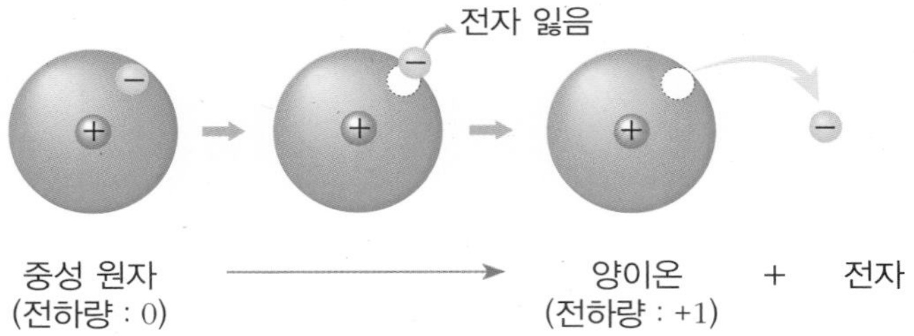

(3) 양이온의 이름 : 원소 이름 + 이온 (㉮ 리튬 이온, 나트륨 이온 등)

(4) 여러 가지 양이온

이온	리튬 이온	나트륨 이온	마그네슘 이온
이온 모형	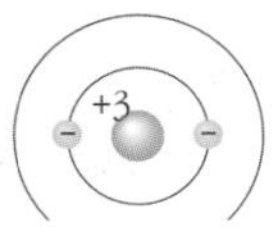	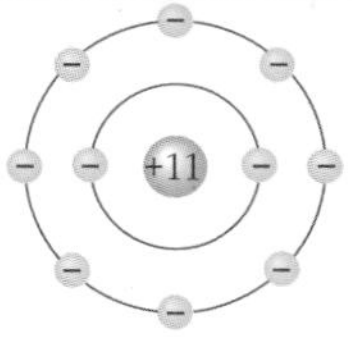	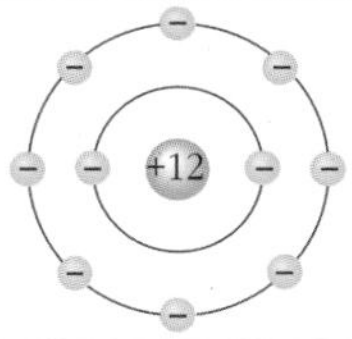
양성자 수(전하)	3 (+3)	11 (+11)	12 (+12)
전자 수(전하)	2 (−2)	10 (−10)	10 (−10)
전체 전하	+1	+1	+2

○ 간단실험
원소와 이온의 확인
구리판(또는 구리 리본)과 염화 구리, 황산 구리 비교

▲ 구리 원소

염화 구리 수용액　황산 구리 수용액
▲ 이온 상태의 구리

○ 이온 종류
· 단원자 이온 : 1개의 원자로 형성된 이온
→ H^+ (수소 이온), O^{2-} (산화 이온) 등
· 다원자 이온 : 여러 개의 원자로 형성된 이온
→ OH^- (수산화 이온)

○ 생각해보기★
리튬(Li), 나트륨(Na), 칼륨(K), 마그네슘(Mg), 칼슘(Ca)은 양이온이 되기 쉽다. 이 원자들의 공통점은 무엇일까?

미니사전
형성 어떤 모양으로 이루어지는 것
전하 전기 현상을 일으키는 원인

개념확인 1

이온에 대한 설명으로 옳은 것은 ○표, 옳지 않은 것은 ×표 하시오.

(1) 전하를 띠는 입자를 이온이라 한다. (　　)
(2) 원자가 전자를 얻으면 (+) 전하를 띤다. (　　)
(3) 원자와 그 원자의 양이온은 양성자 수가 같다. (　　)
(4) 원자와 그 원자의 양이온은 전자의 수가 같다. (　　)

확인 +1

다음 모형은 어떤 원자가 이온이 되는 과정을 나타낸 것이다. 이렇게 형성된 이온을 무엇이라 하는가? (단, ⊖는 전자를 나타낸다.)

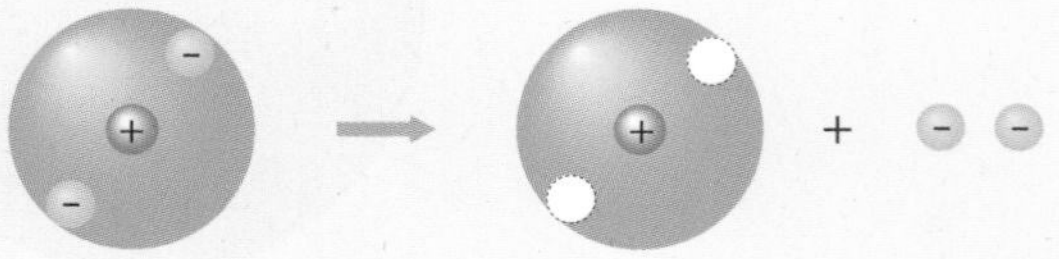

2. 이온의 형성 - 음이온

(1) 음이온 : 원자가 전자를 얻어서 (−) 전하를 띠게 된 입자이다.

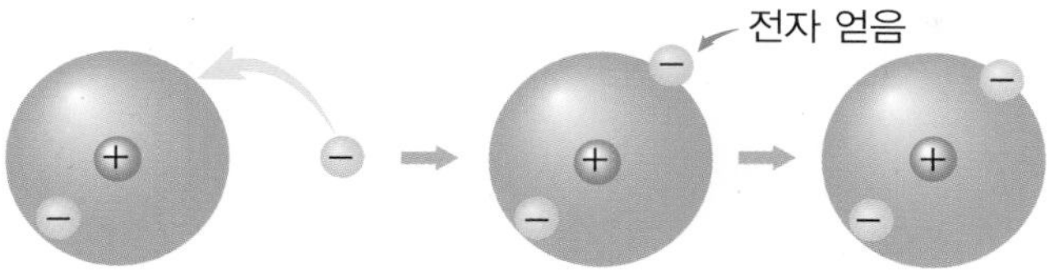

(2) 음이온의 이름 : 원소 이름 + 화 이온 (㉠ 플루오린화 이온, 황화 이온 등)
→ 이름이 소로 끝나는 원소 : 원소 이름('소'자 생략) + 화 이온
(㉠ 산소 : 산화 이온, 염소 : 염화 이온 등)

(3) 여러 가지 음이온

이온	플루오린화 이온	염화 이온	황화 이온
이온 모형	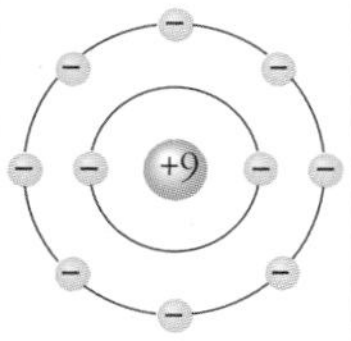	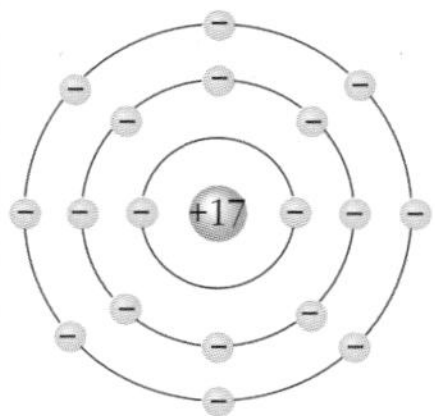	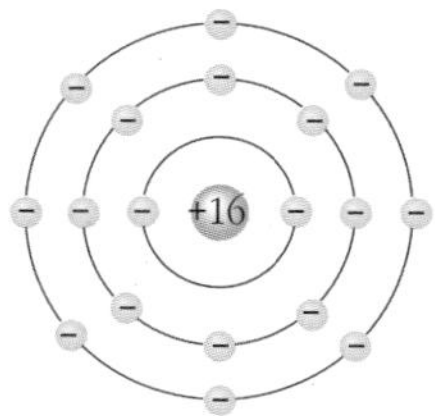
양성자 수(전하)	9 (+9)	17 (+17)	16 (+16)
전자 수(전하)	10 (−10)	18 (−18)	18 (−18)
전체 전하	−1	−1	−2

정답 및 해설 29쪽

개념확인 2 다음은 원자가 이온이 되는 모형과 그에 대한 설명을 나타낸 것이다. 괄호 안에 알맞은 말을 고르시오.

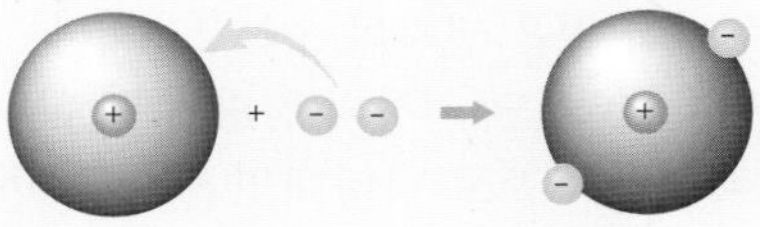

원자가 전자를 ㉠(얻어서, 잃어서) ㉡(양이온, 음이온)이 되는 과정을 나타낸 것으로 이 이온의 전체 전하는 ㉢(+2, −2)이다.

확인 + 2 다음 보기 중 음이온에 대한 설명으로 옳은 것을 모두 고른 것은?

〈보기〉

ㄱ. 전체적으로 (−)전하를 띤다.
ㄴ. 원자가 전자를 얻어서 형성된다.
ㄷ. 음이온이 되기 전의 원자와 (+)전하의 총량은 같다.

① ㄱ ② ㄴ ③ ㄱ, ㄴ
④ ㄴ, ㄷ ⑤ ㄱ, ㄴ, ㄷ

생각해보기★★
전자를 얻어서 음이온이 되면 음이온의 크기는 원자보다 클까, 작을까?

3. 이온의 표시

(1) 이온의 표시 : 이온식으로 나타낸다.

① 양이온의 표시

▲ 나트륨 이온　　▲ 칼슘 이온

② 음이온의 표시

▲ 플루오린화 이온　　▲ 산화 이온

(2) 이온의 형성 과정을 나타낸 식

① 양이온 : $Na \rightarrow Na^{+} + \ominus$

② 음이온 : $O + 2\ominus \rightarrow O^{2-}$　　($\ominus$는 전자를 나타낸다.)

개념확인 3 다음 이온식에 대한 설명으로 옳지 않은 것은?

Mg^{2+}

① 마그네슘 이온이라고 읽는다.
② 마그네슘 원자가 전자를 잃어 형성된다.
③ 마그네슘 원자가 잃은 전자의 수는 2개이다.
④ 마그네슘 원자보다 (+)전하의 총량이 더 많다.
⑤ 이온 형성 과정을 식으로 나타내면 $Mg \rightarrow Mg^{2+} + 2\ominus$이다.

확인 +3 다음 이온 중 전자를 가장 많이 얻어서 형성된 이온과 전자를 가장 많이 잃어서 형성된 이온을 순서대로 나열한 것은?

〈보기〉

ㄱ. Li^{+}　ㄴ. Ca^{2+}　ㄷ. Al^{3+}　ㄹ. Cl^{-}　ㅁ. S^{2-}

① ㄱ, ㄹ　② ㄴ, ㅁ　③ ㄹ, ㄱ
④ ㄴ, ㅁ　⑤ ㅁ, ㄷ

미니사전
표시 겉으로 드러내 보임

4. 여러 가지 이온

(1) 이온의 이름과 이온식

양이온		음이온	
이름	이온식	이름	이온식
수소 이온	H^+	염화 이온	Cl^-
리튬 이온	Li^+	황화 이온	S^{2-}
칼륨 이온	K^+	수산화 이온	OH^-
마그네슘 이온	Mg^{2+}	질산 이온	NO_3^-
철 이온	Fe^{2+}	탄산 이온	CO_3^{2-}
알루미늄 이온	Al^{3+}	황산 이온	SO_4^{2-}

(2) 이온을 이용하고 있는 예

치약 속의 플루오린화 이온(F^-)

휴대 전화 전지 속의 리튬 이온(Li^+)

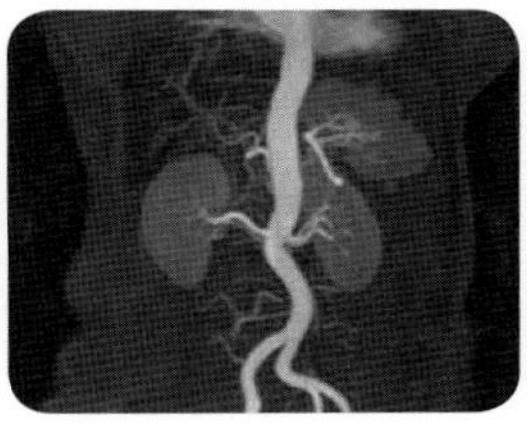

X선 촬영 때 먹는 조영제 안의 바륨 이온(Ba^{2+})

● 맛을 느끼게 하는 이온

- 수소 이온(H^+) : 수소 이온이 들어 있는 과일, 식초 등은 신맛이 난다.
- 수산화 이온(OH^-) : 수산화 이온이 들어 있는 비누 등은 쓴 맛이 난다.(수산화 이온이 들어 있는 물질은 단백질을 녹이므로 함부로 맛을 보는 것은 위험하다.)

● 생각해보기★★★

(+)전기와 (−)전기는 동시에 발생한다. 그렇다면 양이온과 음이온은 함께 존재할까?

정답 및 해설 29쪽

개념확인 4 다음 표의 빈칸에 알맞은 이온의 이름이나 이온식을 쓰시오.

이온 이름	칼륨 이온	㉠	㉡	질산 이온
이온식	㉢	Fe^{2+}	S^{2-}	㉣

확인 + 4 다음 보기에 주어진 이온식과 이온의 이름이 바르게 짝지어진 것을 모두 고른 것은?

〈보기〉

ㄱ. Cl^- : 염소화 이온　　ㄴ. H^+ : 수화 이온
ㄷ. Na^+ : 나트륨 이온　　ㄹ. CO_3^{2-} : 탄산 이온

① ㄱ, ㄴ　② ㄱ, ㄷ　③ ㄱ, ㄹ
④ ㄴ, ㄷ　⑤ ㄷ, ㄹ

미니사전

조영제 X선 촬영 때 사진이 뚜렷이 나타나도록 사용하는 물질

개념 다지기

01 다음 중 이온에 대한 설명으로 옳지 않은 것은?

① 이온은 전하를 띠는 입자이다.
② 원자가 전자를 얻으면 음이온이 된다.
③ 원자가 전자를 잃으면 양이온이 된다.
④ 원자와 그 원자에서 형성된 이온은 양성자 수가 같다.
⑤ 원자와 그 원자에서 형성된 이온은 전자의 수가 같다.

[02~03] 다음 그림은 서로 다른 두 원자 A와 B가 이온이 되는 과정을 모형으로 나타낸 것이다.

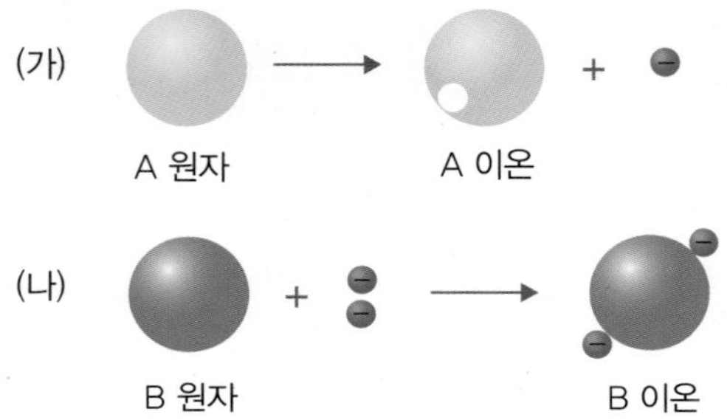

02 (가)와 (나)에서 형성된 이온이 양이온인지 음이온인지 각각 쓰시오.

(가) : (　　　　　　)
(나) : (　　　　　　)

03 (가), (나)모형에 대한 설명으로 옳은 것은?

① A 이온은 양성자 수 < 전자 수이다.
② B 이온은 양성자 수 > 전자 수이다.
③ A 이온의 이온식은 A^- 이다.
④ B 이온의 이온식은 B^{2-} 이다.
⑤ B 이온은 A 이온보다 전자 수가 항상 많다.

정답 및 해설 30쪽

04 다음 그림은 어떤 원자가 이온이 되는 과정을 모형으로 나타낸 것이다.

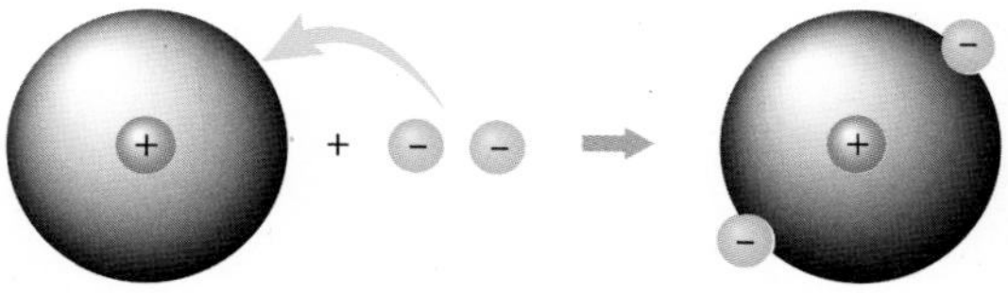

위 모형과 같은 방법으로 형성된 이온은?

① Na^{+} ② Cu^{2+} ③ Cl^{-} ④ O^{2-} ⑤ Al^{3+}

05 원자가 이온이 되는 과정을 나타낸 다음 식 중 옳은 것은? (단, ⊖는 전자를 나타낸다.)

① $Cl \rightarrow Cl^{-}$ + ⊖
② Na + ⊖ $\rightarrow Na^{+}$
③ $Mg \rightarrow Mg^{2+}$ + 2⊖
④ $S \rightarrow S^{2-}$ + 2⊖
⑤ Al + 3⊖ $\rightarrow Al^{3+}$

06 친구들이 염소 원자가 이온이 되는 과정에 대해 설명하고 있다. 이온에 대한 설명이 바르지 않은 친구를 고르시오.

> 희은 : 염소 원자가 전자를 하나 얻으면 음이온이 돼.
> 은교 : 염소 원자의 이온을 이온식으로 나타내면 Cl^{-}야.
> 철수 : 염소 원자의 음이온은 염소 이온이라고 읽는다.

① 희은 ② 은교 ③ 철수
④ 희은, 은교 ⑤ 은교, 철수

유형 익히기 & 하브루타

[유형11-1] 이온의 형성 1

다음 모형은 어떤 원자가 이온이 되는 과정을 나타낸 것이다. 이 원자와 원자로부터 형성된 이온에 대한 설명으로 옳지 않은 것은?

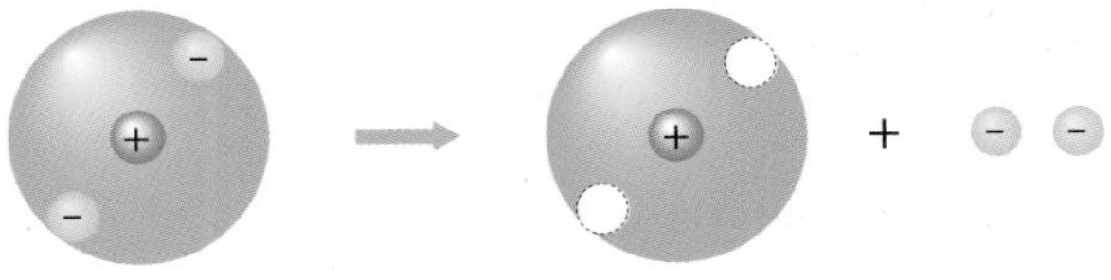

① 양이온이 되는 과정이다.
② 원자는 전기적으로 중성이다.
③ 이온은 전체적으로 +2의 전하를 띤다.
④ 원자는 이온보다 많은 수의 전자가 있다.
⑤ 원자는 이온보다 많은 수의 양성자가 있다.

Tip!

01 아래 그림은 세 가지 원자의 이온 형성 과정을 모형으로 나타낸 것이다. 이온 A~C 를 양이온과 음이온으로 구분하여 기호를 쓰시오.

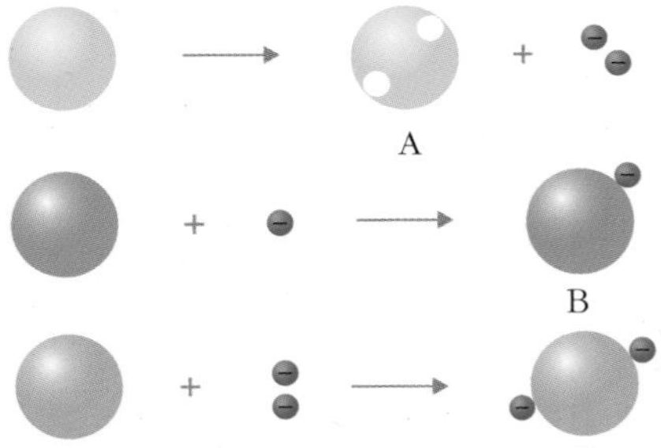

· 양이온 : (　　　　　)　　· 음이온 : (　　　　　)

02 다음 이온에 대한 설명 중 양이온에 대한 설명이면 '양', 음이온에 대한 설명이면 '음'을 쓰시오.

(1) 원자가 전자를 잃어서 형성된 입자이다. (　　　)
(2) 원자가 전자를 얻어서 형성된 입자이다. (　　　)
(3) 원자일 때보다 전자의 수가 더 적은 입자이다. (　　　)

[유형11-2] 이온의 형성 2

다음 모형 (가)~(라)를 원자, 양이온, 음이온으로 구분하시오.

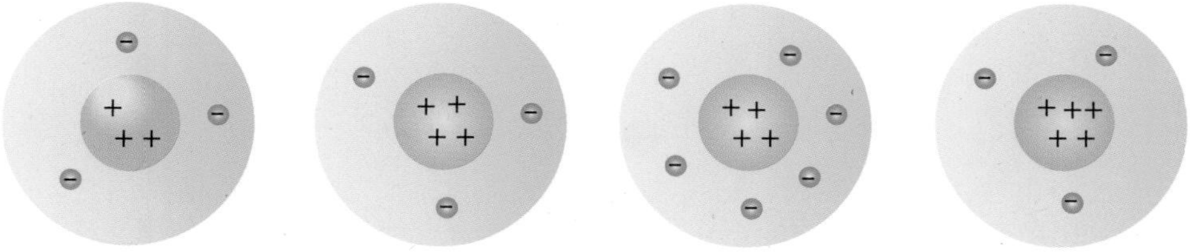

(가) (나) (다) (라)

· 원자 : (　　　　　　)
· 양이온 : (　　　　　　)
· 음이온 : (　　　　　　)

03 다음 모형은 어떤 이온의 핵 전하량과 전자 배치를 나타낸 것이다. 이 이온이 양이온인지 음이온인지 고르고, 이온의 전체 전하량(예 $+1$, -1)을 쓰시오.

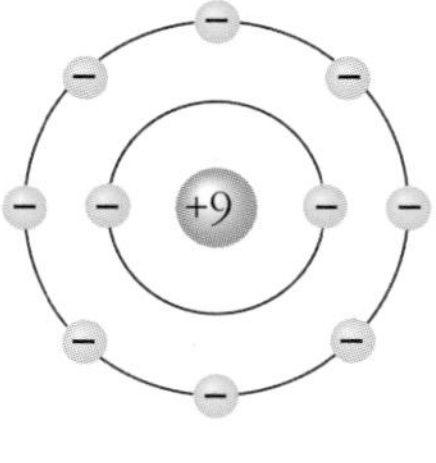

· 이온의 종류 : (양이온, 음이온)
· 전체 전하량 :

04 원자와 그 원자로부터 형성된 이온을 바르게 짝지은 것은?

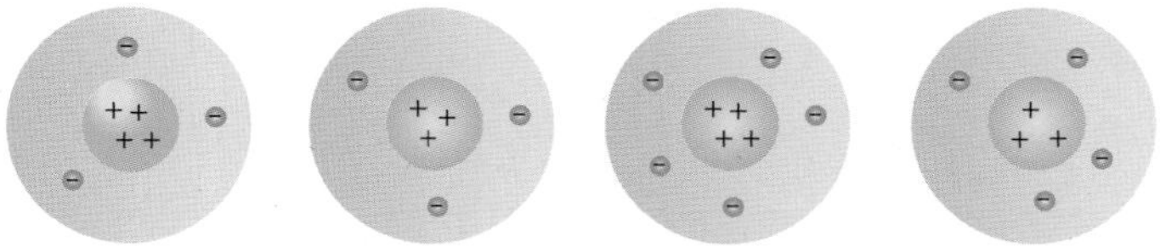

(가) (나) (다) (라)

① (가) − (나)　② (가) − (다)　③ (가) − (라)
④ (나) − (라)　⑤ (다) − (라)

Tip!

[유형11-3] 이온의 표시

다음 모형은 염소 원자가 이온이 되는 과정을 나타낸 것이다. 염소 이온의 이온식과, 이온의 이름을 쓰시오.

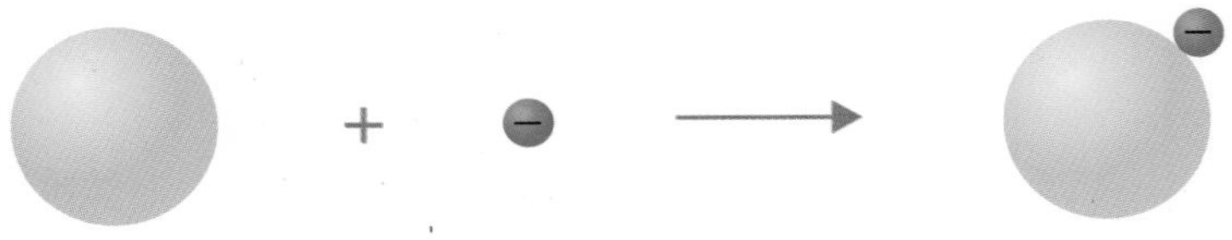

Cl

· 이온식 : ( )

· 이온의 이름 : ( )

Tip!

05 다음은 X 원자의 이온 모형이다. X 이온의 전체 전하와 이온식을 각각 쓰시오.

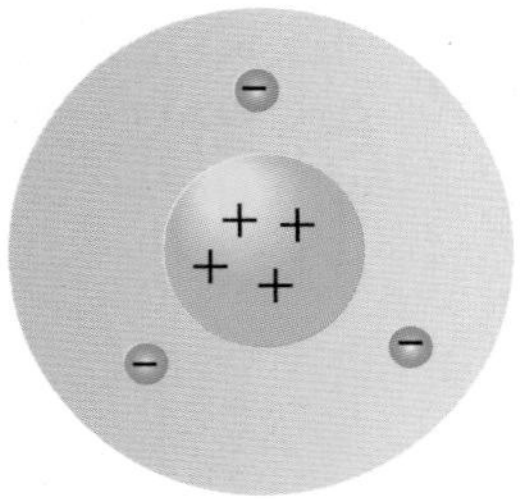

X 이온

· 이온의 전체 전하 :

· 이온식 :

06 오른쪽 이온식에 대한 설명 중 옳지 않은 것은?

O^{2-}

① 산화 이온이라고 읽는다.
② 전자의 총 전하량은 −2이다.
③ 산소 원자는 전기적으로 중성이다.
④ 산소 원자가 전자를 얻어 형성된다.
⑤ 산소 원자가 얻은 전자 수는 2개이다.

정답 및 해설 30쪽

[유형11-4] 이온의 형성 식

다음 모형은 원자 A와 원자 B가 이온화하는 과정을 나타낸 것이다. 이 모형을 나타낸 다음 식의 빈칸에 A와 B를 이용하여 알맞은 이온식을 쓰시오. (단, ⊖는 전자를 나타낸다.)

(1)

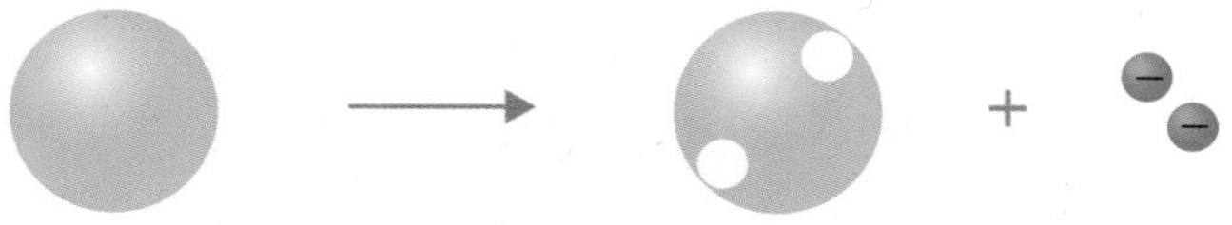

A → (　　　) + 2⊖

(2)

B + ⊖ → (　　　)

07

원자가 이온이 되는 과정을 나타낸 다음 식 중 옳은 것은? (단, ⊖는 전자를 나타낸다.)

① $F \rightarrow F^-$ + ⊖
② K + ⊖ $\rightarrow K^+$
③ Mg + ⊖ $\rightarrow Mg^{2+}$
④ $O \rightarrow O^{2-}$ + 2⊖
⑤ $Al \rightarrow Al^{3+}$ + 3⊖

Tip!

08

다음 모형은 칼슘 원자가 이온으로 되는 과정을 나타낸 것이다. 이 모형에 대한 설명으로 옳은 것을 〈보기〉에서 모두 고른 것은?

〈보기〉

ㄱ. 칼슘이 이온이 될 때 전자의 수가 증가한다.
ㄴ. 이 모형을 이온식으로 나타내면 $Ca \rightarrow Ca^{2+}$ + 2⊖ 이다.
ㄷ. 칼슘 이온은 (+)전하의 총량보다 (−)전하의 총량이 더 많다.

① ㄱ　② ㄴ　③ ㄷ
④ ㄱ, ㄴ　⑤ ㄴ, ㄷ

01 다음 사진은 플라즈마 볼(plasma ball) 또는 정전기 볼(electrostatic ball)이라 불리는 것으로 유리구 안은 여러 가지 기체들로 채워져 있다. 유리구에 전기를 통해 주면 유리구 안의 기체 원자에서 전자가 튀어나와 이온화된 기체와 전자로 분리된다. 이때 이온화된 기체와 전자가 합쳐질 때 색이 나타나는데, 이때의 색은 기체마다 다르다.

유리구 안의 이온화된 기체는 음이온일까, 양이온일까? 이유와 함께 쓰시오.

02 지은이는 과일(키위, 포도, 오렌지, 레몬 등)과 식초에는 수소 이온(H^+)이 공통적으로 들어 있어 신맛을 나게 한다는 것을 알게 되었다. 그렇다면 소금은 어떤 이온 때문에 짠맛이 나는걸까? 지은이가 찾은 자료를 바탕으로 짠맛이 나게 하는 이온을 찾으시오.

〈자료〉

1. 소금은 나트륨 이온과 염화 이온으로 되어 있다.
2. 강물에는 염화 이온보다 나트륨 이온이 많이 들어 있다.
2. 바닷물은 짠 맛이 나고, 강물은 짠 맛이 나지 않는다.
3. 바다에서는 육지에서보다 화산 활동이 활발하다.
4. 화산 활동이 일어날 때 이산화 황, 염소 등의 기체가 발생한다.

정답 및 해설 31쪽

03 다음 그림 (가)는 철판이고, 그림 (나)는 철로 만든 조각품이 붉게 녹이 슬어 있는 모습이다. 철(Fe)은 금속일 때는 광택이 나는 은색이지만 철 이온(Fe^{3+})이 되면 광택이 나지 않고 붉은색을 띤다. 조각품의 녹이 붉게 보이는 이유는 철 원자가 산소와 만나면서 철 이온(Fe^{3+})이 되기 때문이다.

(가)

(나)

(1) 철과 붉은색의 녹에 자석을 가져가니 둘 다 자석에 붙었다. 이 두 물질을 같은 물질이라고 할 수 있을까? 이유와 함께 써 보시오.

(2) 붉은색의 녹과 은색의 철이 다른 물질이라면, 이를 확인할 수 있는 방법은 무엇이 있을지쓰시오. (TIP! 같은 물질은 같은 성질을 나타낸다.)

창의력 & 토론마당

04 (+)전하를 띤 원자의 핵과 (−)전하를 띤 전자 사이에는 서로 끌어당기는 힘인 인력이 작용한다. 핵과 전자 사이의 정전기적 인력 때문에 전자가 핵 주위를 벗어나지 않으므로, 원자가 양이온이 되기 위해서는 핵과 전자 사이의 인력을 끊어야하므로 에너지가 필요하다.

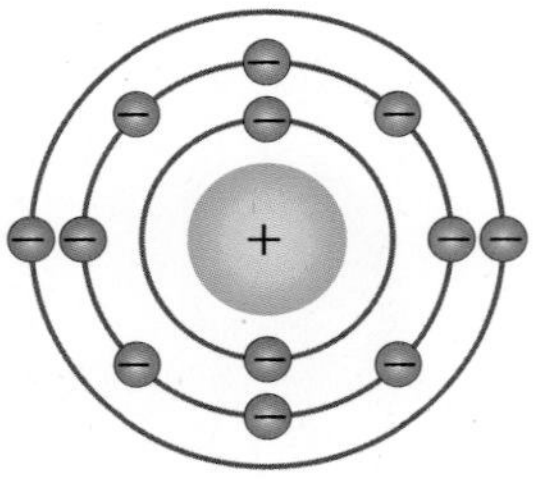

그렇다면 안쪽과 바깥쪽의 전자 중 어느 쪽이 떼어내기 쉬울지(에너지가 적게 드는지) 이유와 함께 쓰시오.

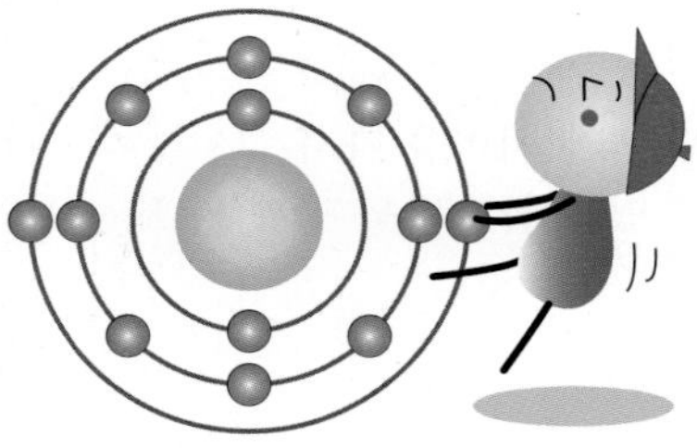

(가) 바깥쪽 전자를 떼어내는 경우

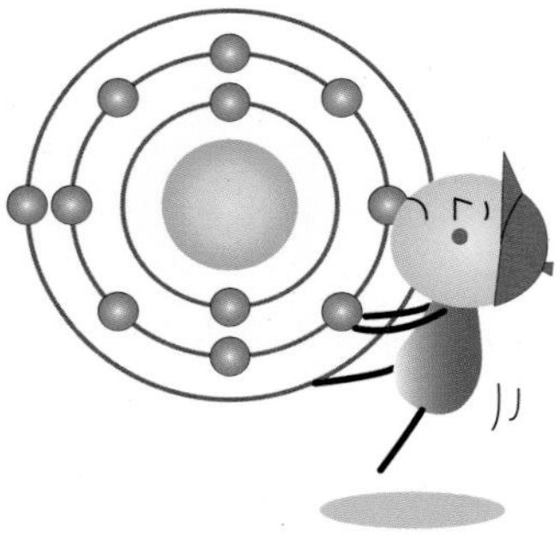

(나) 안쪽 전자를 떼어내는 경우

정답 및 해설 31쪽

05 **도희는 바이타민이 들어 있는 음료수를 마시다가 문득 어떤 음료수에 바이타민이 많이 들어 있을지 궁금해져서 자료를 찾아 실험을 해보기로 하였다.**

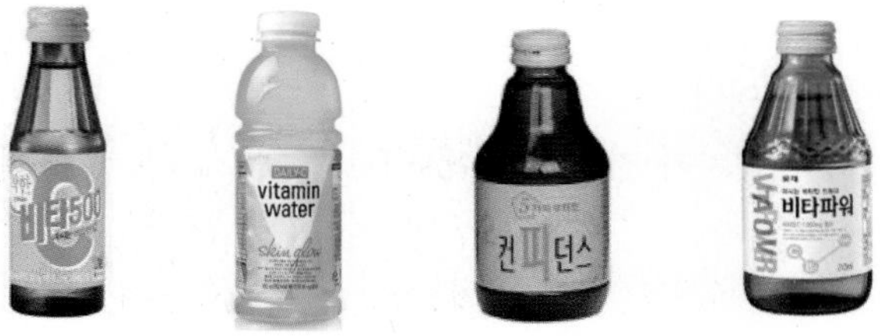

여러 가지 바이타민 음료

[자료]

1. 아이오딘 용액은 녹말과 반응하여 청남색으로 변한다.
2. 바이타민과 녹말이 함께 있는 용액에 아이오딘 용액을 넣으면 아이오딘은 바이타민과 먼저 반응하여 음이온이 된다.

[실험 방법]

① 같은 양의 음료수를 용기에 각각 담는다.

② 각 음료수의 색이 옅은 청남색이 될 때까지 아이오딘 용액을 한방울씩 넣는다.

아이오딘 용액

(1) 음료수가 청남색이 될 때까지 들어간 아이오딘 용액의 양으로 바이타민의 양을 어떻게 확인할 수 있는지 자료와 실험 방법을 참고하여 설명하시오.

(2) 도희는 콜라와 포도 주스에도 바이타민이 들어 있는지 알아보기 위해 위의 실험을 했는데, 결과를 확인할 수가 없었다. 그 이유는 무엇인지 쓰시오.

콜라

포도 주스

스스로 실력 높이기

01 다음 괄호 안에 알맞은 말을 써 넣으시오.

(1) 원자가 전자를 얻거나 잃어서 전하를 띤 입자를 (　　　)이라 한다.

(2) 양이온은 원자가 (　　　)를 잃어서 (+)전하를 띤 입자이다.

(3) (　　　)은 원자가 전자를 얻어서 (−)전하를 띤 입자이다.

02 다음 설명 중 옳은 것은 ○표, 옳지 않은 것은 ×표 하시오.

(1) 원자보다 그 원자에서 형성된 양이온의 전자 수가 더 많다. (　　)

(2) 원자와 그 원자에서 형성된 이온의 양성자 수는 서로 같다. (　　)

(3) 원자가 전자를 잃고 이온이 되면 (−)전하를 띠게 된다. (　　)

03 다음 모형은 원자와 이온을 나타낸 것이다. (가), (나), (다)는 원자, 양이온, 음이온 중 무엇을 나타내는지 각각 쓰시오. (단, +는 양성자의 전하량, ⊖는 전자를 나타낸다.)

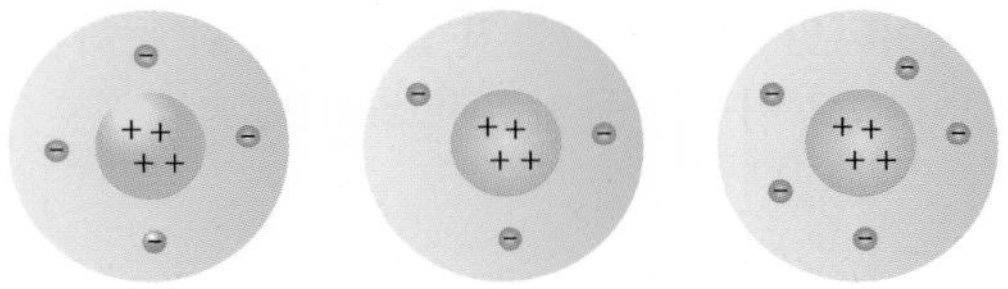

(가)　　(나)　　(다)

(가) : (　　　)

(나) : (　　　)

(다) : (　　　)

04 다음은 어떤 이온을 핵 전하량과 전자 배치로 나타낸 모형이다. 이 이온의 전체 전하는 얼마인지 쓰시오. (예 +1, -1)

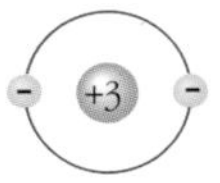

05 다음 모형이 나타내는 이온은 음이온인지 양이온인지 쓰시오.

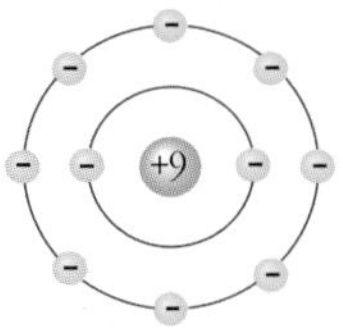

06 다음은 구리 이온의 이온식을 나타낸 것이다. 구리 원자가 잃어버린 전자 수는 몇 개인가?

Cu^{2+}

(　　　) 개

07 다음 〈보기〉의 이온을 양이온과 음이온으로 나누어 기호로 쓰시오.

〈보기〉

ㄱ. Li^{+}　　ㄴ. F^{-}　　ㄷ. Cu^{2+}　　ㄹ. S^{2-}

· 양이온 : (　　　)

· 음이온 : (　　　)

08 다음은 원자 X가 이온이 되는 과정을 나타낸 모형이다.

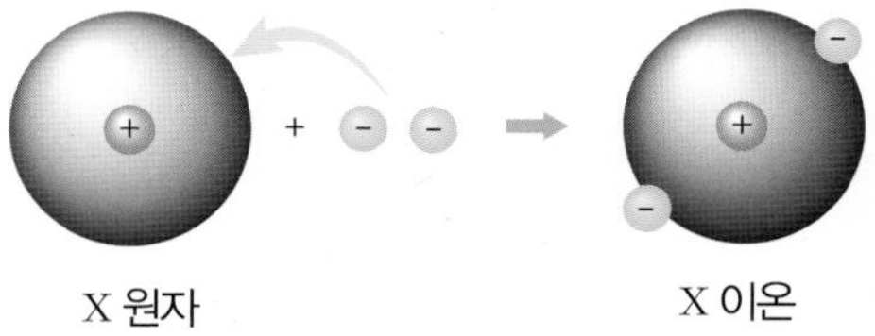

X 이온의 이온식을 X를 사용하여 나타내시오.

09 다음 이온식에 맞는 이온의 이름을 각각 쓰시오.

(1) Na^+ : (　　　　) 이온
(2) Mg^{2+} : (　　　　) 이온
(3) Cl^- : (　　　　) 이온

10 이온과 그 이온의 이온식을 찾아 선으로 연결하시오.

(1) 칼슘 이온 · 　　　· ㉠ SO_4^{2-}
(2) 황산 이온 · 　　　· ㉡ OH^-
(3) 수산화 이온 · 　　　· ㉢ Al^{3+}
(4) 알루미늄 이온 · 　　　· ㉣ Ca^{2+}

11 다음 〈보기〉 중 양이온에 대한 설명으로 알맞은 것을 모두 고른 것은?

〈보기〉
ㄱ. 전체 전하는 (+)이다.
ㄴ. 원자가 양성자를 얻어서 형성된다.
ㄷ. (+)전하의 총합이 (−)전하의 총합보다 많다.

① ㄱ　② ㄴ　③ ㄱ, ㄴ
④ ㄱ, ㄷ　⑤ ㄴ, ㄷ

12 다음 모형은 원자와 이온을 나타낸 것이다. (원자)-(그 원자로부터 형성된 이온)을 바르게 짝지은 것은?

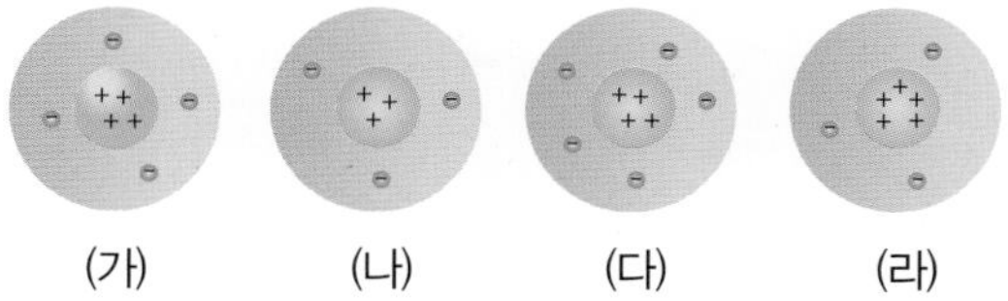

① (가) - (나)　② (가) - (다)　③ (가) - (라)
④ (나) - (다)　⑤ (나) - (라)

13 다음 이온식에 대한 설명으로 옳지 않은 것은?

Cl^-

① 전체 전하는 −1이다.
② 염화 음이온이라고 읽는다.
③ 이동한 전자의 수는 1개이다.
④ 원자일 때보다 전자의 수가 많다.
⑤ 식으로 나타내면 Cl + ⊖ → Cl^-이다.

14 다음은 A 이온을 나타낸 것이다. 이 이온의 이온식으로 알맞은 것은?

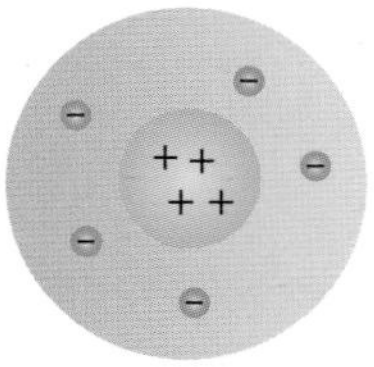

① A^+　② A^{4+}　③ A^-
④ A^{4-}　⑤ A^{5-}

15 다음은 어떤 원자가 이온이 되는 과정을 나타낸 모형이다.

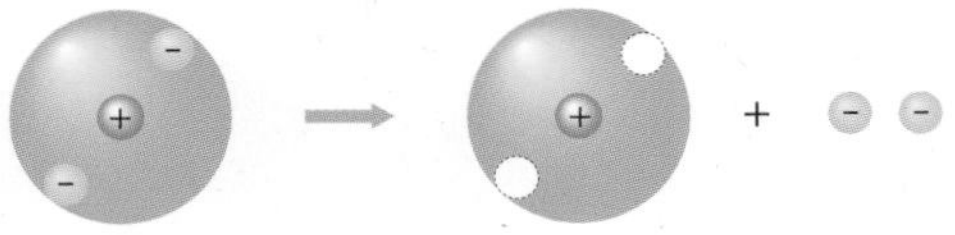

위 모형과 같은 방법으로 형성된 이온은?

① K^+ ② Mg^{2+} ③ Al^{3+}
④ F^- ⑤ S^{2-}

16 이온이 형성될 때 전자의 이동량이 가장 많은 이온은?

① K^+ ② Ca^{2+} ③ Al^{3+}
④ Cl^- ⑤ S^{2-}

17 다음은 나트륨 원자가 나트륨 이온으로 변하는 모형을 나타낸 것이다. 모형에 대한 다음 설명 중 옳지 않은 것은?

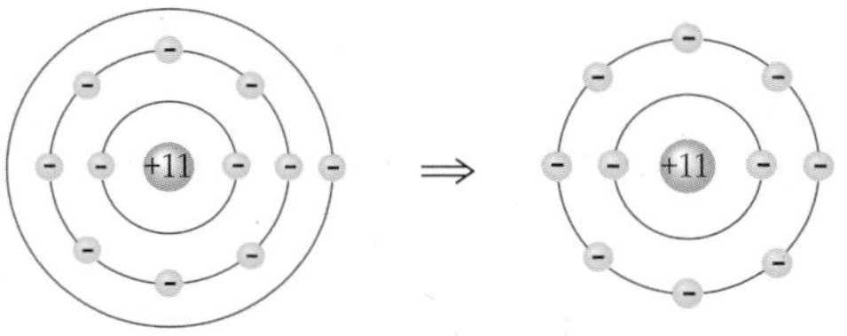

① 양성자 수는 같다.
② 빠져나가는 전자의 수는 1개이다.
③ 나트륨 이온의 전체 전하는 +1이다.
④ 나트륨 이온의 이온식은 Na^+이다.
⑤ 모형을 식으로 나타내면 Na + ⊖ → Na^+이다.

18 원자가 이온이 되는 과정을 나타낸 식으로 가장 알맞은 것은? (단, ⊖는 전자를 나타낸다.)

① K + ⊖ → K^+ ② Ca → Ca^{2+} + ⊖
③ Cl + ⊖ → Cl^- ④ S → S^{2-} + 2⊖
⑤ Al + 3⊖ → Al^{3+}

19 다음 〈보기〉에 주어진 이온식과 이온의 이름이 바르게 짝지어진 것을 모두 고른 것은?

〈보기〉
ㄱ. Li^+ : 리튬 이온 ㄴ. F^- : 플루오린 이온
ㄷ. O^{2-} : 산화 이온 ㄹ. Ca^{2+} : 칼슘화 이온

① ㄱ, ㄴ ② ㄱ, ㄷ ③ ㄱ, ㄹ
④ ㄴ, ㄷ ⑤ ㄴ, ㄹ

20 다음 빈칸에 알맞은 이온식과 이온의 이름을 골라서 기호를 쓰시오.

이온 이름	수산화 이온	㉠ ( )	㉡ ( )
이온식	㉢ ( )	NO_3^-	CO_3^{2-}

〈보기〉
① OH^- ② SO_4^{2-}
③ 질산 이온 ④ 황산 이온 ⑤ 탄산 이온

정답 및 해설 32쪽

창의력 서술

21 철(Fe)은 공기 중에 오래 있거나, 물과 만나면 철 이온(Fe^{3+})으로 바뀌면서 붉은색의 녹(산화 철)을 형성한다. 수지는 붉은색의 녹을 긁어내어 철과 비교하는 실험을 하였다.

[수지의 탐구 결과]

ㄱ. 자석을 갖다대니 둘 다 붙었다.
ㄴ. 10 g 의 철과 산화 철의 부피를 각각 재어보니 철은 1.4 mL, 산화 철은 1.9 mL 가 되었다.
ㄷ. 인터넷으로 검색해 보니 철의 녹는점은 1538℃, 산화 철의 녹는점은 1550℃이다.

수지의 탐구 결과를 통해 철과 철 이온이 함유된 산화 철은 다른 물질임을 설명하시오.

22 다음 그림은 몇 가지 이온을 모형으로 나타낸 것이다. (가)~(다) 중 양이온을 고르고, 그 이유를 쓰시오.

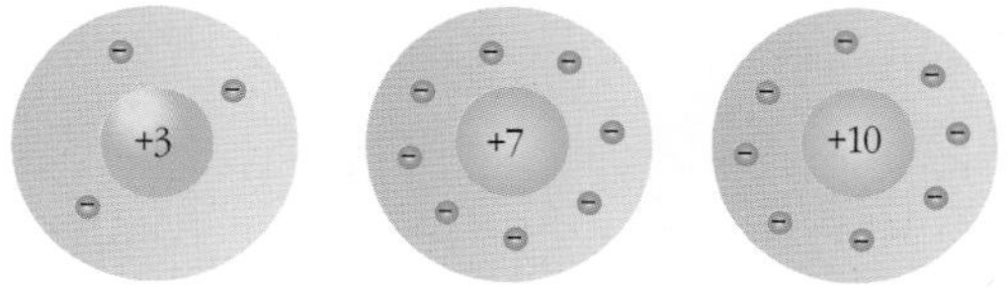

(가) (나) (다)

12강. 화합물

● 전자 배치

첫 번째 전자 껍질에는 전자를 2개까지 채울 수 있다.

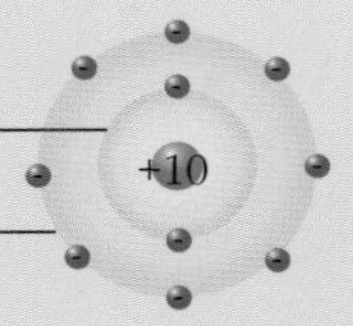

두 번째 전자 껍질부터 전자를 8개까지 채울 수 있다.

▶ 원자들은 궤도에 전자를 꽉 채워 안정한 전자 배치를 가지기 위해 화학 결합을 한다.

● 이온 결합 과정

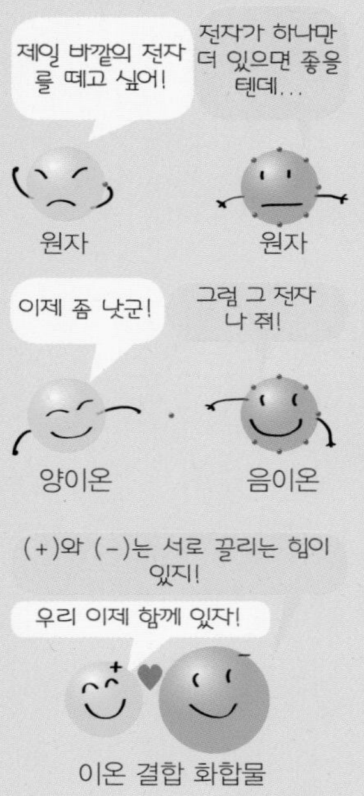

1. 이온 결합 1

(1) 이온 결합 : 양이온과 음이온 사이의 정전기적 인력에 의해 생성되는 결합이다.

(2) 이온 결합 과정

① 양이온과 음이온의 전하량이 같은 경우

(예) 염화 나트륨(NaCl), 산화 칼슘(CaO), 산화 마그네슘(MgO) 등

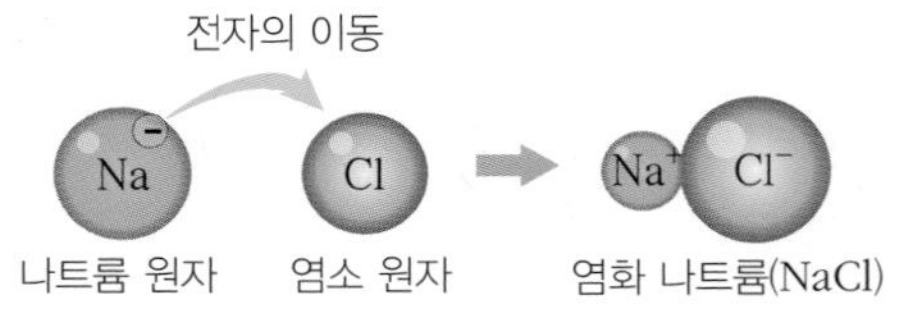

$Na^{+} : Cl^{-} = 1 : 1 \Rightarrow NaCl$

② 양이온과 음이온의 전하량이 다른 경우

(예) 염화 칼슘($CaCl_2$), 염화 마그네슘($MgCl_2$), 산화 철(Fe_2O_3) 등

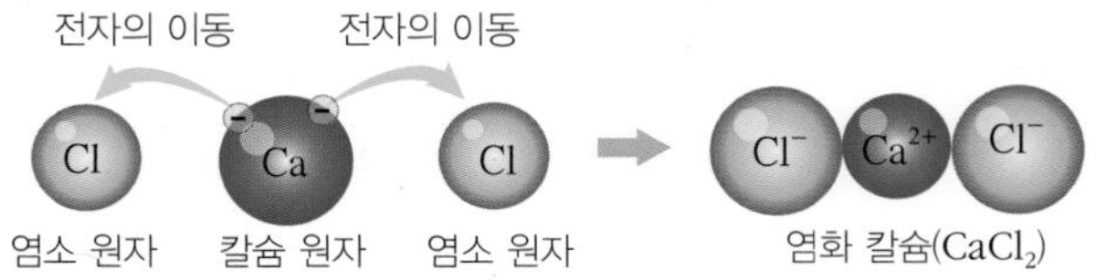

$Ca^{2+} : Cl^{-} = 1 : 2 \Rightarrow CaCl_2$

양이온의 총 전하량 + 음이온의 총 전하량 = 0

개념확인 1 양이온과 음이온 사이에 정전기적 인력으로 형성되는 결합을 무엇이라고 하는가?

확인 +1 $CaCl_2$의 양이온과 음이온의 개수비를 쓰시오.

Ca^{2+} 의 개수 : Cl^{-} 의 개수 = (   ) : (   )

미니사전

전자 껍질 특정한 에너지를 가진 전자가 움직이는 궤도

궤도 물체가 운동하는 일정한 길

결합 두 가지 이상의 물질이 뭉치거나 합쳐지는 것

2. 이온 결합 2

(1) 이온 결합 화합물

① 결정 구조 : 양이온과 음이온이 계속해서 반복적으로 연결되는 구조이다.
② 단단하지만 외부 충격에 의해 잘 부스러진다.
③ 화학식으로 표현할 수 있다.
④ 대부분 물에 잘 녹는다.

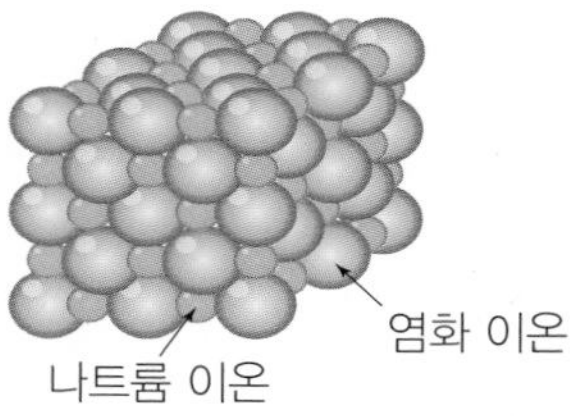

▲ 염화 나트륨의 이온 결정 구조

(2) 이온 결합 화합물의 화학식

① 물질을 이루는 원소의 종류와 개수비를 원소 기호와 숫자를 이용하여 나타낸 식
② 양이온을 먼저 쓰고, 음이온을 나중에 쓴다.
③ 읽을 때는 음이온을 먼저 읽고, 양이온을 나중에 읽는다.

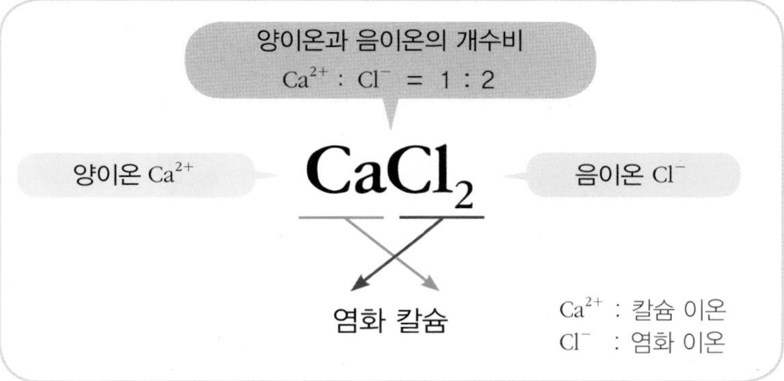

○ 간단실험
이온 결합 화합물 비교하기
준비물 : 소금(NaCl), 황산 구리($CuSO_4$), 돋보기
〈실험 과정〉
소금과 황산 구리의 결정을 돋보기로 관찰한 후 결정을 만져보고, 손으로 부스러 본다.

▲ 소금 (NaCl)

▲ 황산 구리 ($CuSO_4$)

▲ 소금 결정

정답 및 해설 33쪽

개념확인 2 이온 결합으로 생성된 물질을 무엇이라고 하는가?

확인 +2 다음 〈보기〉의 이온으로 형성된 화합물의 화학식을 쓰고 그 화합물의 이름을 쓰시오.

〈 보기 〉
Ag^+ (은 이온)　　Cl^- (염화 이온)

미니사전
화합물 두 가지 이상의 원소로 이루어진 물질
결정 물질을 이루는 원자들이 규칙적으로 배열되어 있는 고체

3. 공유 결합 1

(1) 공유 결합 : 원자들이 전자를 서로 공유하여 분자가 만들어지는 결합이다.

(2) 공유 결합 과정

① 같은 종류의 원자 사이의 공유 결합 (홑원소 물질)

(예) 수소(H_2), 산소(O_2), 질소(N_2) 등

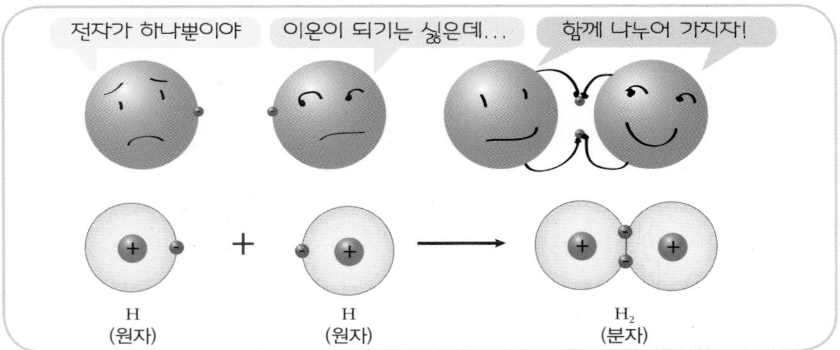

② 다른 종류의 원자 사이의 공유 결합 (화합물)

(예) 물(H_2O), 이산화 탄소(CO_2), 암모니아(NH_3) 등

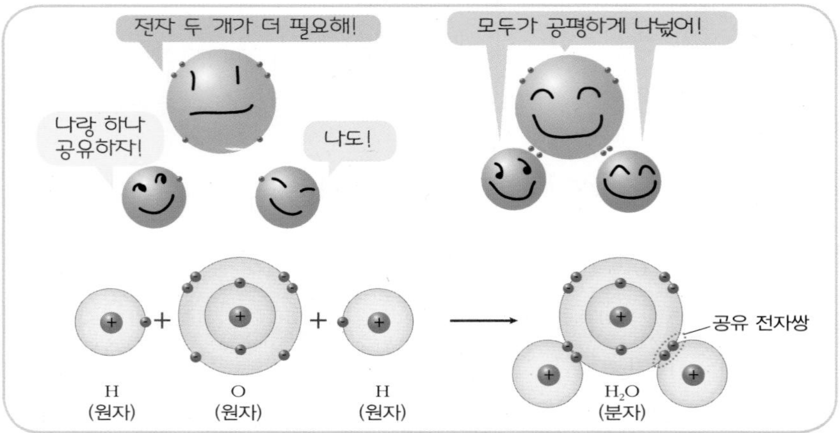

● **홑원소 물질**
한 가지 원소로만 이루어진 물질이다.

▲ 다이아몬드 (탄소)

▲ 흑연 (탄소)

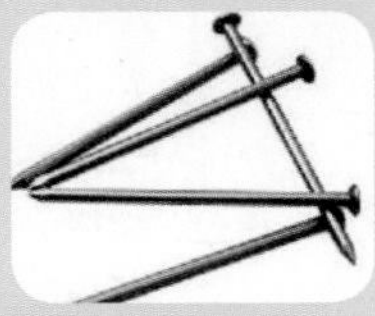
▲ 철 못 (철)

● **공유 전자쌍**
공유 결합에서 두 원자가 각각 내어놓은 전자를 서로 공유한 전자쌍을 말한다.

개념확인 3 **원자들이 전자를 공유하여 형성되는 결합을 무엇이라고 하는가?**

확인 +3 **다음 빈칸에 알맞은 수를 써 넣으시오.**

수소 분자는 수소 원자들이 각각 전자를 (   )개씩 내놓아 만든 전자쌍을 공유한다.

미니사전
공유 함께 나누어 가짐

4. 공유 결합 2

(1) 공유 결합 물질

① 전기 전도성이 없다.
② 물에 잘 녹지 않는 것이 많다.
③ 공유 결합의 결과로 분자가 생성된다.

(2) 분자 : 원자로 구성된 물질의 성질을 지니는 가장 작은 입자이다.

(3) 분자식

① 분자를 이루는 원소의 종류와 개수를 원소 기호와 숫자를 이용하여 나타낸 화학식이다.
② 분자식을 나타내는 방법

③ 분자식으로 알 수 있는 것 : 분자의 종류와 개수, 분자를 이루는 원자의 종류와 개수, 개수비 등

● 여러 가지 분자 모형

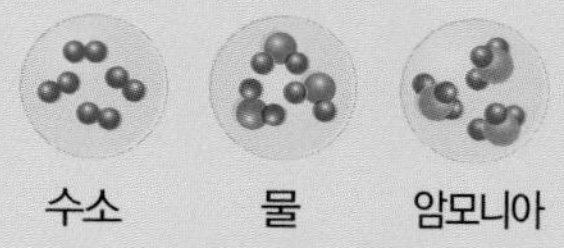

이름	수소 (H_2)	물 (H_2O)	암모니아 (NH_3)
분자 수	4	3	3
분자 1개를 이루는 원자 수	2	3	4

정답 및 해설 33쪽

개념확인 4 공유 결합의 결과로 생성된 입자를 무엇이라고 하는가?

● 생각해보기★
이온 결합 물질과 공유 결합 물질은 모두 분자 상태라고 말할 수 있을까?

확인 + 4 다음 분자식을 보고 빈칸에 알맞은 수를 쓰시오.

$$2NH_3$$

(1) 암모니아 분자의 개수 : (　　　)개
(2) 질소 원자의 총 개수 : (　　　)개
(3) 분자 1개당 수소 원자의 개수 : (　　　)개
(4) 분자 1개를 이루는 질소 원자와 수소 원자의 개수비
질소 : 수소 = (　　　) : (　　　)

개념 다지기

01 다음 중 이온 결합에 대한 설명으로 옳지 않은 것은?

① 양이온과 음이온의 전하량의 합은 0이다.
② 양이온과 음이온 사이의 인력에 의해 형성된다.
③ 양이온과 음이온이 항상 1 : 1의 개수비로 결합한다.
④ 이온 결합으로 생성된 물질을 이온 결합 화합물이라고 한다.
⑤ 이온 결합 화합물은 양이온과 음이온이 계속적으로 반복되는 결정 구조이다.

02 다음 중 양이온과 음이온이 1 : 1의 개수비로 결합한 것은?

① $MgCl_2$ ② $CaCl_2$ ③ $BaCl_2$ ④ $NaCl$ ⑤ Fe_2O_3

03 다음 중 이온 결합 화합물과 그 이름이 바르게 짝지어진 것은?

① CaO - 칼륨화 산소
② $CaCO_3$ - 칼슘 탄산
③ MgO - 산화 마그네슘
④ $MgCl_2$ - 염소 마그네슘
⑤ $CaCl_2$ - 칼슘화 염소

정답 및 해설 33쪽

04 다음 중 공유 결합에 대한 설명으로 옳지 않은 것은?

① 공유 결합의 결과로 분자가 생성된다.
② 공유 결합 물질은 대부분 전기 전도성이 없다.
③ 공유 결합 물질은 물에 잘 녹지 않는 것이 많다.
④ 원자들이 전자를 서로 공유하여 생기는 결합이다.
⑤ 결합에 참여하는 원자들은 항상 전자를 한 개씩만 내놓는다.

05 다음 분자식에 대한 설명으로 옳지 않은 것은?

$4CO_2$ 이산화 탄소

① 탄소 원자는 총 4개이다.
② 산소 원자는 총 8개이다.
③ 이산화 탄소 분자는 총 4개이다.
④ 한 분자를 이루는 산소 원자는 2개이다.
⑤ 한 분자를 이루는 탄소 원자와 산소 원자의 개수비는 2 : 1이다.

06 다음 중 분자 1개를 구성하는 원자의 개수가 가장 많은 것은?

① $2O_2$ ② NH_3 ③ CH_4 ④ CH_3OH ⑤ H_2O_2

[유형12-1] 이온 결합 1

다음 그림과 같은 전자의 이동에 의해 생성되는 화합물은 무엇인가?

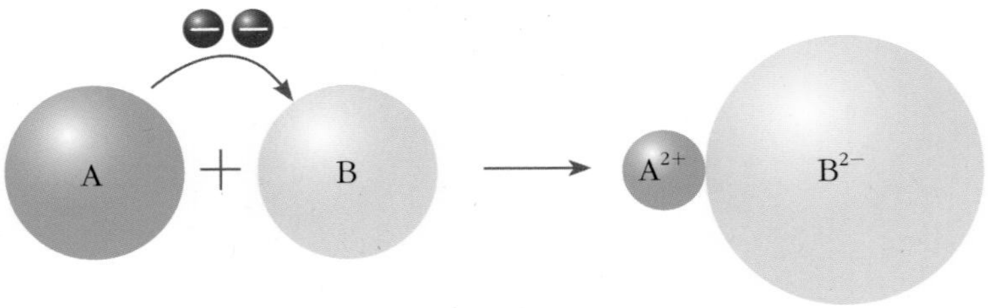

① Na_2SO_4 ② $CaCl_2$ ③ MgO ④ $MgCl_2$ ⑤ Fe_2O_3

Tip!

01 아래의 그림은 나트륨 원자와 염소 원자가 결합하여 화합물을 만드는 과정을 나타낸 것이다. 빈칸에 알맞은 이온식 또는 화학식을 쓰시오.

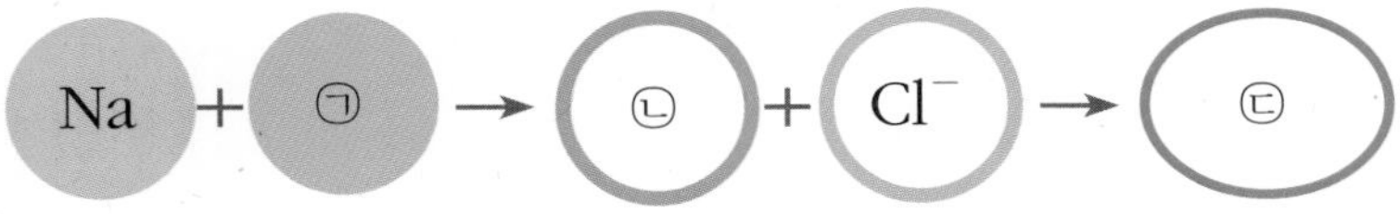

02 다음 빈칸에 알맞은 말을 넣으시오.

이온 결합에 의해 화합물이 형성될 때는 양이온의 총 전하와 음이온의 총 전하가 같아서 화합물이 전기적으로 (　　　　)이 되는 개수비로 양이온과 음이온이 결합한다.

[유형12-2] 이온 결합 2

다음 중 화합물의 이름, 화합물을 구성하는 이온과 화합물의 화학식을 바르게 짝지은 것을 모두 고르시오.

	화합물	양이온	음이온	화학식	양이온 : 음이온
①	염화 마그네슘	Mg^{+}	Cl^{2-}	$MgCl_2$	1 : 2
②	산화 철	Fe^{3+}	O^{2-}	Fe_2O_3	2 : 3
③	마그네슘화 산소	Mg^{2+}	O^{2-}	MgO	1 : 1
④	산화 칼슘	Ca^{2+}	O^{2-}	CaO	1 : 1

03 다음 중 이온 결합과 이온 결합 화합물에 대한 설명으로 옳지 않은 것을 고르시오.

① 양이온과 음이온은 전자쌍을 공유한다.
② 이온 결합 화합물은 대부분 물에 잘 녹는다.
③ 이온 결합 화합물은 외부 충격에 의해 잘 부스러진다.
④ 양이온과 음이온 사이에 작용하는 힘은 정전기적 인력이다.
⑤ 이온 결합 화합물은 양이온과 음이온이 규칙적으로 끊임없이 결합하여 결정을 이룬다.

04 다음 빈칸에 알맞은 말을 고르시오

이온 결합 화합물의 화학식을 쓸 때는 ㉠(양이온 , 음이온)을 먼저 쓰고, 화학식을 읽을 때는 ㉡(양이온 , 음이온)을 먼저 읽는다.

Tip!

유형 익히기 & 하브루타

[유형12-3] 공유 결합 1

다음 그림은 수소와 산소가 결합하여 물이 생성되는 과정을 나타낸 것이다.

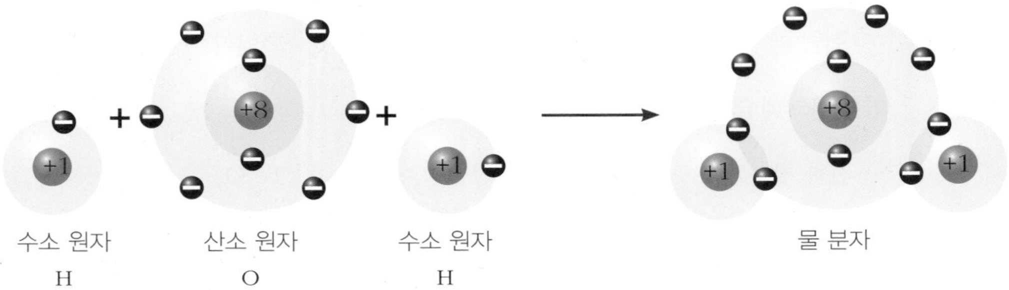

(1) 수소와 산소는 어떤 결합을 통해 물을 생성하는지 쓰시오.

(2) 위에서 생성된 물 분자를 분자식으로 나타내시오.

Tip!

05 다음 빈칸에 알맞은 말을 넣으시오.

공유 결합은 원자들이 전자를 서로 ㉠(   )하여 형성되는 결합으로 이 결합에 의해 생성된 물질은 ㉡(   ) 상태로 존재한다.

06 다음 중 3HCl를 나타내는 모형으로 적당한 것은?

① 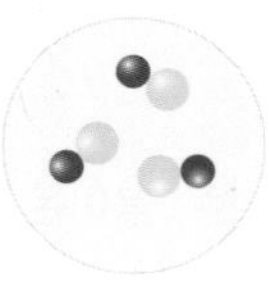 ②  ③ 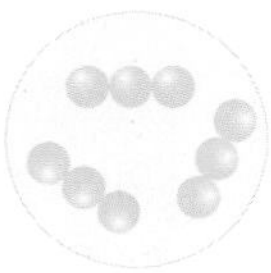

④ 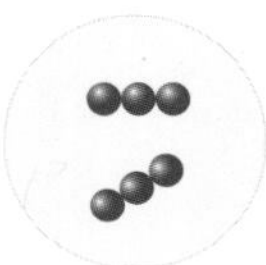 ⑤ 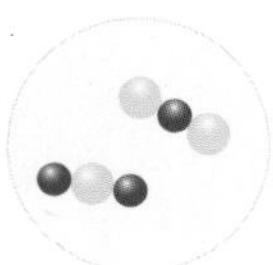

정답 및 해설 33쪽

[유형12-4] 공유 결합 2

다음 그림은 수증기와 염화 나트륨의 모형을 나타낸 것이다.

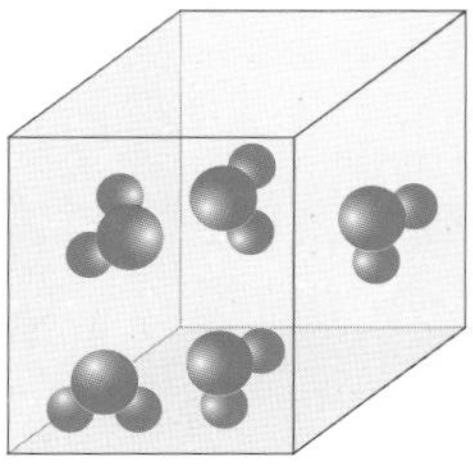

(가) 수증기

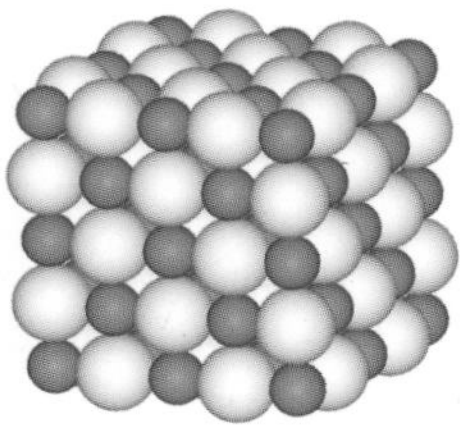

(나) 염화 나트륨

위 모형에 대한 설명으로 옳은 것은?

① 수증기는 H_2O로 나타낼 수 있다.
② 염화 나트륨은 분자식으로 나타낼 수 있다.
③ 수증기가 액화하면 (나)와 같은 구조를 갖는다.
④ 염화 나트륨은 2개의 원자로 이루어진 분자이다.
⑤ 수증기가 얼음으로 상태 변화하면 분자 구조가 바뀌기 때문에 성질이 달라진다.

07

다음은 설탕의 분자식을 나타낸 것이다. 다음 물음에 답하시오.

$$C_{12}H_{22}O_{11}$$

(1) 설탕에 포함된 원소의 종류는 모두 몇 개인가? (　　)개
(2) 설탕 한 분자 속에 포함된 원자의 총 개수는 몇 개인가? (　　)개

08

다음은 물질을 이루고 있는 성분이나 입자에 대한 설명이다. 각 설명에 해당하는 입자를 〈보기〉에서 골라 기호로 쓰시오.

〈 보기 〉
㉠ 원소　　㉡ 원자　　㉢ 분자

(1) 물질을 구성하는 기본 입자 (　　)
(2) 물질의 고유한 성질을 지니는 가장 작은 입자 (　　)
(3) 더 이상 다른 물질로 분해되지 않는 물질을 구성하는 기본 성분 (　　)

Tip!

01

원자들은 안정한 전자 배치를 하기 위해서 이온 결합, 공유 결합 등의 화학 결합을 하게 된다. 이온 결합은 양이온이 되기 쉬운 원소와 음이온이 되기 쉬운 원소 사이에서 전자를 주고 받아 형성되는데, 이때 주고받은 전자의 개수가 같기 때문에 이온 결합 화합물은 전기적으로 중성이다. 공유 결합은 두 원자가 전자쌍을 공유함으로써 형성되는 결합이다.

이온 결합 화합물

공유 결합 화합물

이온 결합은 이온과 이온 사이에 일어나는 정전기적 인력의 힘으로 결합해 결정을 만들고, 공유 결합은 원자 사이 전자쌍을 공유하며 분자를 형성한다. 그렇다면 공유 결합과 이온 결합중 어떤 결합이 더 강할까? 각자의 생각을 정리해 보자.

정답 및 해설 34쪽

02

주기율표에서 같은 족에 포함된 원소는 원자가 전자 수가 같기 때문에 원자의 화학적 성질이 비슷하다. 따라서 같은 족의 원소들은 이온이 되는 과정이 비슷하다.

족 / 주기	1	2	13	14	15	16	17	18
1	1 H 수소							2 He 헬륨
2	3 Li 리튬	4 Be 베릴륨	5 B 붕소	6 C 탄소	7 N 질소	8 O 산소	9 F 플루오린	10 Ne 네온
3	11 Na 나트륨	12 Mg 마그네슘	13 Al 알루미늄	14 Si 규소	15 P 인	16 S 황	17 Cl 염소	18 Ar 아르곤
4	19 K 칼륨	20 Ca 칼슘						

금속 원소
비금속 원소

(1) 양이온이 되기 쉬운 족과 음이온이 되기 쉬운 족은 무엇일까?

(2) 어떤 족끼리 이온 결합이 잘 형성될지 이유와 함께 서술해 보자.

03

이온 결정은 한 이온이 반대 전하를 띠는 여러 개의 이온들과 결합되어 있기 때문에 매우 단단하다. 하지만 이온 결정은 외부에서 힘을 가하면 층을 이루면서 쪼개지거나 부서진다. 아래 그림과 같이 외부에서 힘을 가할 때, 이온 결정이 쪼개지는 모양을 그려 보고 그런 모양으로 쪼개지는 이유를 함께 서술해 보자.

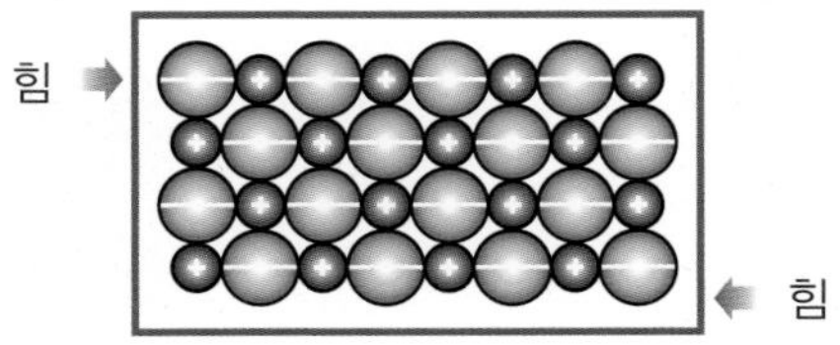

04 수소 원자는 원자가 전자가 1개이므로 2개의 원자가 각각 1개의 전자를 내놓아 전자쌍을 만들어 공유함으로써 수소 분자를 형성하게 된다.

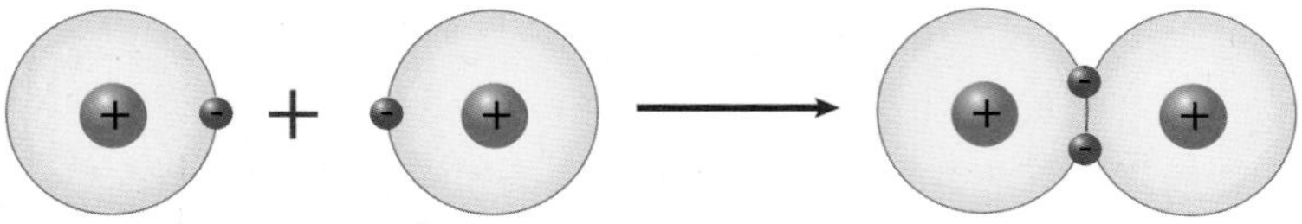

원자가 전자 수가 6개인 산소 원자는 가장 바깥의 전자 껍질에 8개의 전자가 배치되기 위해서는 2개의 전자가 더 필요하다. 그렇다면 산소 분자를 형성하기 위해서는 산소 원자 2개가 어떻게 결합하여야 할까?

(1) 산소 원자 2개가 공유 결합하는 분자 모형으로 그려 보고, 그렇게 그린 이유를 함께 서술해 보자.

(2) 수소 분자가 공유 결합을 하고 있는 형태를 한 눈에 알아보기 쉽게 나타내 보자.

정답 및 해설 34쪽

05 공유 전자쌍은 (−)전하를 띠고 있다. 공유 전자쌍은 서로의 반발력 때문에 가능하면 멀리 떨어져 전자쌍들 사이의 반발을 최소로 하는 배치를 가지려고 한다. 예를 들어 BeF_2(플루오린화 베릴륨)은 전자쌍 사이의 반발때문에 180°의 각도로 아래와 같은 직선형 구조를 이룬다.

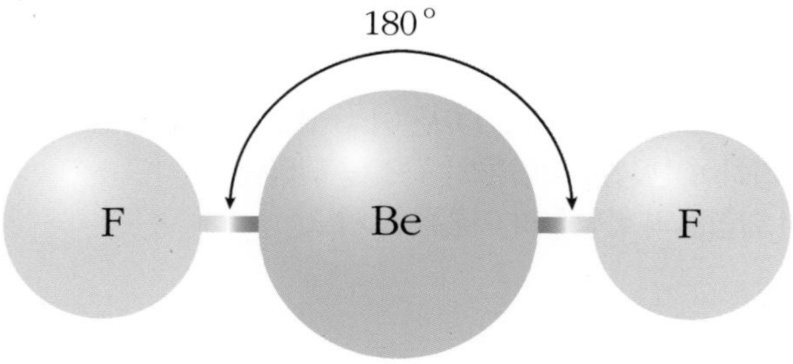

LNG 가스로 쓰이는 메테인(CH_4)은 탄소와 수소의 공유 결합으로 만들어진 공유 결합 물질이다. 메테인의 분자에서 4개의 공유 전자쌍이 반발하면 어떠한 배치를 가져야 할까? 각자 메테인의 분자 모형을 그려 보고 그 이유를 함께 서술해 보자.

스스로 실력 높이기

01 다음 빈칸에 알맞은 말을 넣으시오.

물질을 이루는 원소의 종류와 개수를 원소 기호와 숫자로 나타낸 식을 ( )이라고 한다.

02 다음 그림은 나트륨 이온과 염화 이온이 1 : 1의 개수비로 결합하여 생성된 화합물의 구조를 나타낸 것이다. 이 화합물의 화학식과 이름을 쓰시오.

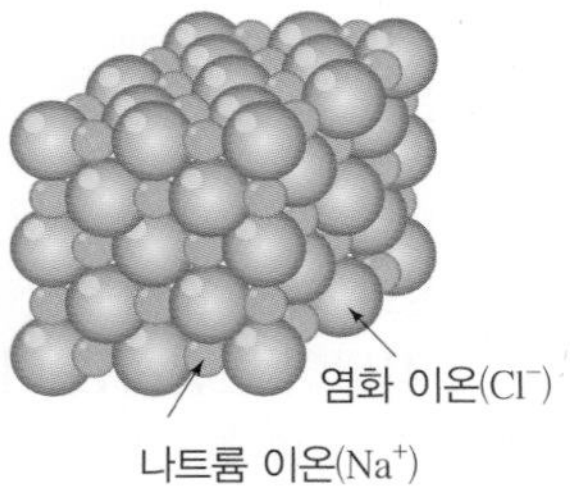

03 다음 빈 칸에 알맞은 말을 〈보기〉에서 찾아서 기호로 쓰시오.

〈 보기 〉

㉠ 1 : 2	㉡ 1 : 3	㉢ 2 : 1
㉣ CaCl	㉤ Ca_2Cl	㉥ $CaCl_2$

(1) Ca^{2+}과 Cl^-은 ( )의 개수비로 결합하여 화합물을 이룬다.

(2) 이 화합물의 화학식은 ( )이다.

04 다음 그림은 이온 모형을 나타낸 것이다. 이 모형들로 생성할 수 있는 화합물을 화학식으로 나타내시오.

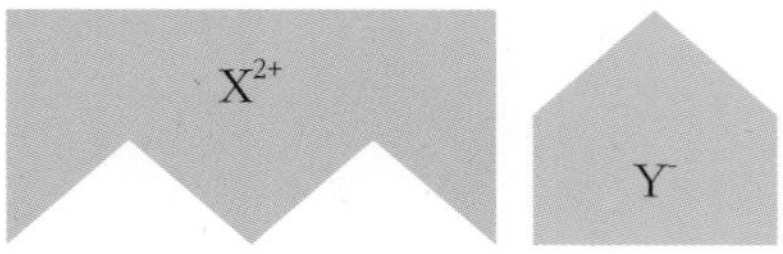

05 다음 그림은 어떤 화합물을 만드는 과정을 나타낸 모형이다.

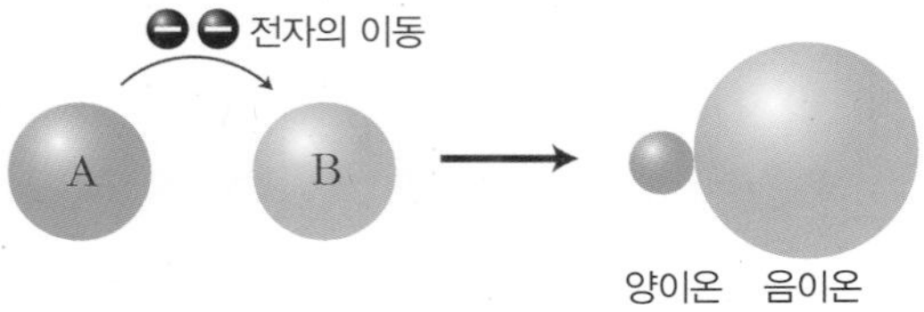

위와 같은 과정으로 만들어진 화합물을 〈보기〉에서 모두 고르시오.

〈 보기 〉

ㄱ. SO_2	ㄴ. $MgCl_2$
ㄷ. MgO	ㄹ. Fe_2O_3

06 다음 빈칸에 알맞은 말을 고르시오.

물 분자는 ㉠(산소 , 수소) 원자 1개와 ㉡(산소 , 수소) 원자 2개가 ㉢(이온 , 공유) 결합하여 이루어진 화합물이다.

07 다음 중 물질의 이름은 화학식으로, 화학식은 이름으로 나타내시오.

(1) 질소 : ( )

(2) KCl : ( )

(3) CO_2 : ( )

08 공유 결합에 대한 설명으로 옳은 것은 ○표, 옳지 않은 것은 ×표 하시오.

(1) 2개 이상의 원자들이 전자를 공유하여 분자가 생성되는 결합이다. ( )

(2) 산소, 수소, 질소 등의 기체는 공유 결합으로 생성된 물질이다. ( )

(3) 공유 결합을 하는 원자들은 대부분 (+)전하를 띤다. ( )

09 다음 분자식을 보고 아래의 설명에 알맞은 말을 〈보기〉에서 찾아서 쓰시오.

$$3H_2O$$

〈보기〉
물 분자, 물 원자, 산소 원자,
수소 원자, 양이온, 음이온

위와 같은 분자식에서 분자식 앞의 숫자 3은 ㉠(　　　　)의 개수를, 원소 기호 옆에 있는 숫자 2는 ㉡(　　　　)의 개수를 나타낸다.

10 다음 빈칸에 아래의 분자식을 통해 알 수 있는 사실을 쓰시오.

$$2N_2O_3$$

(1) 분자 수 (　　)개
(2) 분자 1개를 이루는 원자 수 (　　)개
(3) 분자 1개를 이루는 질소과 산소의 개수비 (　:　)

11 다음은 염화 나트륨 결정을 모형으로 나타낸 것이다. 이 모형에 대한 설명으로 옳지 않은 것은?

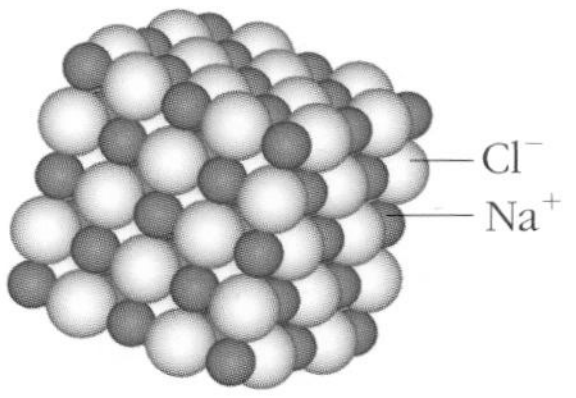

① 이온 결합 화합물이다.
② 화학식은 ClNa 이다.
③ 이와 같은 구조를 이온 결정이라고 한다.
④ 염소 원자는 전자 1개를 얻어 음이온이 되었다.
⑤ 나트륨 원자는 전자 1개를 잃고 양이온이 되었다.

12 다음 그림은 양이온과 음이온이 결합하여 이온 결합 화합물을 생성하는 반응을 모형으로 나타낸 것이다.

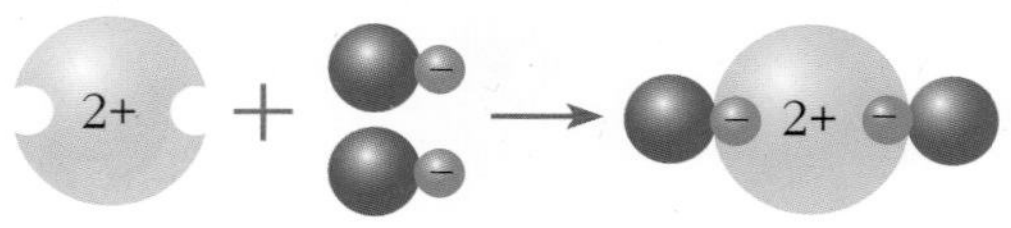

위와 같은 반응으로 생성된 이온 결합 화합물로 옳은 것은?

① MgO　② NaCl　③ $CuCl_2$
④ NaOH　⑤ $CaCO_3$

13 다음 중 이온 결합 화합물에 대한 설명으로 옳지 않은 것은?

① 대부분 물에 잘 녹는다.
② 화학식으로 표현할 수 있다.
③ 이온 결합 화합물은 분자의 상태로 있다.
④ 단단하지만 외부의 힘에 의해 부스러지기 쉽다.
⑤ 무수히 많은 양이온과 음이온이 규칙적으로 배열되어 있다.

14 다음 중 나트륨과 염소가 반응하여 이온 결합 화합물(NaCl)을 형성할 때 전자의 이동 방향을 바르게 나타낸 것은?

① 나트륨 이온 → 염화 이온
② 나트륨 원자 → 염소 원자
③ 염화 이온 → 나트륨 이온
④ 염소 원자 → 나트륨 원자
⑤ 나트륨 이온 → 나트륨 원자

15 다음 그림은 황화 철(FeS)이 되는 이온 결합 과정을 나타낸 것이다.

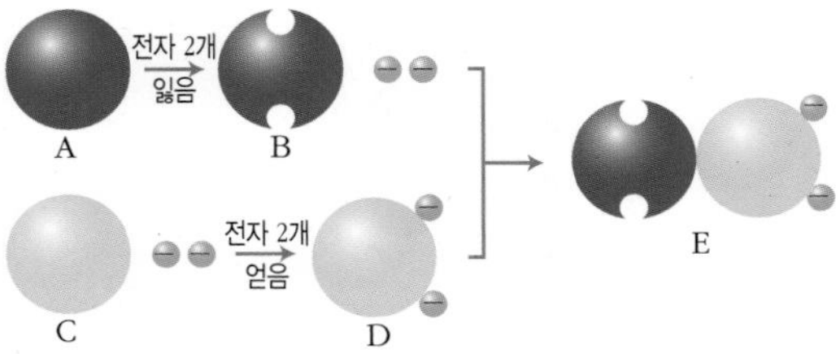

위 모형 A~E에 대한 설명으로 옳은 것을 모두 고르시오.(3개)

① A는 (+) 전하를 띤다.
② B는 Fe^{2+} 이고, D는 S^{2-}이다.
③ B와 D 사이에는 정전기적 인력이 작용한다.
④ E는 이온 결합에 의해 형성된 물질이다.
⑤ E는 분자이다.

16 다음 그림은 수소 원자와 산소 원자가 결합하여 물 분자를 생성하는 과정을 모형으로 나타낸 것이다.

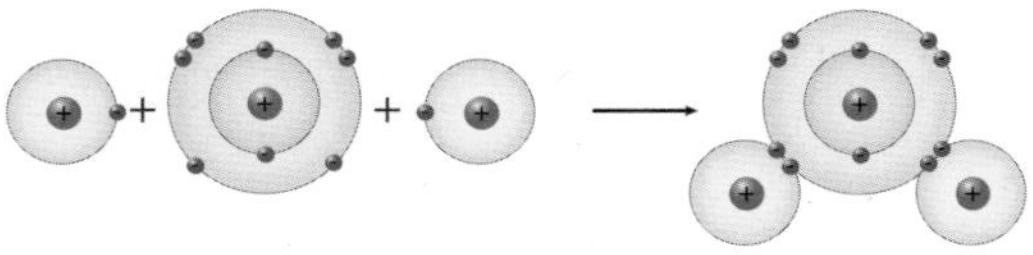

위 모형에 대한 설명으로 옳지 않은 것은?

① 물 분자는 공유 결합으로 생성된다.
② 산소 원자와 수소 원자의 개수비는 1 : 2 이다.
③ 수소 원자는 양이온이 되고, 산소 원자는 음이온이 된다.
④ 물 분자는 수소 원자 2개와 산소 원자 1개로 이루어진다.
⑤ 물 분자의 분자식은 H_2O이다.

17 다음 중 공유 결합 화합물을 모두 고르시오.(2개)

① H_2　② Cu　③ O_2
④ Mg　⑤ NaCl

18 다음 중 분자식을 통해 알 수 있는 것을 모두 고르시오.(2개)

① 분자의 크기
② 분자의 종류와 개수
③ 분자를 이루는 원자의 배열 상태
④ 분자를 이루는 원자의 종류와 개수
⑤ 분자를 이루는 원자의 크기

[19~20] 다음 그림은 여러 가지 물질을 분자 모형으로 나타낸 것이다.

(가)　(나)　(다)

19 위의 (가) ~ (다) 모형으로 표현할 수 있는 물질이 바르게 짝지어지지 않은 것은?

① (가) - H_2　② (가) - O_2
③ (나) - H_2O　④ (다) - NH_3
⑤ (다) - CH_4

20 위의 (가)~(다) 모형 중 ㉠ 분자 수가 가장 많은 것과 ㉡ 분자 1개를 구성하는 원자의 개수가 가장 많은 것을 차례대로 짝지은 것은?

	㉠	㉡
①	(가)	(나)
②	(가)	(다)
③	(나)	(가)
④	(나)	(다)
⑤	(다)	(다)

정답 및 해설 35쪽

창의력 서술

21 그림 (가)와 (나)는 수소 원자와 산소 원자가 결합한 물과 과산화 수소의 분자 모형을 나타낸 것이다. 물과 과산화 수소의 공통점과 차이점을 한 가지씩 쓰시오.

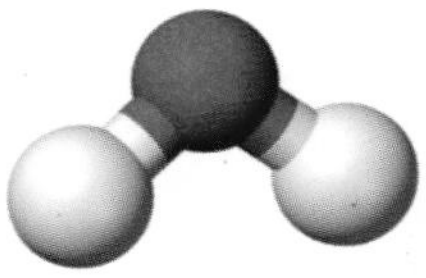

(가) 물

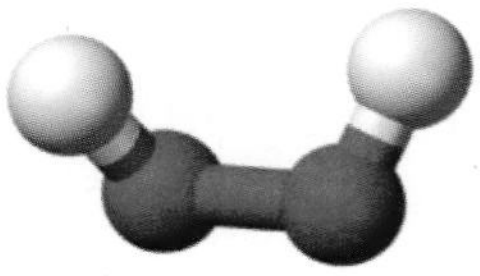

(나) 과산화 수소

22 BeH_2(수소화 베릴륨) 분자는 아래와 같이 직선형 구조이다. 이러한 직선형 구조가 만들어지는 이유는 무엇일까?

13강. 이온의 확인

1. 전해질과 이온화

(1) 이온화 : 물질이 물에 녹아서 양이온과 음이온으로 나누어지는 현상이다.

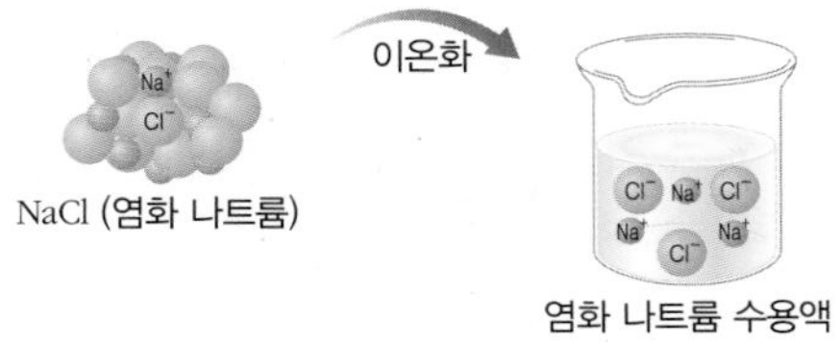

(2) 이온화식 : 이온화 과정을 간단한 식으로 나타낸 것이다.

NaCl	→	Na^+	+	Cl^-
물질		양이온		음이온

▲ 염화 나트륨의 이온화식

- 수산화 칼륨 : $KOH \rightarrow K^+ + OH^-$
- 황산 구리 : $CuSO_4 \rightarrow Cu^{2+} + SO_4^{2-}$
- 과망가니즈산 칼륨 : $KMnO_4 \rightarrow K^+ + MnO_4^-$

(3) 전해질 : 물에 녹아서 전류를 흐르게 하는 물질이다.
예 소금(염화 나트륨), 황산 구리 등

생각해보기★
설탕물은 전기가 흐를까?

개념확인 1 다음 물질의 이온화식을 나타내 보시오.

(1) KOH → (   )

(2) NaCl → (   )

확인 +1 다음 중 옳은 것은 ○표, 옳지 않은 것은 ×표 하시오.

(1) 이온화식은 이온화 과정을 간단한 식으로 나타낸 것이다. (   )
(2) 염화 나트륨이 이온화되면 나트륨 이온과 염산 이온이 된다. (   )
(3) 황산 구리의 이온화식은 $CuSO_4 \rightarrow Cu^{2+} + SO_4^{2-}$ 이다. (   )

2. 이온의 전하 확인

(1) 전류 : 단위 시간동안 흐른 전하의 양으로 전하의 흐름을 나타낸다.

(2) 전해질의 전류 흐름 : 이온이 존재하는 수용액에 전원 장치를 연결하면 양이온은 (−)극 쪽으로, 음이온은 (+)극 쪽으로 이동하여 전류가 흐른다.

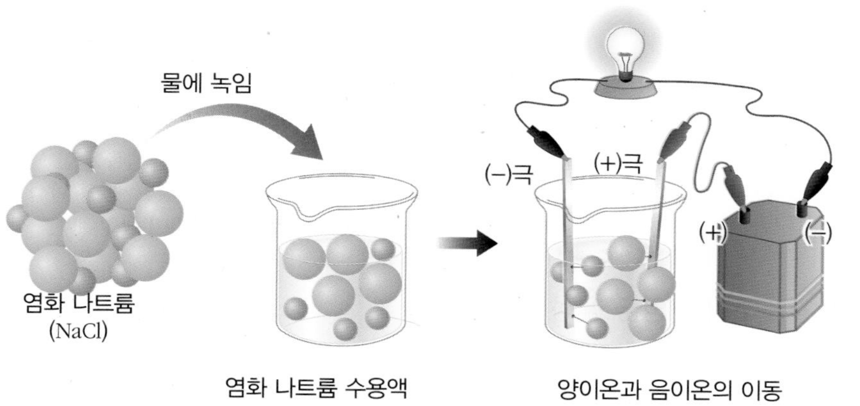

나트륨 이온(Na^+)은 (−)극 쪽으로 이동하고, 염화 이온(Cl^-)은 (+)극 쪽으로 이동한다.

○ 간단실험

전해질의 확인

준비물 : 소금, 수돗물, 전구, 전선, 건전지, 구리판

〈실험 과정〉

① 전구와 건전지를 연결한 구리판을 수돗물이 담긴 비커에 담근다.

② 수돗물에 소금을 녹인 후 회로를 연결하고 전구의 밝기를 관찰하여 소금을 녹이지 않았을 때의 전구의 밝기와 비교해 본다.

정답 및 해설 **36쪽**

개념확인 2 **괄호에 들어갈 말로 적당한 것을 고르시오.**

이온이 존재하는 수용액에 전원 장치를 연결하면 ㉠(양이온, 음이온)은 (−)극 쪽으로, ㉡(양이온, 음이온)은 (+)극 쪽으로 이동하여 전류가 흐른다.

확인+2 **다음 중 물에 녹였을 때 전류가 잘 통하는 물질이 아닌 것은?**

① 소금　　② 설탕
③ 황산 구리　　④ 과망가니즈산 칼륨
⑤ 수산화 칼륨

○ 생각해보기★★

소금은 물에 녹아서 염화 이온과 나트륨 이온이 되고, 황산 구리는 물에 녹아서 황산 이온과 구리 이온이 된다. 어떤 것이 전류가 더 많이 흐를까?

간단실험
앙금 만들기
준비물 : 소금물, 질산 은($AgNO_3$), 비커

〈실험 과정〉
소금물에 질산 은($AgNO_3$) 수용액을 조금씩 넣어 본다.

앙금의 색깔

▲ 염화 은 ($AgCl$)

▲ 탄산 칼슘 ($CaCO_3$)

▲ 아이오딘화 납 (PbI_2)

▲ 황화 납 (PbS)

3. 이온의 반응

(1) 앙금 : 양이온과 음이온이 강하게 결합한 물질로 물에 잘 녹지 않는다.

(2) 앙금 생성 반응 : 두 가지 이상의 전해질 수용액이 섞였을 때, 앙금이 생성되는 반응이다.

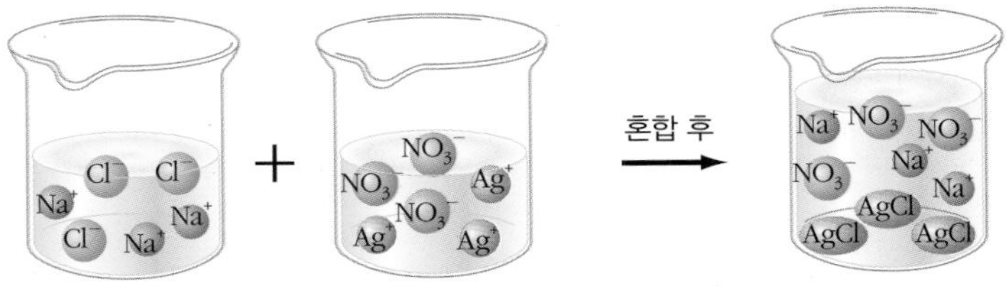

염화 나트륨 수용액　　질산 은 수용액　　앙금의 생성

$Ag^+ + Cl^- \rightarrow AgCl\downarrow$ (흰색 앙금)	염화 나트륨(NaCl) 수용액과 질산 은($AgNO_3$) 수용액을 섞어 주면 흰색 앙금인 염화 은(AgCl)이 생성된다.

(3) 여러 가지 앙금 생성 반응

① 염화 칼슘 + 탄산 나트륨 : $Ca^{2+} + CO_3^{2-} \rightarrow CaCO_3\downarrow$ (탄산 칼슘 : 흰색)

② 질산 납 + 아이오딘화 칼륨 : $Pb^{2+} + 2I^- \rightarrow PbI_2\downarrow$ (아이오딘화 납 : 노란색)

③ 질산 납 + 황화 나트륨 : $Pb^{2+} + S^{2-} \rightarrow PbS\downarrow$ (황화 납 : 검은색)

개념확인 3 괄호 안에 알맞은 말을 써 넣으시오.

> 두 가지 이상의 전해질 수용액을 섞을 때 (　　　　)과 (　　　　)이 강하게 결합하여 앙금을 생성하는 반응을 앙금 생성 반응이라 한다.

생각해보기★★★
조개 껍데기의 주성분은 무엇일까?

확인 + 3 질산 납 수용액과 황화 나트륨 수용액을 섞으니 검은색의 앙금이 생성되었다. 이 앙금의 화학식은?

① AgCl　　② $CaCO_3$　　③ PbI_2　　④ PbS　　⑤ KOH

4. 이온과 우리 생활

(1) 이온의 확인

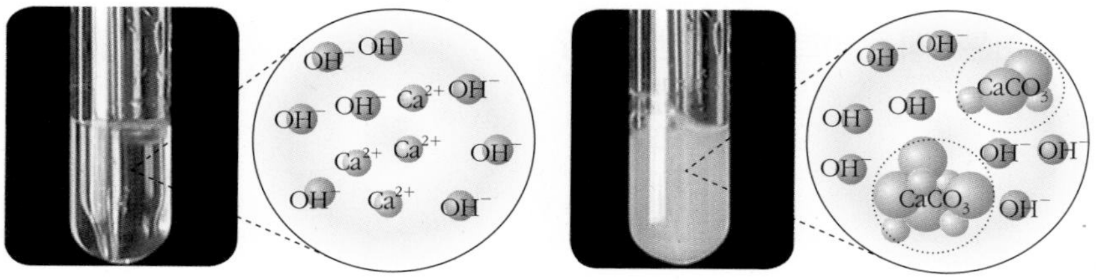

석회수($Ca(OH)_2$)에 입김(CO_2)을 불어넣으면 탄산 칼슘($CaCO_3$)이 생성되어 석회수가 뿌옇게 흐려진다. → 칼슘 이온(Ca^{2+})의 확인(입김에 포함된 이산화 탄소(CO_2)의 확인 방법이기도 함)

(2) 생활 속의 다양한 앙금 생성 반응

보일러의 관석 (탄산 칼슘)

주전자의 물때 (탄산 칼슘)

석회동굴 속 종유석(탄산 칼슘)

정답 및 해설 36쪽

개념확인 4 이산화 탄소를 확인할 때 사용하는 실험 방법으로 옳은 것은?

① 이산화 탄소를 물에 넣어 준다.
② 공기와 이산화 탄소를 섞어 준다.
③ 이산화 탄소를 석회수에 불어 넣는다.
④ 헬륨 가스와 이산화 탄소를 섞어 준다.
⑤ 질소 가스와 이산화 탄소를 섞어 준다.

확인 + 4 생활 속에서 볼 수 있는 앙금 생성 반응을 모두 고른 것은?

〈 보기 〉
㉠ 보일러의 관석　　㉡ 주전자의 물때
㉢ 화장실 변기의 때

① ㉠　② ㉡　③ ㉢　④ ㉠, ㉡　⑤ ㉡, ㉢

간단실험
석회수의 변신
준비물 : $Ca(OH)_2$, 비커

〈실험 과정〉
$Ca(OH)_2$ 수용액이 담긴 비커에 입김을 불어넣어 보자.

진주
조개로부터 생성되는 탄산 칼슘을 주성분으로 하는 구슬 모양의 분비물이다.

생각해보기★★★★
위와 장을 검사하는 X선 촬영을 할 때 마시는 흰색 액체는 무엇일까?

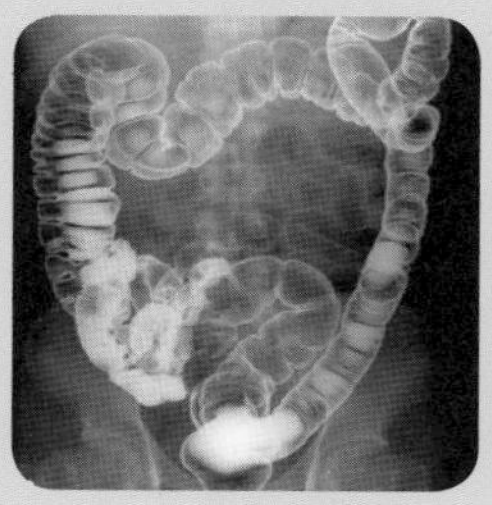

미니사전
석회수 수산화 칼슘을 물에 녹인 용액이다.
관석 지하수 물을 사용했을 때 보일러 관, 파이프의 내부에 생기는 고체 앙금이다.
종유석 동굴 천장에 고드름같이 달려 있는 탄산 칼슘 덩어리이다.

01 오른쪽 그림은 질산 은 수용액의 모형을 나타낸 것이다. 질산 은의 이온화식을 바르게 나타낸 것은?

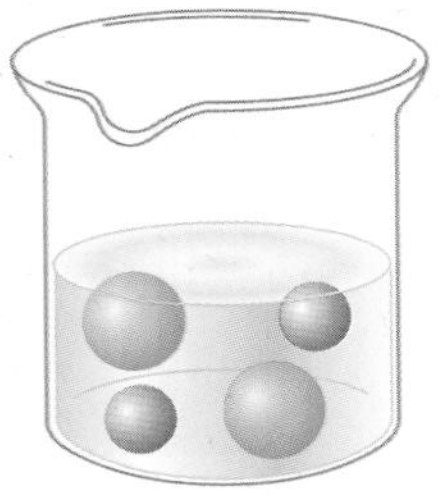

① $AgNO_3 \rightarrow Ag^+ + 3NO^-$
② $AgNO_3 \rightarrow Ag^{3+} + NO^-$
③ $AgNO_3 \rightarrow Ag^+ + NO_3^-$
④ $3AgNO \rightarrow 3Ag^+ + NO_3^-$
⑤ $3AgNO \rightarrow 3Ag^+ + NO_3^-$

02 〈보기〉는 여러 가지 이온들을 나타낸 것이다. 이 이온들이 존재하는 수용액에 전원 장치를 연결했을 때, (+)극과 (−)극으로 이동하는 이온을 바르게 짝지은 것은?

〈보기〉
K^+ OH^- SO_4^{2-} Cu^{2+}

	(+)극	(−)극
①	K^+, OH^-	SO_4^{2-}, Cu^{2+}
②	SO_4^{2-}, Cu^{2+}	K^+, OH^-
③	OH^-, SO_4^{2-}	K^+, Cu^{2+}
④	K^+, Cu^{2+}	OH^-, SO_4^{2-}
⑤	K^+, SO_4^{2-}	OH^-, Cu^{2+}

03 다음 그림은 염화 나트륨을 물에 넣어 녹인 후 전기 회로에 연결했을 때, 양이온과 음이온의 이동을 나타낸 것이다. 이에 대한 설명으로 옳지 않은 것은?

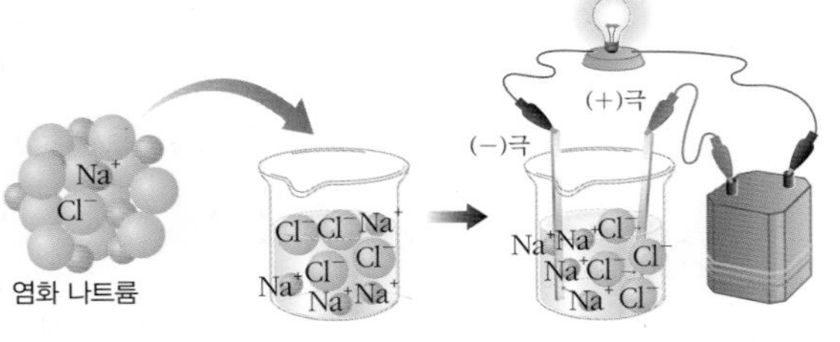

① 염화 나트륨은 전해질이다.
② 염화 나트륨은 물에 녹아 이온화된다.
③ 염화 나트륨 수용액에 전원 장치를 연결하면 전류가 흐른다.
④ 나트륨 이온은 (+)극으로 이동하고, 염화 이온은 (−)극으로 이동한다.
⑤ 염화 나트륨 수용액에는 나트륨 이온과 염화 이온이 이온화되어 있다.

정답 및 해설 37쪽

04 염화 칼슘 수용액과 탄산 나트륨 수용액을 섞으니 흰색 앙금이 생겼다. 이 흰색 앙금의 생성 반응을 바르게 나타낸 것은?

① $Pb^{2+} + S^{2-} \rightarrow PbS\downarrow$
② $Pb^{2+} + 2I^{-} \rightarrow PbI_2\downarrow$
③ $Ag^{+} + Cl^{-} \rightarrow AgCl\downarrow$
④ $Ca^{2+} + CO_3^{2-} \rightarrow CaCO_3\downarrow$
⑤ $Ba^{2+} + SO_4^{2-} \rightarrow BaSO_4\downarrow$

05 질산 납 수용액과 황화 나트륨 수용액을 섞었을 때 나타나는 앙금의 색은?

① 
② 
③ 
④ 
⑤ 

06 다음은 석회수에 입김을 불어 넣기 전과 후를 비교한 사진이다. 이 실험은 무엇을 확인하기 위한 것인가?

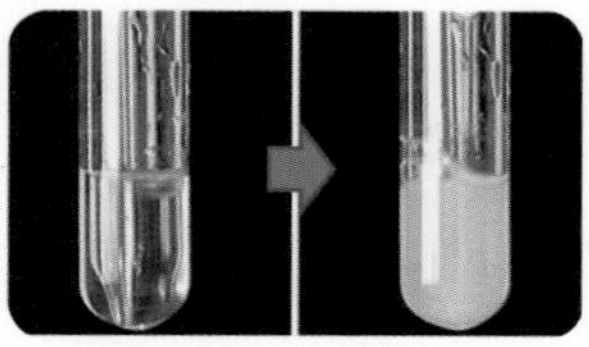
〈불기 전〉 〈불고 난 후〉

① 산소의 확인
② 질소의 확인
③ 아르곤의 확인
④ 이산화 탄소의 확인
⑤ 공기의 확인

유형 익히기 & 하브루타

[유형13-1] 전해질과 이온화

다음은 몇 가지 물질의 이온화식을 나타낸 것이다. 이온화식을 완성하시오.

(1) $NaCl \rightarrow Na^{+} + ($ $\qquad$ $)$

(2) $($ $\qquad$ $) \rightarrow Cu^{2+} + SO_4^{2-}$

(3) $KOH \rightarrow ($ $\qquad$ $) + OH^{-}$

(4) $KMnO_4 \rightarrow K^{+} + ($ $\qquad$ $)$

Tip!

01 다음은 몇 가지 물질의 이온화 과정을 간단한 식으로 나타낸 것이다. 이온화식 중 옳은 것은?

① $KOH \rightarrow K^{2+} + OH^{2-}$
② $KMnO_4 \rightarrow K^{+} + MnO_4^{-}$
③ $CuSO_4 \rightarrow Cu^{4+} + SO^{-}$
④ $Na_2Cl \rightarrow 2Na^{+} + OH^{2-}$
⑤ $NaCl_2 \rightarrow Na^{2+} + 2Cl^{-}$

02 수산화 칼슘($Ca(OH)_2$)이 물에 녹았을 때의 모형으로 옳은 것은?

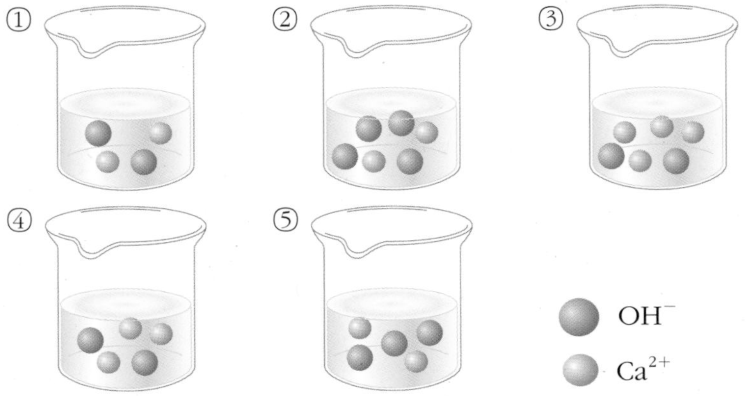

[유형13-2] 이온의 전하 확인

황산 구리 수용액에 전원 장치를 연결하였더니 전류가 흘렀다. 이때 황산 이온(SO_4^{2-})과 구리 이온(Cu^{2+})의 움직임을 바르게 나타낸 것은?

	황산 이온(SO_4^{2-})	구리 이온(Cu^{2+})
①	→	→
②	→	←
③	←	→
④	←	←
⑤	↓	↓

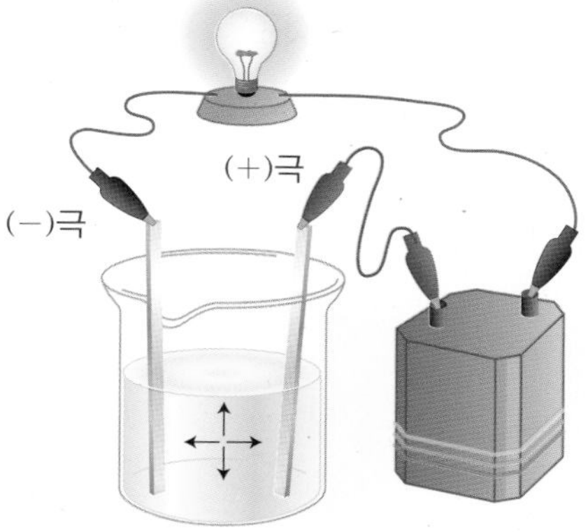

03 다음 그림은 전원 장치를 연결한 비커 속 이온들이 이동하는 모습을 나타낸 것이다. 이온이 움직이는 방향이 옳지 않은 것은?

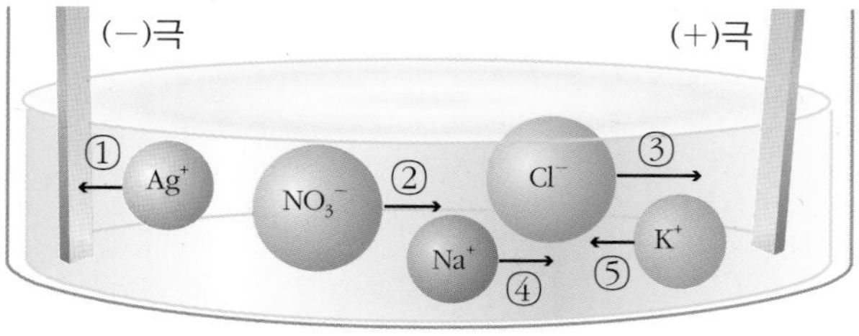

04 〈보기〉는 여러 가지 이온들을 나타낸 것이다. (+)극과 (−)극으로 이동하는 이온을 바르게 짝지은 것은?

〈보기〉

Cu^{2+} Na^+ Cl^- MnO_4^-

	(+)극	(−)극
①	Cl^-, Cu^{2+}	MnO_4^-, Na^+
②	MnO_4^-, Cu^{2+}	Na^+, Cl^-
③	Na^+, Cl^-	Cu^{2+}, MnO_4^-
④	Cu^{2+}, Na^+	Cl^-, MnO_4^-
⑤	Cl^-, MnO_4^-	Cu^{2+}, Na^+

Tip!

[유형13-3] 이온의 반응

다음 그림은 염화 나트륨 수용액과 질산 은 수용액을 나타낸 것이다. 두 용액을 혼합했을 때 나타나는 앙금의 색상으로 옳은 것은?

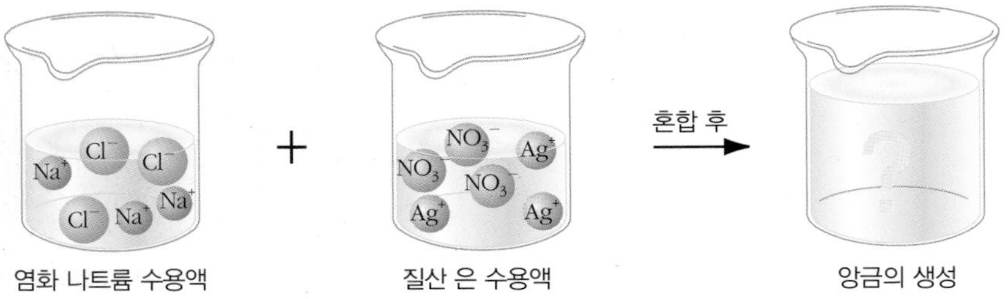

① 검은색　② 노란색　③ 분홍색　④ 흰색　⑤ 빨간색

Tip!

05 염화 칼슘 수용액과 탄산 나트륨 수용액을 섞으니 흰색 앙금이 생성되었다. 이 앙금의 화학식은?

① AgCl　② $CaCO_3$　③ PbI_2　④ PbS　⑤ KOH

06 질산 납 수용액과 아이오딘화 칼륨 수용액을 섞으니 노란색의 앙금이 생성되었다. 이 앙금의 이름은?

① 염화 은　② 탄산 칼슘　③ 아이오딘화 납
④ 황화 납　⑤ 수산화 칼륨

[유형13-4] 이온과 우리 생활

석회수에 입김을 불어 넣으면 이산화 탄소와 수산화 칼슘이 반응하여 앙금을 생성하기 때문에 석회수가 뿌옇게 흐려진다. 이때 생성되는 앙금의 이름은?

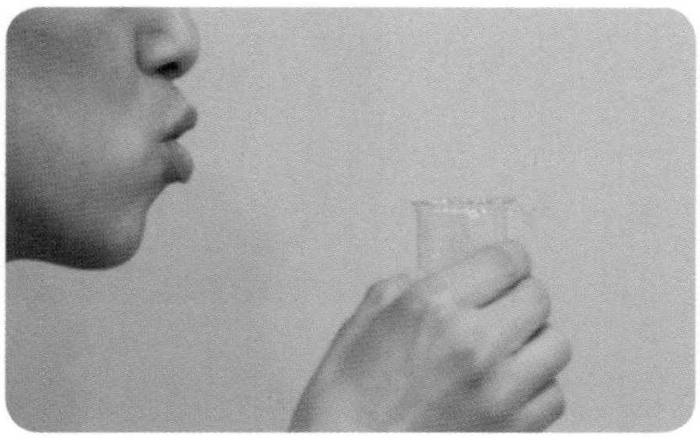

① 염화 은 ② 탄산 칼슘 ③ 아이오딘화 납 ④ 황화 납 ⑤ 수산화 칼륨

07 지하수를 보일러 용수로 사용하면 관 안에 관석이 쌓여 열이 잘 전달되지 않는다. 생성되는 관석의 성분은?

① 염화 은 ② 탄산 칼슘
③ 아이오딘화 납 ④ 황화 납
⑤ 수산화 칼륨

Tip!

08 다음은 생활 속에서 볼 수 있는 앙금이다. 다음 중 앙금의 종류가 다른 하나는?

①

보일러관의 관석

②
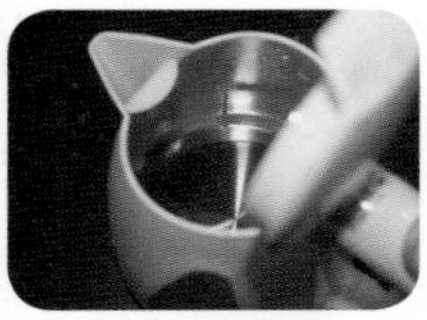
주전자의 물때

③

석회동굴 속 종유석

④

조개 속의 진주

⑤
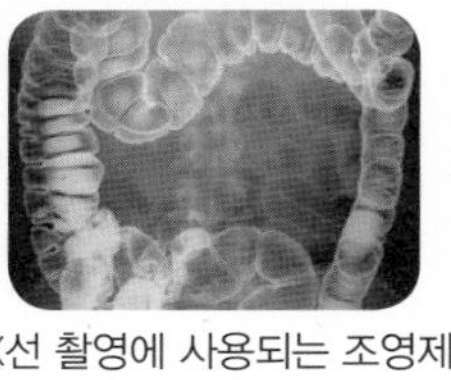
X선 촬영에 사용되는 조영제

창의력 & 토론마당

01

조개는 모래알과 같은 이물질이 몸에 박혔을 때, 석회질($CaCO_3$)로 이물질을 감싸 부드럽게 만듦으로써 날카로운 이물질로부터 몸을 지켜낸다. 이때 동그랗게 생성된 석회질이 바로 진주가 되는 것인데, 작게는 6 mm 에서부터 크게는 24 cm 까지 자란다. 이렇게 생성된 진주는 대부분 하얀색을 띠는데, 그 이유는 무엇일까?

02

1912년 일본의 도마야현에는 근육통을 시작으로 걸을 수도 없고, 몸을 조금만 움직이거나 기침을 해도 뼈가 부러져 버리는 '이타이이타이'병이 발생했다. '아파요, 아파요'를 뜻하는 이 병은 공장 폐수로부터 나온 카드뮴(Cd^{2+})의 중독이 가장 큰 원인으로 밝혀졌다. 이 카드뮴 이온은 황화 이온(S^{2-})을 통해 검출 가능한데, 만약 카드뮴(Cd^{2+})에 중독된 사람이 황화 이온(S^{2-})이 든 음식을 섭취한다면 신체에는 어떤 변화가 생길까?

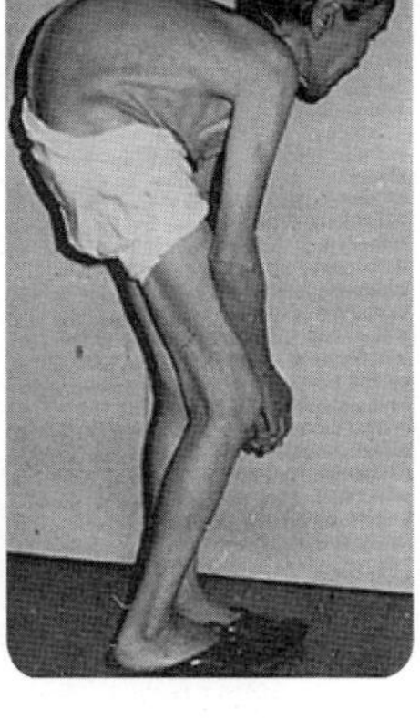

정답 및 해설 38쪽

03 조선시대 궁중이나 양반집에서는 은수저를 주로 사용하였다. 은(Ag)보다 더 값진 금(Au)으로 만든 수저가 있었음에도 왕과 양반들이 금수저 대신 은수저를 사용했던 특별한 이유가 있다고 한다. 그 이유는 무엇일까?

04 다음은 땀과 이온 음료의 성분을 나타낸 그래프이다. 물음에 답하시오.

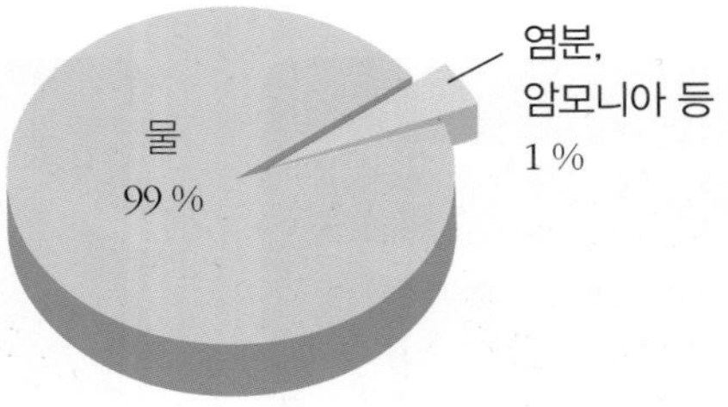

▲ 땀

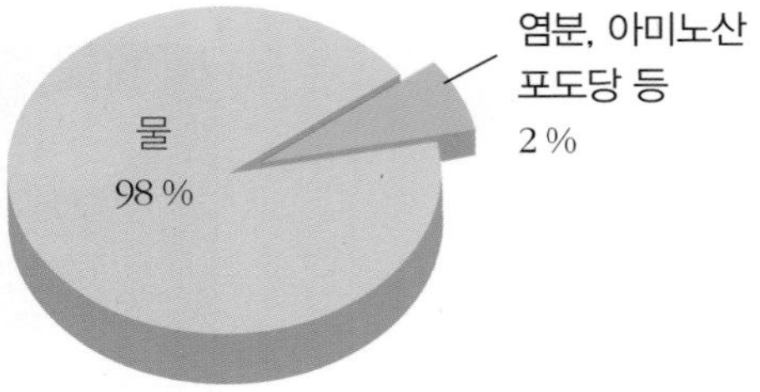

▲ 이온 음료

(1) 격렬한 운동 후 땀이 나며 갈증이 나는 이유는 무엇일까?

(2) 격렬한 운동 후 이온 음료를 마시면 물을 마실 때보다 갈증이 더 쉽게 해소된다. 그 이유는 무엇일까?

정답 및 해설 38쪽

05

다음은 바닷물을 가둬 물을 증발시킨 후 소금을 거두는 염전의 모습을 나타낸 사진이다. 바닷물은 전류가 잘 흐르지만 바닷물에서 얻어낸 소금은 전류가 잘 흐르지 않는다. 그 이유는 무엇일까?

스스로 실력 높이기

01 다음은 전해질의 정의를 나타낸 것이다. 괄호에 알맞은 말을 적으시오.

물에 녹아서 (　　　)을/를 흐르게 하는 물질이다.

02 아래는 염화 나트륨(NaCl)의 이온화를 나타내는 식이다. 괄호 안에 알맞은 이온식을 쓰시오.

NaCl	→	Na^+	+	(　　　)
물질		양이온		음이온

03 다음 이온화식이 옳은 것에는 O표, 옳지 않은 것은 X표 하시오.

(1) $CuSO_4 \rightarrow Cu^{4+} + SO^-$ (　　)

(2) $NaCl_2 \rightarrow Na^{2+} + 2Cl^-$ (　　)

(3) $KOH \rightarrow K^+ + OH^-$ (　　)

04 아래는 수산화 칼륨(KOH)의 이온화를 나타내는 식이다. 괄호 안에 알맞은 이온식을 쓰시오.

KOH	→	K^+	+	(　　　)
물질		양이온		음이온

05 다음 그림은 염화 나트륨 수용액에 전원 장치를 연결한 모습이다. 나트륨 이온(Na^+)은 (+)극과 (−)극 중 어느 방향으로 이동하는지 기호로 답하시오.

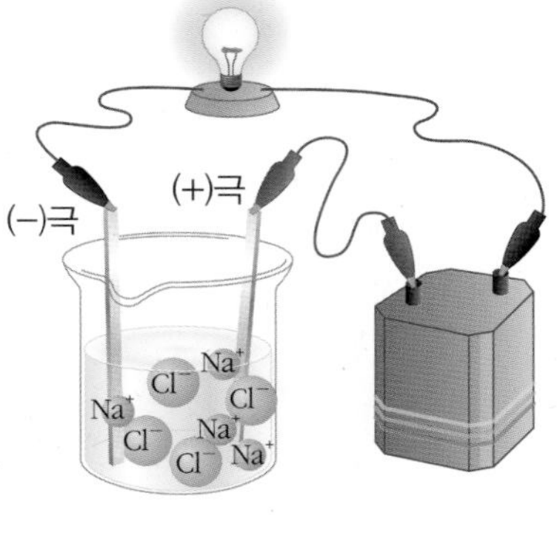

ㄱ. (+)극　　　ㄴ. (−)극

06 다음은 전해질의 전류 흐름에 관한 설명이다. 괄호 안에 알맞은 말을 차례대로 적으시오.

이온이 존재하는 수용액에 전원 장치를 연결하면 양이온은 (　)극 쪽으로, 음이온은 (　)극 쪽으로 이동하여 전류가 흐른다.

07 다음 두 수용액을 섞었을 때 나타나는 앙금은 무엇인지 〈보기〉에서 골라 기호를 쓰시오.

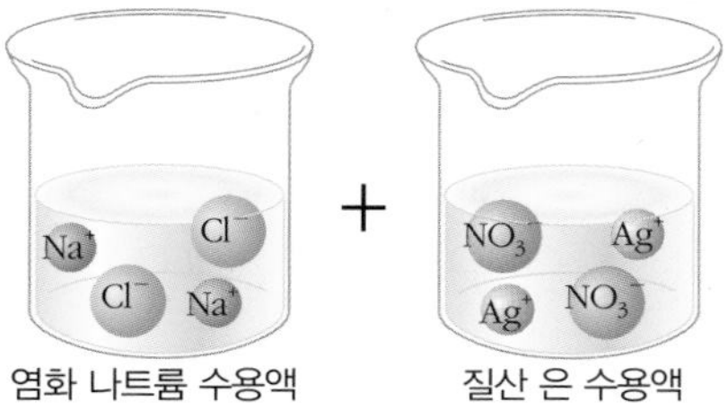

〈보기〉

ㄱ. AgCl　ㄴ. $CaCO_3$　ㄷ. PbI_2

08 다음 중 옳은 것은 ○표, 옳지 않은 것은 ×표 하시오.

(1) 앙금은 양이온과 음이온이 강하게 결합한 물질이다. (　　)

(2) 두 가지 이상의 전해질을 섞으면 항상 앙금이 생성된다. (　　)

(3) 주전자의 물때는 앙금 생성 반응에 의해 만들어진다. (　　)

09 석회수($Ca(OH)_2$)에 입김을 불어 넣으면 앙금이 생성되며 석회수가 뿌옇게 흐려진다. 이때 생성되는 앙금의 이름을 쓰시오.

(　　　　　　)

10 조개로부터 나오는 진주는 구슬 모양의 분비물이다. 조개 껍데기와 조개에서 생성되는 진주의 주성분은 무엇인지 화학식으로 쓰시오.

11 다음은 황산 구리 수용액의 이온화식을 나타낸 것이다. 수용액에 황산 이온이 10개 들어 있다면 구리 이온은 몇 개가 들어 있는가?

$$CuSO_4 \rightarrow Cu^{2+} + SO_4^{2-}$$

① 1개　② 2개　③ 5개
④ 10개　⑤ 20개

12 과망가니즈산 칼륨($KMnO_4$)이 물에 녹았을 때의 모형으로 옳은 것은?

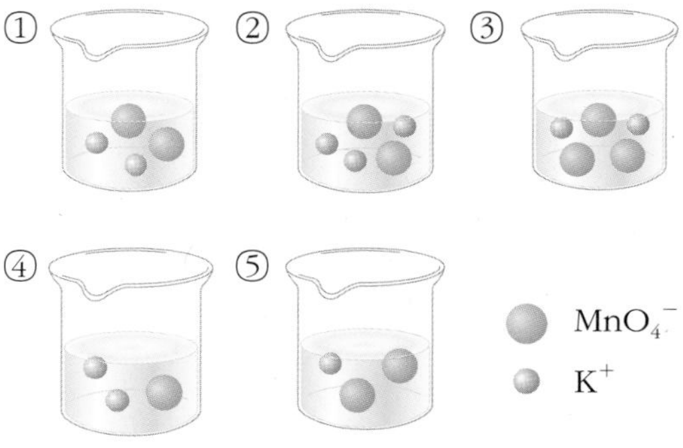

13 다음 〈보기〉는 전해질의 확인을 위한 간단한 실험 과정을 나타낸 것이다. 이에 대한 설명 중 옳지 <u>않은</u> 것은?

〈 보기 〉

㉠ 전구와 건전지의 양극에 연결된 두 개의 구리판을 수돗물이 들어 있는 비커에 떨어뜨려 담근다.
㉡ 전원 장치를 켜고 전구의 밝기를 확인한다.
㉢ 수돗물에 소금을 조금씩 첨가하며 전구의 밝기를 관찰한다.

① 소금은 전해질이다.
② 염화 이온은 (+)극으로 이동한다.
③ 나트륨 이온은 (−)극으로 이동한다.
④ 전구의 밝기는 잘 보이지 않다가 점점 밝아진다.
⑤ 구리판은 양이온을 밀어내고, 음이온을 잡아 당긴다.

14 다음 그림은 어떤 전해질 수용액의 모형을 나타낸 것이다. 이 물질의 이온화식을 바르게 나타낸 것은?

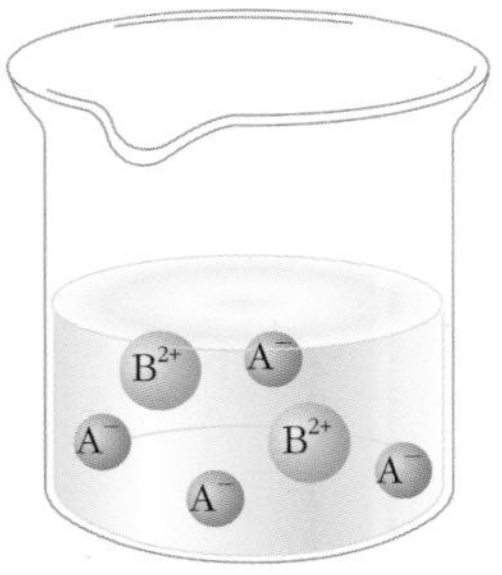

① $B_2A_2 \rightarrow 2B^{2+} + A^-$　② $2BA \rightarrow B^{2+} + A^-$
③ $BA_2 \rightarrow 2B^{2+} + A^-$　④ $BA_2 \rightarrow B^{2+} + 2A^-$
⑤ $BA \rightarrow B^{2+} + 2A^-$

15 다음 〈보기〉는 전해질의 이온화식을 나타낸 것이다. 이온화식 중 옳은 것은?

〈 보기 〉

㉠ $KOH \rightarrow 2K^+ + OH^{2-}$
㉡ $NaOH \rightarrow Na^+ + OH^-$
㉢ $CuSO_4 \rightarrow Cu^{2+} + 2SO_4^-$

① ㉠　② ㉡　③ ㉢
④ ㉠, ㉢　⑤ ㉡, ㉢

16 은 이온(Ag^+)과 만났을 때 앙금을 생성하는 이온을 모두 고르시오.(3개)

① 수산화 이온(OH^-)　② 질산 이온(NO_3^{2-})
③ 탄산 이온(CO_3^{2-})　④ 염화 이온(Cl^-)
⑤ 황산 이온(SO_4^{2-})

17 질산 납 수용액과 황화 나트륨 수용액을 섞었을 때 나타나는 앙금의 색은?

① 흰색　② 검은색　③ 노란색
④ 초록색　⑤ 빨간색

18 〈보기〉에 나타난 공통적인 앙금의 이름은?

〈보기〉
- 보일러의 관석
- 주전자의 물때
- 석회동굴 속 종유석

① 염화 은 (AgCl)
② 탄산 칼슘 ($CaCO_3$)
③ 아이오딘화 납 (PbI_2)
④ 황화 납 (PbS)
⑤ 황산 바륨 ($BaSO_4$)

19 소금물에 질산 은 수용액을 소량씩 첨가하였다. 이때 나타나는 반응으로 옳은 것은?

① 두 수용액은 맑게 섞인다.
② 소금물이 시커멓게 흐려진다.
③ 하얀 덩어리가 뭉쳐 가라앉는다.
④ 하얀 덩어리가 수용액에 떠다닌다.
⑤ 소금물이 하얗고 딱딱하게 굳어진다.

20 석회수에 입김을 불어 넣으면 탄산 칼슘이 생성되므로 석회수가 뿌옇게 흐려진다. 불어준 입김의 어떤 성분에 의해서 이런 현상이 일어나는가?

① 헬륨 ② 질소 ③ 산소
④ 수증기 ⑤ 이산화 탄소

창의력 서술

21 대리석이 흰색인 이유는 무엇일까?

22 소금물과 고체 소금 중 어떤 것이 전기가 잘 통할까?

14강. Project - 논/구술

우리 주변의 이온 화합물

소금은 짠 맛을 내기 위해, 생선 등 음식물을 오래 보관하기 위해 사용된다. 또한 입욕제(목욕 소금), 램프(암염 램프) 등 우리 생활에서 여러 가지로 사용되고 있다.

▲ 소금 뿌린 생선

▲ 목욕 소금

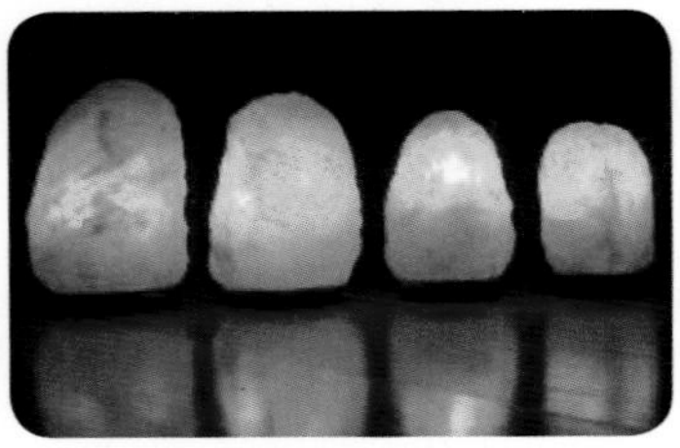

▲ 암염 램프

소금처럼 양이온과 음이온의 정전기적 인력으로 결합되어 있는 물질을 이온 결합 화합물이라 한다. 이온 결합 화합물은 물에 녹으면 전기가 통하게 하는 성질이 있기 때문에 전지의 구성 성분으로서의 역할을 하기도 한다.

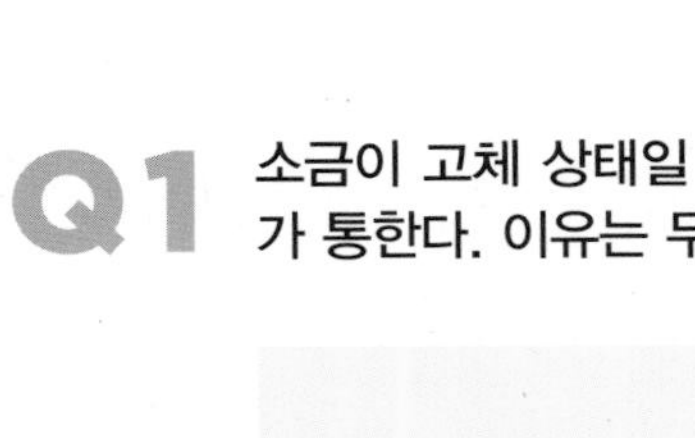

▲ 소금 결정

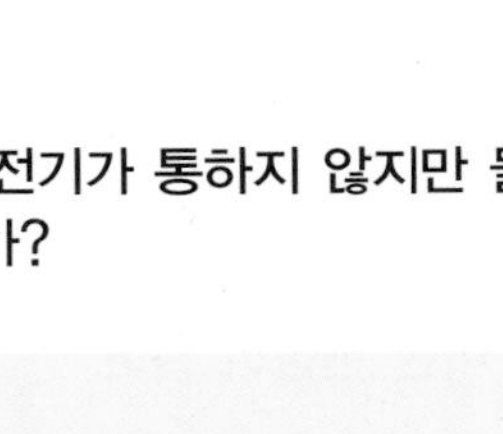

▲ 소금 결정 모형

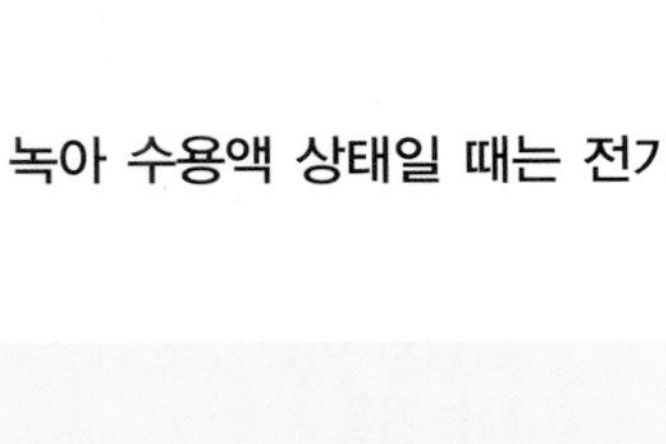

▲ 소금 자동차의 전지

Q1 소금이 고체 상태일 때는 전기가 통하지 않지만 물에 녹아 수용액 상태일 때는 전기가 통한다. 이유는 무엇인가?

소금 외에 우리 주변에는 어떤 이온 화합물들이 있을까?

빵을 만들 때 사용하는 베이킹 파우더(또는 소다) 속의 탄산 수소 나트륨, 치약 속에 들어 있는 플루오린화 나트륨, 겨울에 눈이 오면 뿌리는 제설제로 사용되는 염화 칼슘 등이 있다. 이 화합물들은 모두 물에 잘 녹는 성질을 가지고 있다.

▲ 제빵에 사용되는 베이킹 파우더 (탄산 수소 나트륨)

▲ 제습제와 제설제 (염화 칼슘)

그렇다면 모든 이온 화합물이 물에 잘 녹는 것일까?

조개 껍데기나 산호초의 성분은 탄산 칼슘인데, 탄산 칼슘은 물에 잘 녹지 않는다. 탄산 칼슘은 공기 중의 이산화 탄소 기체가 물에 녹아 만들어진 탄산 이온과 물속에 녹아 있던 칼슘 이온이 만나 생성된다. 계란을 삶으면 노른자 주위에 생기는 녹색의 물질은 황화 철로 물에 잘 녹지 않는 화합물이다. 계란의 황화 철은 흰자의 황 이온과 노른자의 철 이온이 만나서 생성된다.

▲ 조개껍데기와 산호초 – 탄산 칼슘

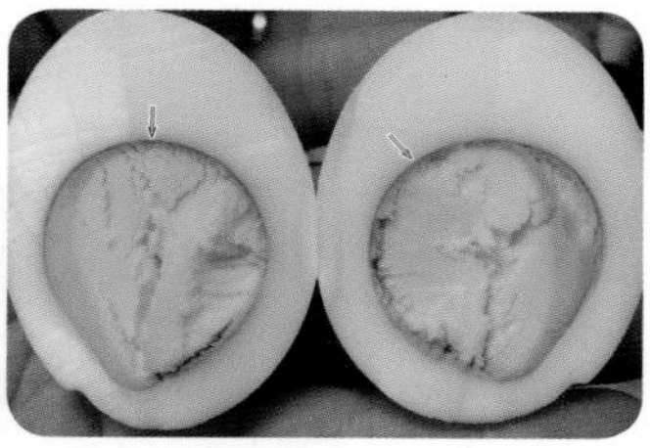

▲ 황화 철

이외에도 우리 주위에는 염화 마그네슘, 산화 알루미늄 등의 많은 이온 화합물이 존재한다.

Q2 탄산 칼슘이 물에 잘 녹는 물질이었다면 바다 속에는 어떤 변화가 생겼을까?

Project - 탐구

[탐구-1] 전해질과 비전해질

준비물 | 소금, 설탕, 녹말, 황산 구리, 증류수, 철판 2개, 전선, 건전지, 꼬마 전구, 비커, 유리 막대

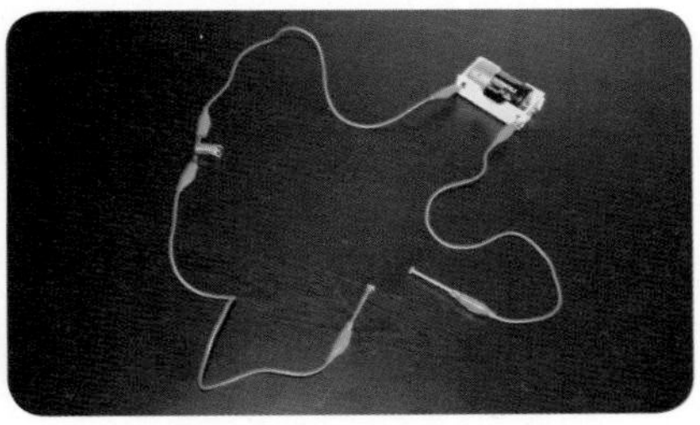

① 그림과 같이 전선을 이용하여 철판 2개, 꼬마 전구, 건전지를 연결한다.

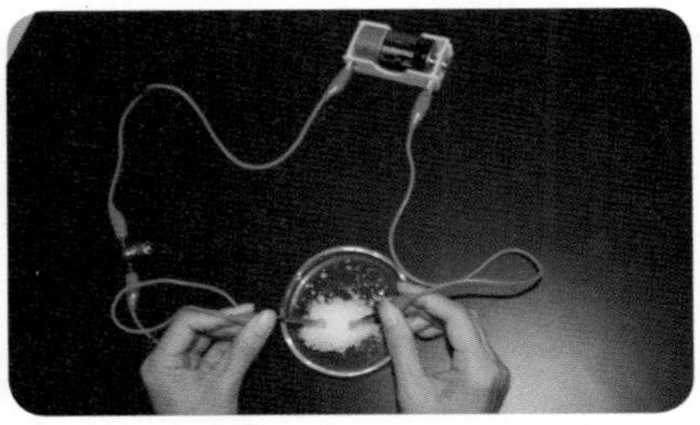

② 소금에 철판 2개가 서로 닿지 않도록 넣은 후 전류가 흐르는지 확인한다.

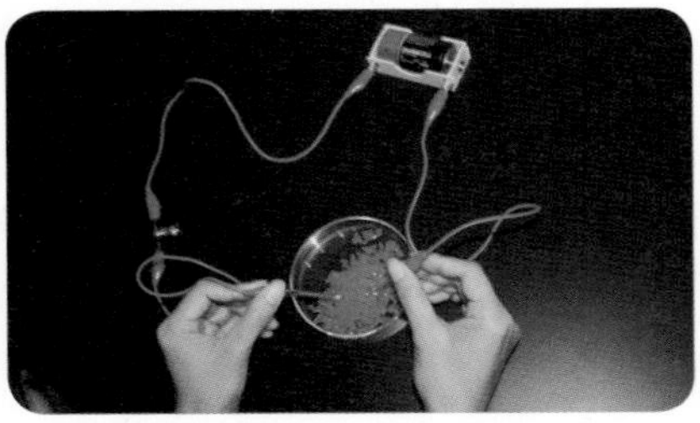

③ 철판을 증류수로 닦은 후 소금 대신 설탕, 녹말, 황산 구리에 반복한다.

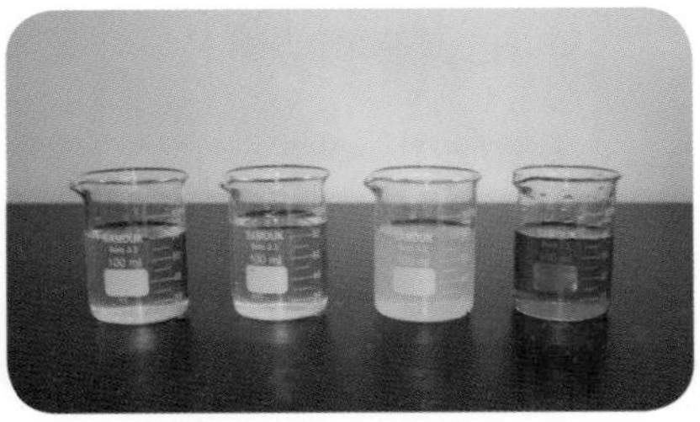

④ 소금, 설탕, 녹말, 황산 구리를 물에 각각 녹인다.

⑤ 소금물에 철판 2개를 서로 닿지 않도록 넣은 후 전류가 흐르는지 확인한다.

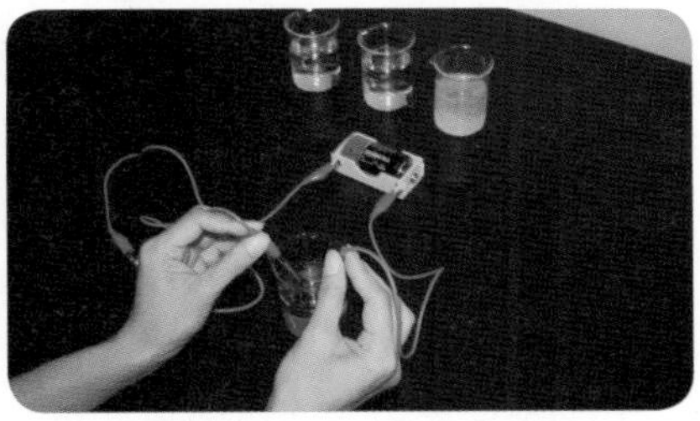

⑥ 철판을 증류수로 잘 닦은 후 소금물 대신 설탕물, 녹말물, 황산 구리 수용액으로 반복한다.

⑦ 주변에 있는 여러 가지 액체 물질을 준비한다.

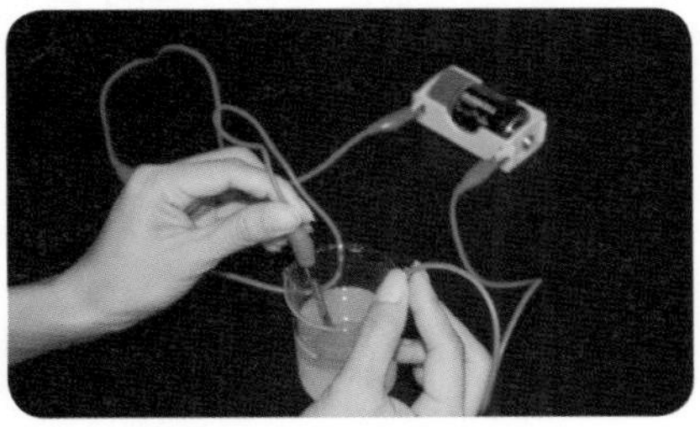

⑧ 각 용액에 철판을 넣어 전류가 흐르는지 확인한다.

정답 및 해설 40쪽

탐구 결과

1. 소금, 설탕, 녹말, 황산 구리가 고체 상태와 수용액 상태에서 전류가 흐르는지 표에 기록하시오.
(○ : 잘 흐름, × : 흐르지 않음)

	소금	설탕	녹말	황산 구리
고체 상태				
수용액 상태				

2. 여러 가지 다른 화합물들의 전류 흐름을 실험한 후 기록하시오.
(○ : 잘 흐름, × : 흐르지 않음)

화합물	간장	식초		
전류				

화합물				
전류				

탐구 문제

1. 고체 상태와 수용액 상태 모두에서 전류가 흐르지 않는 물질은 무엇이며, 그 이유는 무엇인가?
   · 고체/수용액에서 전류가 흐르지 않는 물질 :
   · 그 이유 :

2. 고체 상태에서는 전류가 흐르지 않지만 수용액 상태에서는 전류가 흐르는 물질은 무엇이며, 그 이유는 무엇인가?
   · 수용액 상태에서 전류가 흐르는 물질 :
   · 그 이유 :

Project - 탐구

[탐구-2] 전해질과 비전해질-탐구 보고서

1. 탐구 제목 :

2. 탐구 날짜 :

3. 탐구 주제 :

4. 탐구 동기 :

5. 탐구 방법

(1) 준비물

(2) 실험 방법

①

6. 탐구 결과

(1) 이온 결합 화합물의 고체와 수용액 상태에서의 전류의 흐름

7. 탐구 결과 알게 된 사실

무한상상

무한상상

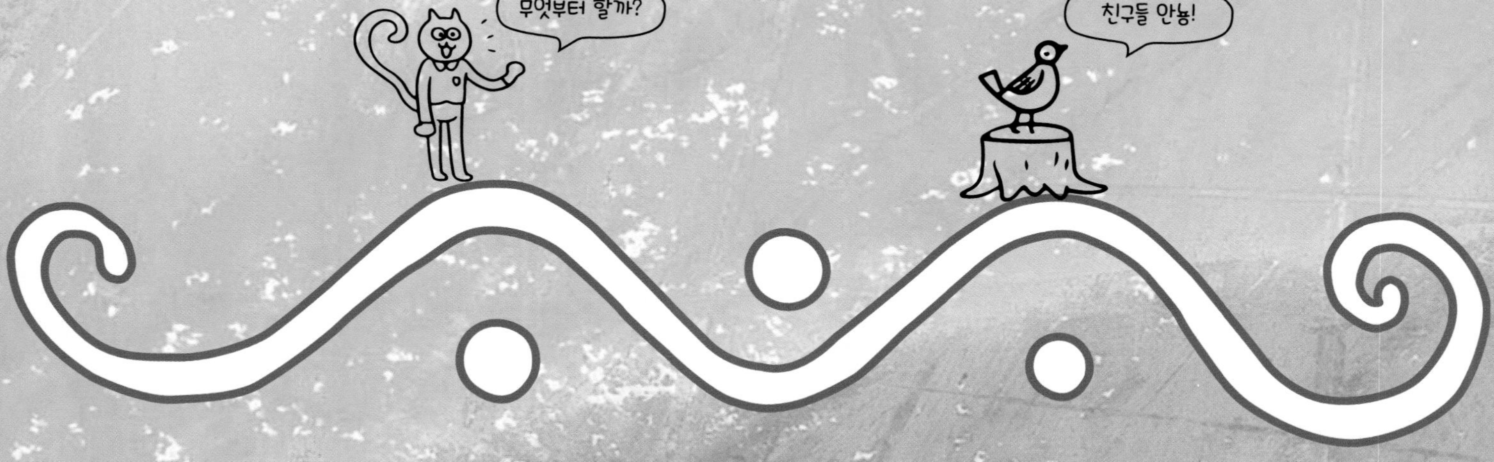

창의력과학

세페이드

1F. 화학(상)

정답과 해설

http://cafe.naver.com/creativeini

▶ 『문제풀이 바로가기』 를 클릭하면 ' 스스로 실력높이기 ' 채점과 오답풀이 강의를 들을 수 있습니다.

무한상상

창의력과학

세페이드

정답과 해설

윤찬섭
무한상상 과학교육 연구소

무한상상

Ⅰ 물질의 상태와 에너지

1강. 물질의 상태 변화

개념 확인 10~13쪽

1. (1) ㄷ, ㅇ (2) ㄴ, ㅂ, ㅅ (3) ㄱ, ㄹ, ㅁ
2. (1) 고 (2) 기 (3) 액 (4) 기
3. ㉠ 상태 변화, ㉡ 융해, ㉢ 기화, ㉣ 승화
4. ㉠ 응고, ㉡ 액화, ㉢ 승화, ㉣ 성질

확인+ 10~13쪽

1. ④ 2. ④ 3. ⑤ 4. ④

1. 답 ④

해설 A(고무, 나무, 흑연)는 고체 상태, B(물, 에탄올, 식용유)는 액체 상태, C(질소, 산소, 수증기)는 기체 상태의 물질이다.

2. 답 ④

해설 ④ 고체는 모양이 일정하므로 압축이 잘 되지 않고, 기체는 모양이 변하므로 압축이 잘 된다.

바른 풀이 ① 고체는 모양과 부피가 일정하다.
② 기체는 모양과 부피가 모두 변한다.
③ 온도와 압력에 따라 부피가 크게 변하는 것은 기체이다.
⑤ 액체와 기체 모두 흐르는 성질이 있다.

3. 답 ⑤

바른 풀이 ⑤ 기체는 부피가 일정하지 않고, 담는 그릇에 따라 모양이 변한다.

4. 답 ④

해설 ㄱ. 냉동실의 물은 액체 → 고체로 응고, ㄴ. 서리는 공기 중의 수증기가 기체 → 고체로 승화, ㄷ. 거울의 김은 공기 중의 수증기가 기체 → 액체로 액화된 것이다.

생각해보기 10~11쪽

★ 푸딩은 고체라고도 액체라고도 할 수 있는 중간 형태이다. 액체의 점성이 커져서 고체 형태로 보이는 것이다.

★★ 가열할 때 생기는 김은 눈에 보이므로 기체가 아니라 액체 상태이다. 끓는 주전자 입구와 김 사이의 투명한 부분이 기체 상태인 수증기이고, 김은 상대적으로 차가운 온도로 인해 수증기가 액화한 물방울이다.

개념 다지기 14~15쪽

01. ④ 02. ③ 03. ③, ④ 04. ④ 05. ③
06. ④ 07. ④

01. 답 ④

해설 ㄱ. 불은 초고온 물질이 열과 빛을 내는 상태(플라즈마)이므로 물질이며, 연기는 물질이 타면서 나오는 것으로 주성분은 탄소(물질)이다.
ㄷ. 연필을 이루는 흑연과 나무는 고체 상태의 물질이다.

바른 풀이 ㄴ. 상태가 변하더라도 물질의 성질은 변하지 않는다.

02. 답 ③

해설 ③ 암석, 설탕, 밀가루 - 고체

바른 풀이 ① 얼음 - 고체, 에탄올 - 액체, 산소 - 기체
② 우유 - 액체, 의자 - 고체, 식용유 - 액체
④ 소금 - 고체, 식초 - 액체, 수증기 - 기체
⑤ 질소, 이산화 탄소 - 기체, 드라이아이스 - 고체

03. 답 ③, ④

해설 ③ 물질은 상태가 변하더라도 물질의 종류가 변하지 않으므로 성질은 변하지 않는다.
④ 같은 물질이라도 고체, 액체, 기체인 상태에 따라 모양과 부피가 달라진다.

바른 풀이 ① 고체는 모양과 부피가 일정하다.
② 온도와 압력에 따라 부피가 크게 변하는 것은 기체이다.
⑤ 기체의 부피는 온도, 압력에 따라 변하고, 기체의 모양은 담는 그릇에 따라 변한다.

04. 답 ④

해설 물질의 상태를 변화를 변화시키는 것은 온도와 압력인데, 가장 주된 원인은 온도이다.

05. 답 ③

해설 A (고체 → 기체) : 승화, B (고체 → 액체) : 융해, C (액체 → 기체) : 기화

06. 답 ④

해설 A (기체 → 고체) : 승화, C (액체→고체) : 응고

07. 답 ④

해설 ④ 이른 새벽 풀잎에 이슬 : 기체 → 액체(액화)

바른 풀이 ① 젖은 빨래가 마르는 것 : 액체 → 기체(기화)
② 물이 수증기로 변하는 것 : 액체 → 기체(기화) ③ 용암이 식어서 암석이 되는 것 : 액체 → 고체(응고) ⑤ 늦가을 새벽나뭇잎의 성에 : 기체 → 고체(승화)

유형 익히기 & 하브루타 16~19쪽

[유형1-1] ⑤ 01. ③ 02. ㄱ, ㄴ
[유형1-2] ② 03. ⑤ 04. ③, ④
[유형1-3] B : 가열, 승화 D : 가열, 기화 E : 냉각, 응고 05. ② 06. 흰 연기 : (수증기)의 (액화), 기포 : (드라이아이스)의 (승화)
[유형1-4] ③ 07. ② 08. ③

[유형1-1] 답 ⑤
해설 A그룹은 수소가 있으므로 기체 상태의 물질이 들어간다. 〈보기〉의 물질 중 기체는 수소, 산소, 헬륨, 이산화 탄소이다. 간장과 물은 액체, 고무와 설탕은 고체이다.

01. 답 ③
해설 ・고체 - 플라스틱, 고무, 설탕, 소금(4개), ・액체 - 식초, 식용유, 에탄올, 아세톤(4개), ・기체 - 산소, 질소(2개)

02. 답 ㄱ, ㄴ
해설 얼음, 철, 나무는 고체로 일정한 모양과 부피를 갖는다. 대체적으로 단단하며 힘을 가해도 압축이 잘 되지 않는다.

[유형1-2] 답 ②
해설 동전, 단추, 소금, 설탕, 돌멩이, 쇠구슬, 지우개는 고체이고, 물과 식용유는 액체, 수소, 산소, 이산화 탄소는 기체이다. 그림에서 물질을 고체, 액체와 기체의 두 묶음으로 나누었으므로 고체는 흐르지 않고, 액체와 기체는 흐르는 성질을 가지고 있다는 것이 기준이 될 수 있다.

03. 답 ⑤
해설 고체는 모양과 부피가 일정하고 흐르거나 압축되지 않는다. 액체는 흐르는 성질이 있고, 기체는 압축이 잘 된다.

04. 답 ③, ④
해설 액체는 부피가 일정, 담는 그릇에 따라 모양이 변하고, 흐르는 성질이 있으며, 압축이 잘 되지 않는다. 압축이 잘 되고, 온도에 따라 부피가 크게 변하 것은 기체의 특징이다.
[유형1-3] 답 B : 가열, 승화, D : 가열, 기화, E : 냉각, 응고
해설 가열할 때 일어나는 상태 변화는 B(승화), D(기화), F(융해)이고, 냉각할 때 일어나는 상태 변화는 A(승화), C(액화), E(응고)이다.

05. 답 ②
해설 서리는 공기 중의 수증기가 상태 변화하여 고체가 되는 현상(승화)이다.
① 고체 → 액체(융해) ② 기체 → 고체(승화) ③ 고체 → 기체(승화) ④ 액체 → 고체(응고) ⑤ 기체 → 액체(액화)

06. 답

	상태 변화 물질	상태 변화
흰 연기	수증기	액화
기포	드라이아이스	승화

해설 흰 연기는 드라이아이스때문에 주변의 수증기가 액화한 물방울이고, 기포는 드라이아이스가 승화한 이산화 탄소 기체이다.

[유형1-4] 답 ③
해설 ③ 물이 끓어 수증기가 되는 것은 액체 → 기체로의 상태 변화로 (다)이다.
바른 풀이 ① 겨울 새벽 창문에 성에가 생기는 것은 기체 → 고체로의 상태 변화로 (바)이다. ② 이른 새벽 풀잎에 이슬이 맺히는 것은 기체 → 액체로의 상태 변화로 (마)이다. ④ 아이스크림이 녹아 물이 되는 것은 고체 → 액체의 상태 변화로 (나)이다. ⑤ 젖은 빨래를 널어두면 마르는 것은 액체 → 기체로의 상태 변화로 (다)이다.

07. 답 ②
해설 컵 안의 얼음이 녹는 것은 융해(나)이고, 컵 표면에 생긴 물방울은 공기 중의 수증기가 액화(마)한 것이다.

08. 답 ③
해설 A는 기체, B는 고체, C는 액체이다.
A는 담는 그릇에 따라 모양이 변하고, 부피가 일정하지 않다. B는 흐르는 성질이 없고, 모양과 부피가 일정하다. C는 담는 그릇에 따라 모양이 변하고, 압축이 잘 되지 않는다.

창의력 & 토론마당 20~23쪽

01

〈예시 답안1〉 알로에 속 물질은 고체이다. - 숟가락으로 저어 주지 않으면 모양과 부피가 일정하므로 고체이다.
〈예시 답안2〉 알로에 속 물질은 액체이다. - 숟가락으로 저어 주었을 때 모양이 일정하지 않고 흐르는 성질이 있으므로 액체이다.

해설 알로에는 겔 상태로 액체와 고체의 중간 상태이다. 겔 상태란 액체 상태의 물질이 점성이 커져서 그물 구조로 촘촘히 연결되면서 고체처럼 일정한 형태를 갖게 된 것이다.

02

구름은 물방울(액체)과 빙정(고체) 상태의 물질로 구성 되어 있지만, 알갱이가 워낙 작아서 떨어지지 않고 공중에 떠 있을 수 있다.

해설 안개를 이루는 물방울은 지름이 약 0.2mm, 빗방울은 약 2mm이다. 구름을 이루는 물방울은 보통 0.01~0.002mm로 매우 작아 빗방울이 되어 떨어지려면 구름 입자 1만 개 정도가 모여야 된다. 또한, 물방울과 얼음 알갱이로 이루어진 구름은 공기가 위로 올라가는 상승기류를 타고 공중에 떠 있게 된다.

03 (1) 압력 (2) 30g 추, 무게가 가장 많이 나가므로 압력이 가장 크다. (3) 실때문에 녹았던 물이 주변의 얼음때문에 온도가 낮아져 다시 얼기 때문에 얼음은 다시 붙고, 실과 추만 바닥에 떨어진다.

해설 실에 매달린 추의 무게가 무거울수록 실이 얼음에 작용하는 압력이 증가하여 무거운 추가 땅에 먼저 떨어지게 된다. 실이 지나간 얼음 부분은 압력이 작용하지 않으므로 녹았던 물이 다시 응고된다. 따라서 실이 지나간 자리는 다시 얼어 붙게 되므로 실과 추만 떨어지고 얼음은 조각이 나지 않는다.

04 비눗방울에는 공기만 들어 있어서 투명하다. 드라이아이스를 이용해서 비눗방울을 만들면 이산화 탄소 기체와 함께 물방울이 생겨서 뿌옇게 보이는 것이다. 드라이아이스가 승화할 때 주변의 온도가 낮아져 비눗방울 안의 수증기가 액화하여 드라이아이스 안이 뿌옇게 보이게 된다.

해설 비눗방울에는 공기만 들어 있어서 빛이 투과하므로 투명하다. 드라이아이스를 물에 넣으면 승화하여 생긴 이산화 탄소 입자에 수증기가 달라 붙어 액화한다. 수증기가 액화하여 생긴 물방울에 빛이 산란되면서 비눗방울이 구름처럼 뿌옇게 보이는 것이다.

05 (1) 웅덩이 내부의 수증기가 온도가 내려가면서 액화하여 물방울이 되어 떨어진 것이다.
(2) 비닐은 수증기가 액화하여 달라 붙을 수 있도록 해주는 것이고, 비닐의 한 가운데 올려 놓는 작은 자갈은 비닐을 경사지게 해서 액화된 물방울이 물받이 통으로 떨어지도록 한다.

해설 사막에서는 공기 중에 수증기가 가장 많은 시각인 늦은 오후에 웅덩이 위에 비닐을 펴서 큰 돌로 가장자리를 눌러 놓는다. 밤이 되어 기온이 내려가면서 막아놓은 웅덩이 내부의 수증기가 액화하여 물방울 형태로 차가운 비닐 안쪽에 달라 붙게 된다. 비닐의 한가운데에 작은 자갈을 올려 놓으면 비닐에 경사가 생겨서 액화한 물방울이 가운데로 모여 물받이 통에 떨어지게 된다.

스스로 실력 높이기 24~27쪽

01. (1) X (2) O (3) O　02. ㄱ, ㄷ
03. ㉠ 상태 ㉡ 가열 ㉢ 융해　04. 압력
05. 융해　06. (가) : 고체 (나) : 기체 (다) : 고체
07. A : 승화 B : 승화　08. A : 승화 D : 기화
09. ③　10. ②, ④, ⑤　11. ④　12. ④
13. ③　14. ③　15. ③　16. ⑤　17. ③
18. ③　19. ③　20. ①
21. 부피가 일정하다, 모양이 있다. 등
22. 버터가 열을 얻어 녹으면 액체가 되는데 이는 상태가 변화한 것으로 성질은 변하지 않았으므로 맛과 냄새가 같다.

1. 답 (1) X (2) O (3) O
해설 고체는 담는 그릇에 따라 모양이 변하지 않는다.

2. 답 ㄱ, ㄷ
해설 고체는 모양과 부피가 일정하다. 기체는 압력을 가하면 부피가 쉽게 변한다. 액체는 부피가 변하지 않는다.

4. 답 압력
해설 스케이트를 타면 뾰족한 스케이트 날이 얼음에 강한 압력을 가하기 때문에 얼음이 녹는다.

5. 답 융해
해설 고체인 철이 녹아서 액체 상태의 쇳물이 된다.

7. 답 A : 승화 B : 승화
해설 A에서 기체가 고체로 승화, B에서 고체가 기체로 승화한다.

9. 답 ③
해설 ③ 풀잎에 이슬이 맺히는 것은 액화(C)이다.
바른 풀이 ① 젖은 빨래가 마르는 것은 기화(D)이다.
② 용암이 굳어 암석이 되는 것은 응고(E)이다.
④ 드라이아이스가 작아지는 것은 승화(B)이다.
⑤ 얼음이 녹는 것은 융해(F)이다.
⑥ 서리가 생기는 것은 승화(A)이다.

10. 답 ②, ④, ⑤
해설 물질은 질량과 부피를 모두 갖는데, 불과 그림자는 질량과 부피가 없으므로 물질이 아니다.

11. 답 ④
해설 표는 고체, 액체, 기체의 세 가지 상태로 나눈 것이다.

12. 답 ④
바른 풀이 ④ 고체는 모양이 일정하다.
해설 (가)는 고체, (나)는 액체, (다)는 기체이다.
① 고체와 액체는 부피가 일정하다.
② 액체와 기체는 흐르는 성질이 있다.
③ 액체와 기체는 담는 그릇에 따라 모양이 변한다.
⑤ 기체는 분자 사이가 멀어 압축이 잘 된다.

13. 답 ③
해설 흐르는 성질이 있고, 부피가 일정하며 담는 그릇에 따라 모양이 변하는 물질은 액체이다.

14. 답 ③
해설 ③ 겨울철 성에가 생기는 것은 수증기가 고체로 승화한 것이다.

15. 답 ③
해설 드라이아이스처럼 고체 → 기체로 승화하는 물질도 있다.

16. 답 ⑤
해설 설탕은 고체에서 액체로, 액체에서 고체로 변화한다.

17. 답 ③
해설 양동이 표면의 물방울은 수증기가 물방울로 액화한 것이다.

18. 답 ③
해설 〈보기〉의 현상들은 액체가 기체로 상태 변화하는 것이다.

19. 답 ③
해설 ①, ②, ④, ⑤는 기화, ③은 융해이다.

20. 답 ①
해설 설탕이 물에 녹는 것은 상태 변화가 아니라 설탕 분자가 물 분자 사이로 섞여 들어가는 것이다.

21. 답 부피가 일정하다, 모양이 있다. 등
해설 고체의 특징은 모양과 부피가 일정하지만, 쉽게 압축이 되거나 흐르는 성질이 없다는 것이다.

22. 답 버터가 열을 얻어 녹으면 액체가 되는데 이는 상태가 변화한 것으로 성질은 변하지 않았으므로 맛과 냄새가 같다.
해설 버터를 녹이는 것은 고체 → 액체로 되는 융해이다. 따라서 버터는 상태 변화한 것이다.

2강. 상태 변화와 열

개념확인 28~31쪽

1. 흡수 2. ①, ②, ⑤
3. (가) 액체 (나) 액체 + 기체 (다) 기체
4. (1) B (2) (다) (3) (나)

확인+ 28~31쪽

1. 낮아진다. 2. ⑤ 3. (1) X (2) O (3) O
4. (1) O (2) X (3) X

2. 답 ⑤
바른 풀이 ⑤ 양가죽 물통은 작은 미세 구멍들이 있어 물이 조금씩 새어 나오는데, 새어 나온 물이 증발하면서 열에너지를 흡수해 통 안의 물이 시원해진다.
해설 ① 비가 오기 전에는 공기 중의 수증기가 액체로 되며 열에너지를 방출해 날씨가 후덥지근하다.
② 스팀 난방은 수증기가 기체에서 액체로 액화되며 열에너지를 방출해 따뜻해진다.
③ 물이 액체에서 고체로 얼면서 열에너지를 방출하므로 오렌지 나무의 냉해 예방이 가능하다.
④ 호수의 물이 액체에서 고체인 얼음으로 얼며 열에너지를 방출하므로 다른 지역보다 따뜻하다.

3. 답 (1) X (2) O (3) O
해설 (1) 끓는점에서는 액체와 기체가 공존한다.

4. 답 (1) O (2) X (3) X
해설 (2) 같은 물질의 경우도 녹는점과 끓는점은 다르다.
(3) 기체 물질을 냉각하면 온도가 변하지 않고 일정하게 유지되는 구간이 나타난다.

생각해보기 28~31쪽

★ 양가죽의 미세한 구멍 사이로 물이 흘러나와 기화하며 물통의 온도를 낮춰주기 때문이다.

★★ 이글루 내부의 온도는 약 5℃이다.

★★★ 주어진 열에너지는 액체가 기체로 상태 변화하는 과정에서 모두 흡수되기 때문이다.

★★★★ 얼음이 기화하며 생성된 수증기가 따뜻한 공기를 만나 액화하여 하얗게 보이는 것이다.

개념 다지기 32~33쪽

01. ①, ④　02. ②　03. ②　04. ④
05. ②　06. ③, ④

01. 답 ①, ④
해설 ① 열에너지를 방출하면 물질 주위의 온도가 높아진다. ③, ④, ⑤ 물질이 액체에서 고체로 응고할 때, 기체에서 액체로 액화할 때, 기체에서 고체로 승화할 때 열에너지를 방출한다. ② 물이 열에너지를 방출하면 얼음이 된다.

02. 답 ②
바른 풀이 ② 스팀 난방은 수증기가 액화되어 열에너지를 방출해 따뜻해지는 원리이다.
해설 ① 수증기는 얼어붙어 고체가 되는 승화과정을 통해 열에너지를 방출한다.
③ 비가 오기 전에는 공기 중의 수증기가 액화되어 열에너지를 방출해 날씨가 후덥지근해진다.
④ 콜라에 얼음을 넣어 두면 얼음이 콜라의 열을 흡수하여 융해되면서 콜라를 시원하게 한다.
⑤ 이글루 안에 물을 뿌리면 물이 얼음으로 응고되어 열을 방출해 이글루 안이 따뜻해진다.

03. 답 ②
바른 풀이 ② 융해, 기화는 열을 흡수하는 상태 변화이다.

04. 답 ④
바른 풀이 ④ 어는점은 물질이 응고될 때 일정하게 유지되는 온도를 말하고, 끓는점은 물질이 기화될 때 일정하게 유지되는 온도를 말한다.

05. 답 ②
해설 ② (가) 구간과 (나) 구간에서는 주위에 빼앗긴 열에너지 만큼 물질이 상태 변화할 때 열에너지를 방출하기 때문이다.

06. 답 ③, ④
바른 풀이 ① A 구간은 고체 상태로 상태가 변화하지 않는다.
② B 구간의 온도는 녹는점, D 구간의 온도는 끓는점이다.
⑤ E 구간에서 물질은 기체 상태이다. 액체와 기체가 함께 존재하는 구간은 D이다.

유형 익히기 & 하브루타 34~37쪽

[유형2-1] (1) ㄱ : 기체 → 액체　ㄴ : 기체 → 고체
ㄷ : 액체 → 고체　(2) 방출
01. 방출　02. ⑤
[유형2-2] ③　03. ②　04. ④
[유형2-3] ②　05. ①　06. ②
[유형2-4] ④　07. ①　08. ⑤

[유형2-1] 답 (1) ㄱ : 기체 → 액체　ㄴ : 기체 → 고체
ㄷ : 액체 → 고체　(2) 방출
해설 ㄱ. 스팀 난방은 수증기가 액화하면서 열을 방출하는 액화 현상이다.
ㄴ. 눈이 오기 전에는 기체가 고체로 승화하며 열을 방출하여 날씨가 포근하다.
ㄷ. 이글루 안에 물을 뿌리면 물이 얼면서 열을 방출하기 때문에 이글루 안이 따뜻해진다.

01. 답 방출
해설 액체가 고체로 응고될 때 열에너지를 방출한다.

02. 답 ⑤
해설 콜라에 얼음을 넣어 두면 얼음이 콜라의 열을 흡수하여 융해되면서 콜라를 시원하게 한다.

[유형2-2] 답 ③
해설 드라이아이스가 고체에서 기체로 승화할 때 주변에 존재하던 따뜻한 수증기가 차가운 드라이아이스 기체(이산화 탄소)를 만나 액화하며 열을 방출하고 작은 물방울들을 생성한다. 이 물방울들이 모이면 하얗게 보여 마치 안개를 깔아놓은 듯한 모습이 된다.

03. 답 ②
해설 수증기는 얼어붙어 고체가 되는 승화 과정을 통해 열에너지를 방출한다.

04. 답 ④
해설 비가 오기 전에는 공기 중의 수증기가 액체로 액화하며 열에너지를 방출해 날씨가 후덥지근하다. 그래프에서 이에 해당되는 구간은 ④이다.

[유형2-3] 답 ②
해설 ② B 구간은 얼음이 물로 상태 변화하는 구간으로 고체와 액체가 공존한다.
바른 풀이 ① (가)의 온도는 끓는점, (나)의 온도는 녹는점이다.
③ C 구간에서는얼음이 물로 완전히 융해되어 주위에서 흡수한 열에너지로 온도가 높아진다.
④ B, D 구간에서는 흡수한 열에너지를 상태 변화 과정에 사용한다.
⑤ A, C 구간에서는 열에너지를 흡수하여 온도가 증가한다.

05. 답 ①

해설 아이스박스에 얼음과 음식을 함께 보관하면 얼음이 물로 융해하며 주변으로부터 열에너지를 흡수하기 때문에 음식의 온도가 낮아진다. 그래프에서 이에 해당되는 구간은 ①이다.

06. 답 ②
해설 얼음이 물로 상태 변화할 때 구간 BC에서 열에너지를 흡수한다.

[유형2-4] 답 ④
바른 풀이 ④ (가) 구간에서 물질은 기체에서 액체로 상태 변화가 일어나고 있다.
해설 ① A는 끓는점, B는 어는점이다.
② (가) 구간에서 물질은 기체에서 액체로 액화, (나) 구간에서 물질은 액체에서 고체로 응고되는 상태 변화를 한다. ⑤ (나) 구간에서 물질은 액체에서 고체로 상태 변화한다.

07. 답 ①
바른 풀이 ① A는 어는점이다. 같은 물질일 경우 녹는점과 어는점은 온도가 같다.

08. 답 ⑤
해설 겨울에 오렌지 나무에 물을 뿌리면 물이 응고하며 열에너지를 방출해 오렌지 나무의 온도를 상승시킨다. 그래프에서 응고에 해당되는 구간은 ⑤이다.

창의력 & 토론마당 38~41쪽

01

〈예시 답안〉
- 열을 방출하는 장치 : 전기밥솥, 석유 난로, 가스레인지, 알코올램프, 아궁이 등
- 열을 흡수하는 장치 : 에어컨, 냉장고, 제빙기 등

해설 전기밥솥, 석유 난로, 가스레인지, 알코올램프, 아궁이는 전기나 액체 연료, 가스 연료 등 다양한 에너지를 열로 전환시켜 방출시키는 장치이고, 에어컨, 냉장고, 제빙기는 전기 에너지를 이용해 열을 흡수한 뒤 다른 곳으로 방출시키는 장치이다. 예를 들어 냉장고의 경우, 냉장고 내부의 열을 흡수해 냉장고 뒤쪽으로 방출시키며 내부의 온도를 낮게 유지한다.

02

아이스크림 주변의 찬 공기를 선풍기 바람이 쫓아내 더 많은 열에너지를 흡수하였기 때문이다.

해설 아이스크림 주변에 닿은 공기는 아이스크림의 영향으로 주변의 공기보다 온도가 낮다. 그런데 선풍기 바람으로 아이스크림 주변에 닿은 공기를 계속해서 밀어내면 따뜻한 공기가 아이스크림 주변에 닿게 되고 따뜻한 공기로부터 열에너지를 흡수한 아이스크림은 더 빨리 녹게 된다.

03

뜨거운 물의 열에너지 방출이 더 빨라 찬물보다 빠르게 얼게 된다.

해설 뜨거운 물은 찬물보다 열에너지 방출이 더욱 급격하게 이루어진다. 에너지 방출이 더욱 급격하게 이루어지면 얼음으로 변하는 속도도 빨라진다.

04

(1) (나)
(2) 젖은 휴지로부터 기화 현상에 의해 휴지가 열을 흡수하고 음료의 온도를 낮춰준다.
(3) 선풍기나 부채로 바람을 일으켜준다. 등

해설 (2) 휴지에 묻은 물이 기화하며 음료수의 열을 흡수하기 때문에 그냥 넣어둔 음료수보다 더 빠른 속도로 음료수의 온도가 내려간다.
(3) 선풍기나 부채로 바람을 일으켜주면 음료수 바깥의 물이 빠르게 기화하면서 음료수도 빠르게 시원해진다.

05

(1) 액화
(2) 〈예시 답안〉
1. 새벽에 나뭇잎에 이슬이 생겼다.
2. 얼음물을 담은 유리컵의 표면에 물방울이 생겼다.
3. 주전자에 물을 넣고 끓였더니 주전자의 주둥이에서 하얀 김이 생겼다.

해설 (1) 뜨거운 밥의 열기와 식탁 유리의 찬 공기가 만나면 수증기가 기체에서 액체로 액화하며 물을 생성한다.
(2) 1. 상대적으로 따뜻한 나뭇잎에 찬 공기가 닿으면 수증기가 물로 변해 액체 상태의 이슬이 생긴다. 2. 실온의 따뜻한 공기가 얼음물을 담은 유리컵에 가까워지면 기체 상태의 수증기가 물로 변해 물방울이 맺힌다. 3. 주전자로부터 나오는 따뜻한 수증기가 주전자 바깥의 차가운 공기를 만나면 액체 상태의 하얀 김을 생성한다.

스스로 실력 높이기 42~45쪽

01. (1) O (2) X (3) O　02. (1) 흡수 (2) 방출
03. 열에너지　04. 녹는점　05. 상태 변화
06. ①, ③, ⑤　07. (나), 액체 → 기체
08. (1) O (2) O (3) X　09. A, C, E
10. (1) X (2) O (3) O　11. ①
12. ④　13. ④　14. ④, ⑤　15. ⑤
16. ②　17. ⑤　18. ⑤　19. ②　20. ②
21. 물이 응고하면서 열에너지(응고열)를 방출하여 화초 주위의 온도가 높아진다.
22. 융해 : 열에너지 흡수, 응고 : 열에너지 방출

01. 답 (1) O (2) X (3) O
바른 풀이 (2) 열에너지를 흡수하는 상태 변화는 물질 주위의 온도를 하강시킨다.

02. 답 (1) 흡수 (2) 방출
해설 (1) 콜라에 얼음을 넣으면 얼음이 고체에서 액체로 상태 변화하며 열을 흡수해 콜라를 시원하게 한다.
(2) 이글루 안에 물을 뿌리면 물이 얼음으로 응고되며 열을 방출해 이글루 안이 따뜻해진다.

06. 답 ①, ③, ⑤
해설 융해, 기화, 승화(고체→기체)할 때 열에너지를 흡수하여 물질 주위의 온도를 하강시키고, 응고, 액화, 승화(기체→고체)할 때 열에너지를 방출하여 물질 주위의 온도를 상승시킨다.

07. 답 (나), 액체→기체
해설 (나)구간에서 흡수한 열에너지를 액체에서 기체로 상태 변화하는데 모두 사용하기 때문에 온도가 일정하게 유지된다.

08. 답 (1) O (2) O (3) X
바른 풀이 (3) 융해와 기화가 일어날 때 온도는 일정하게 유지된다.

09. 답 A, C, E
해설 기체에서 고체로 승화(A)할 때, 기체에서 액체로 액화(C)할 때, 액체에서 고체로 응고(E)될 때 열에너지를 방출한다.

10. 답 (1) X (2) O (3) O
바른 풀이 (1) 냉각 곡선에서는 시간이 지날수록 온도가 낮아진다.

11. 답 ①
해설 오렌지 주스에 얼음을 넣으면 얼음이 고체에서 액체로 상태 변화하며 열을 흡수해 오렌지 주스를 시원하게 한다. 그래프에서 이에 해당되는 구간은 ①이다.

12. 답 ④
바른 풀이 ④ 수증기는 기체에서 고체로 상태 변화하며 열에너지를 방출한다.

13. 답 ④
해설 그래프의 (나) 구간은 액화, (라) 구간은 응고의 상태 변화가 일어난다.

14. 답 ④, ⑤
해설 끓는점은 액체에서 기체로 기화될 때, 기체에서 액체로 액화할 때 일정하게 유지되는 온도이다.

15. 답 ⑤
바른 풀이 녹는점(어는점), 끓는점은 물질 고유의 특성이다. 물의 끓는점은 100℃, 에탄올의 끓는점은 78.32℃ 아세톤의 끓는점은 56.2℃로 서로 다른 끓는점을 가지므로 서로 다른 모양의 그래프를 갖는다.

16. 답 ②
해설 눈이 오기 전 대기 중의 수증기는 눈으로 승화하며 열을 방출하여 날씨가 포근해진다.

17. 답 ⑤
바른 풀이 ① A 구간은 액체 상태로 상태 변화가 일어나지 않는다.
② B 구간에서 액체는 기체로 기화하며 열에너지를 흡수한다.
③ C 구간은 기체 상태로 상태 변화가 일어나지 않는다.
④ B 구간과 E 구간에서의 온도를 끓는점이라 한다.

18. 답 ⑤
바른 풀이 ⑤ 고체 물질은 시간이 지날수록 열을 흡수한다.

19. 답 ②
해설 강아지는 흘린 침이 기화하며 몸의 열에너지를 흡수하기 때문에 몸의 온도가 낮아진다. 그래프에서 이에 해당되는 구간은 ②이다.

20. 답 ②
해설 ② 에탄올을 손에 바르면 에탄올이 기화하며 열을 흡수해 손이 시원하게 느껴진다.
바른 풀이 ① 비가 오기 전에는 공기 중의 수증기가 액체로 되며 열에너지를 방출해 날씨가 후덥지근하다.
③ 스팀 난방은 수증기가 액화하면서 열을 방출하는 액화 현상이다.
④ 이글루 안에 물을 뿌리면 물이 얼음으로 응고되며 열을 방출해 이글루 안이 따뜻해진다.
⑤ 주전자에서 나오는 따뜻한 수증기가 액화되어 하얀 김을 생성한다.

21. 답 물이 응고하면서 열에너지(응고열)를 방출하여 화초 주위의 온도가 높아진다.
해설 추운 겨울철 화초에 물을 뿌리면 물이 응고할 때 열을 방출하므로 화초의 냉해를 막을 수 있다.

22. 답 융해 : 열에너지 흡수, 응고 : 열에너지 방출
해설 알루미늄을 가열하여 녹이는 것은 고체가 액체로 상태 변화하는 융해 과정이고 이때 열 에너지를 흡수한다. 틀에 부어 식혀서 알루미늄 제품을 만드는 것은 액체가 고체로 상태 변화하는 응고 과정이고 이때 열 에너지를 방출한다.

3강. 물질의 상태와 분자 배열

개념확인 46~49쪽

1. 분자
2. ㉠ 규칙적 ㉡ 감소 ㉢ 증가한다
3. (1) 변하는 것 : ㉠, ㉤, ㉦
   (2) 변하지 않는 것 : ㉡, ㉢, ㉣, ㉥, ㉧
4. ㉠ 멀어 ㉡ 약해진다

확인+ 46~49쪽

1. ②, ⑤ 2. (1) O (2) X (3) O (4) O
3. ④ 4. ②

1. 답 ②, ⑤
해설 세 그림을 비교 했을 때, 분자 모형 사이의 거리를 비교하여 물질의 상태를 알 수 있다. (나)는 분자가 규칙적으로 배열된 고체, (가)는 (나)보다 분자가 비교적 불규칙적이며 분자 사이 거리가 먼 액체, (다)는 분자끼리 멀리 떨어져 있는 기체의 분자 배열을 나타내고 있다.

2. 답 (1) O (2) X (3) O (4) O
바른 풀이 (2) 물질의 상태가 변하여도 물질의 성질은 변하지 않는다.

3. 답 ④
해설 초콜렛이 녹을 때는 고체가 액체로 변하는 융해하는 상태 변화이다. 상태 변화가 일어나도 분자의 개수와 종류, 성질이 변하지 않기 때문에 초콜렛의 질량이나 맛은 변하지 않는다. 하지만 분자의 배열이 불규칙해지면서 부피는 증가한다.

4. 답 ②
해설 ② 상태 변화할 때, 분자의 배열이 달라져 거리가 달라진다.
바른 풀이 ① 액화(기체 → 액체)가 되면서 분자 사이의 거리는 더 가까워진다.
③ 물이 얼어 얼음(고체)이 될 때, 분자 배열은 더 규칙적으로 바뀐다.
④ 분자 사이 거리가 멀어지면 인력은 약해지고 부피는 커진다.
⑤ 상태 변화를 해도 분자는 변하지 않지만, 분자와 분자 사이의 거리가 달라지면서 배열도 변하게 되고, 이에 따라 인력도 변하게 된다.

생각해보기 47~49쪽

★ 물 분자는 굽어 있는 모양으로, 물이 응고되어 규칙적으로 배열되어 얼음이 될 때 빈 공간이 많은 육각형 구조를 이루기 때문이다.

★★ 물이 상태 변화하여 수증기가 되어도 물 분자는 더 많아지거나 늘어나지 않는다. 또한 물 분자를 이루는 구성이 바뀌지 않으므로 상태 변화하여도 더 가벼워지거나 무거워지지 않는다.

★★★ 열기구 내의 가열 장치로 풍선 안의 공기를 데워 공기의 분자 운동을 활발하게 한다. 이때 분자들 사이의 거리가 멀어지고, 풍선이 팽창하면서 열기구가 뜨게 된다.

개념 다지기 50~51쪽

01. ①, ④ 02. ① 03. ④ 04. ②, ⑤
05. ⑤ 06. ④

01. 답 ①, ④
해설 ①, ④ 분자는 물질의 성질을 갖는 가장 작은 입자이며, 같은 물질은 상태가 변하더라도 분자의 종류와 크기, 개수는 변하지 않는다.
바른 풀이 ② 분자는 아주 작은 입자로 눈으로 확인 할 수 없기 때문에 분자 모형을 사용한다.
③ 물질에 따라 분자의 종류가 다르다.
⑤ 고체의 분자 배열은 규칙적이지만 액체의 분자 배열은 불규칙적이다.

02. 답 ①
바른 풀이 ① 구슬은 멈추어있기 때문에 끊임없이 움직이는 분자의 운동을 표현할 수가 없고, 구슬이 서로 잡아당기는 힘인 인력을 표현할 수가 없다.
해설 ② 구슬은 움직일 수 없으므로 스스로 움직이는 분자를 표현할 수 없다.
③ (가)는 분자 배열이 규칙적인 고체, (나)는 분자 배열이 불규칙적인 액체, (다)는 분자 배열이 매우 불규칙적인 기체이다.
④ 구슬의 크기는 모두 같으므로 분자의 크기가 변하지 않는 것을 알 수 있다.
⑤ 구슬의 모양은 모두 같으므로 분자의 모양이 일정한 것을 알 수 있다.

03. 답 ④
해설 가열을 해서 융해, 기화, 승화(고체 → 기체)의 상태 변화가 일어날 때 분자 사이의 거리가 멀어지고 인력이 약해진다. A 승화(기체 → 고체), B 승화(고체 → 기체), C 액화, D 기화, E 응고, F 융해이므로 B, D, F이다.

04. 답 ②, ⑤
해설 ②, ⑤ 냉각할 때 분자 사이의 거리가 가까워 진다. 냉각할 때 일어나는 상태 변화는 응고, 액화, 승화(기체 → 고체)이다. 성에가 끼는 것은 수증기가 차가운 표면에서 바로 고체가 된 승화 현상이고, 쇳물이 식어 철이 되는 것은 응고 현상이다.
바른 풀이 ① 젖은 빨래가 마르는 것은 기화이므로 분자 사이의 거리가 멀어진다.
③ 주전자의 물이 끓어 수증기가 되는 것은 기화이므로 분자 사이의 거리가 멀어진다.
④ 드라이아이스의 조각이 점점 작아져 기체가 되는 것은 승화(고체 → 기체)이므로 분자 사이의 거리가 멀어진다.

05. 답 ⑤
바른 풀이 (가)는 고체, (나)는 액체, (다)는 기체를 나타내는 그림이다. ⑤ 분자 사이의 거리가 가장 먼 기체의 경우 분자 사이의 인력이 가장 약하다.
해설 ①, ② (가)는 고체 상태로 분자 배열이 매우 규칙적이고, (가)를 가열하면 (다) 기체 상태로 만들 수 있다.
③ (나) 액체 상태를 냉각하면 (가) 고체 상태로 만들 수 있다.
④ (다) 기체 상태에서 (나) 액체 상태로 변하는 것을 액화라고 한다.

06. 답 ④
해설 상태 변화할 때 변하는 것 : (가), (다), (마)
상태 변화할 때 변하지 않는 것 : (나), (라), (바)

유형 익히기 & 하브루타 52~55쪽

[유형3-1] (다), 기체	01. ⑤	02. ④
[유형3-2] ⑤	03. ⑤	04. ②, ③
[유형3-3] ②, ④, ⑤	05. ④	06. ㄱ, ㄴ, ㄹ
[유형3-4] ⑤	07. ④	08. A, B

[유형3-1] 답 (다), 기체
해설 문제에 제시된 설명은 기체에 관한 것이다. 기체는 분자 사이의 거리가 가장 멀어 압축이 잘 되고, 분자 배열도 가장 불규칙적이다. 또한 담는 용기에 따라 모양이 변한다. 그림 (가)는 고체 상태, (나)는 액체 상태, (다)는 기체 상태의 모형이다.

01. 답 ⑤
해설 ⑤ 고체는 규칙적인 배열로 줄 맞춰 앉아 자리를 이동하지 않는 수업 시간에 비유할 수 있다. 수업시간에 학생들은 제자리에서 움질일 수 있지만 자리에서 돌아다니지 않는 것처럼, 고체 상태에서 분자들도 제자리에서 진동 운동을 하며 규칙적인 배열로 있다.
바른 풀이 ①, ②, ③, ④ 모두 움직임이 자유롭고, 불규칙적인 운동에 대한 비유이다.

02. 답 ④
해설 ④ 고체는 분자들이 규칙적으로 배열되어 있기 때문에 담는 그릇에 상관없이 일정한 모양을 유지한다.
바른 풀이 ①, ②, ③, ⑤ 같은 물질이라면 상태에 상관없이 분자의 모양과 크기는 일정하다.

[유형3-2] 답 ⑤
해설 가열할 때는 분자 운동이 활발해지며, 분자 배열은 불규칙해진다. 반대로 냉각할 때에는 분자 운동이 둔해지며,분자 배열은 규칙적으로 된다.

03. 답 ⑤
해설 ⑤ 부피가 작아지는 경우는 물질을 냉각했을 때 상태 변화가 나타나는 경우이다. 성에는 공기 중의 수증기가 얼어 붙은 승화 현상이다.
바른 풀이 ①, ②는 융해 ③ 기화 ④ 고체에서 기체로 변하는 승화로 모두 가열했을 때 나타나는 변화이므로 부피가 커진다.

04. 답 ②, ③
해설 ②, ③ 기체는 물질을 이루는 분자 사이의 거리가 멀어 분자 사이에 빈 공간이 많기 때문에 압축이 잘 된다. 모든 분자는 운동을 하며, 기체 상태일 때 분자 사이의 인력은 매우 약하다. 분자 배열이 달라진다고 해도 분자의 형태나 개수에는 변화가 없다.

[유형3-3] 답 ②, ④, ⑤
해설 ② 물 분자는 굽어 있는 모습으로 고체가 될 때 규칙적인 배열을 하면서 육각형 내부의 빈 공간이 생기게 된다.
④, ⑤ 분자 모형으로 얼음과 수증기의 상태를 구분할 수 있고, 상태가 변해도 분자 모양이나 크기는 변하지 않는다.
바른 풀이 ①, ③ 상태가 변하더라도 분자 수와 모양은 달라지지 않는다. 또한 실제 분자는 눈으로 확인할 수 없으므로 분자 모형의 모습으로 각각의 상태에서 물질을 구성하고 있는 모습을 알 수 있다.

05. 답 ④
바른 풀이 ④ 대부분의 물질은 가열할 때 나타나는 상태 변화에서 부피가 커진다. 고체에서 액체(융해), 고체에서 기체,(승화) 액체에서 기체(기화)로 변할 때 부피가 증가한다.

06. 답 ㄱ, ㄴ, ㄹ
해설 물질의 상태가 변할 때 분자의 수나 분자 자체는 변하지 않고 분자 사이의 배열, 거리, 인력만 달라진다.

[유형3-4] 답 ⑤
해설 금속 쇳물(액체)이 단단한 도끼(고체)로 상태 변화하는것은 응고이다. 응고가 될 때 입자의 배열은 규칙적으로 변하면서 입자 사이의 거리가 가까워짐에 따라 부피가 감소

한다. 상태가 변화할 때 분자의 수, 질량, 크기는 변하지 않는다.

07. 답 ④
해설 ④ 인력이 가장 강한 고체 상태에서 가장 약한 기체 상태로 상태 변화 할 때 인력이 가장 약해진다.
바른 풀이 ①, ⑤ 응고 ③ 액화이므로 인력이 강해지는 경우이고, ② 융해는 인력이 약해지는 경우이지만 가장 약해지는 경우는 아니다.

08. 답 A, B
해설 분자 사이의 거리가 가장 가까운 고체에서 분자 사이의 거리가 가장 먼 기체 사이의 상태 변화일 때, 분자 사이의 거리의 변화가 가장 크다.

창의력 & 토론마당 56~59쪽

01 〈예시 답안〉 그릇 바닥의 오목한 부분에 있는 기체 분자들이 뜨거운 음식으로부터 열을 받아 분자 운동이 활발해져서 부피가 증가하기 때문이다.

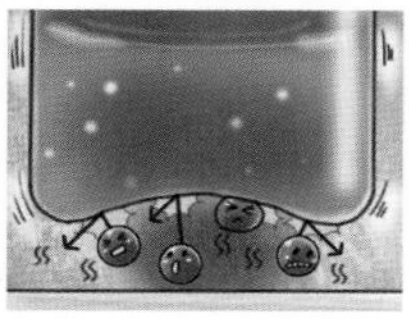

해설 분자 운동은 온도가 높을수록 활발해진다. 그릇 바닥의 오목한 부분에 있는 기체 분자들이 뜨거운 음식에서 나오는 열을 전달 받아 분자 운동이 활발해지면서 부피가 커진다. 때문에 그릇이 조금 들어 올려져서 미끄러지듯이 움직이는 것이다.

02
(1) B 융해 , D 기화 , F 승화
(2) 물질의 성질과 질량, 분자의 개수, 분자의 크기 등
(3) D
(4) 물질을 밀폐된 용기에 담아 외부의 출입을 막은 뒤, 상태 변화가 일어나기 전과 후의 질량을 정밀하게 측정한다.

해설 A - 응고, B - 융해, C - 액화, D - 기화, E - 승화, F - 승화
(1) 가열로 인한 상태 변화 : B, D, F
(2) 상태 변화가 일어나도 물질을 이루는 분자는 변하지 않기 때문에 물질의 성질과 질량은 변하지 않는다.
(3) D, 고체에서 액체로 될 때보다 액체에서 기체로 될 때 부피가 더 많이 커진다.
(4) 외부의 영향을 받지 않게 하기 위해서 밀폐된 용기에 담고, 정밀하게 질량을 측정하는 기구를 사용한다.

03
〈 예시 답안 〉

	물질의 상태	설명
관중	고체	일정한 자리에서 규칙적으로 앉아 있다.
선수	기체	사방으로 퍼져 움직이며 매우 불규칙적으로 있다.
치어리더	액체	비교적 자유롭게 움직이며 무질서한 배열을 한다.
심판	기체	경기장을 자유롭게 움직인다.

해설 자유롭게 움직이는 사람들을 기체 분자에, 움직임이 거의 없는 사람들을 고체 분자에, 비교적 자유롭게 움직이는 사람들을 액체 분자에 자유롭게 비교하여 설명할 수 있다.

04
(1) 응고 , 승화(고체 → 기체)
(2) 〈예시 답안〉 맛과 영양소를 유지할 수 있다. 간편하게 이용할 수 있다. 장기간 보존할 수 있다. 등

해설 (1) -70 ~ -50℃ 로 급속 냉동시킬 때 식품 내에 들어 있는 수분을 응고시킨 다음 건조기에서 압력을 낮추어 식품 내의 얼음을 승화시켜 수분을 제거한다.
(2) 가열하지 않고 수분만 제거하므로 맛도 보존할 수 있고, 영양소가 파괴되지 않고 유지된다.

05
〈 예시 답안 〉

	실험 방법	이유
1	전자저울을 이용하여 물병 표면의 물방울이 생기기 전과 후의 무게를 비교한다.	물병에서 새어나온 것이라면 물병의 무게에 변화가 없을 것이다.
2	물방울을 닦아내기 전과 후의 무게를 비교한다.	물병에서 새어나온 것이라면 물병의 무게가 줄어들 것이다.
3	동일한 물병에 따뜻한 물을 넣어 표면에 물방울이 맺히는지 관찰해 본다.	따뜻한 물을 넣었을 때 물병 표면에 물방울이 맺히지 않는다면, 차가운 물을 넣은 물병 표면의 물방울도 새어나온 것이 아니다.
4	색소를 첨가한 차가운 물을 물병에 넣고 표면에 맺힌 물방울을 흰 천이나 휴지로 닦아내어 색깔이 묻어나는지 확인한다.	휴지에 색깔이 묻어난다면 물병에서 새어나온 것이고, 묻어나지 않는다면 물병에서 새어나온 것이 아니다.

스스로 실력 높이기 60~63쪽

01. ㄱ, ㄹ 02. ㄷ 03. 응고, 액화, 승화(기체→고체)
04. (1) B (2) A (3) A (4) B
05. (1) ㉢, ㉥, ㉦ (2) ㉠, ㉡, ㉣, ㉤
06. (1) X (2) O (3) O (4) X
07. (1) 강 (2) 약 (3) 약 (4) 강
08. ③ 09. ⑤ 10. ② 11. ③, ④
12. ②, ④, ⑤ 13. (1) (가) (2) (다)
14. ①, ② 15. ⑤ 16. ③ 17. ③
18. ② 19. ⑤ 20. ④, ⑤
21. 찌그러진 탁구공을 뜨거운 물에 넣으면 탁구공 속 기체의 온도가 높아지므로 기체의 분자 운동이 활발해져 기체의 부피가 증가한다.
22. 변화 없다.

01. 답 ㄱ, ㄹ
해설 ㄱ, ㄹ. 분자 모형은 분자에 대한 이해를 돕기 위해 사용되며, 같은 종류의 물질은 같은 종류의 분자 모형으로 나타낸다.
바른 풀이 ㄴ. 모형을 사용하게 되면 스스로 움직이는 분자의 운동이나 분자 사이의 인력을 모두 표현할 수 없다.
ㄷ. 실제 분자는 크기가 매우 작기 때문에 눈에 보이는 물체를 이용하여 분자 모형으로 사용한다.

02. 답 ㄷ
해설 온도가 높아지면 액체 상태인 아세톤이 기화되므로 아세톤 분자 사이의 거리가 멀어진다.
바른 풀이 ㄱ. 분자의 개수는 일정하다.
ㄴ. 기화되면서 인력은 약해진다.
ㄹ. 분자의 성질은 바뀌지 않았다.

03. 답 응고, 액화, 승화(기체 → 고체)
해설 분자 운동이 둔해지고 분자 배열이 규칙적으로 되는 경우는 냉각되어 열에너지를 방출하는 응고, 액화, 승화(기체 → 고체)이다.

04. 답 (1) B (2) A (3) A (4) B
해설 부피가 감소하는 상태 변화는 응고, 액화, 승화(기체 → 고체), 부피가 증가하는 상태 변화는 융해, 기화, 승화(고체 → 기체)이다.

05. 답 (1) ㉢, ㉥, ㉦ (2) ㉠, ㉡, ㉣, ㉤
해설 상태 변화 할 때 분자 사이의 거리, 배열, 인력 등이 변하면서 물질의 부피가 변한다. 하지만 물질을 이루는 분자는 변하지 않으므로 설탕의 맛이나 질량, 분자의 개수, 성질은 변함이 없다.

06. 답 (1) X (2) O (3) O (4) X
바른 풀이 (1) (나) 액체 상태를 냉각하면 (가) 고체 상태로 변한다. (4) 상온에서 드라이아이스는 고체 (가)에서 기체 (다)로 승화한다.

07. 답 (1) 강 (2) 약 (3) 약 (4) 강
해설 인력이 강해지는 경우는 응고, 액화, 승화(기체 → 고체)이다.
(1) 승화(기체 → 고체) (2) 융해 (3) 융해 (4) 액화이므로 인력이 강해지는 경우는 (1), (4)이다.

08. 답 ③
바른 풀이 ③ 기체는 퍼지는 성질이 있어서 부피가 일정하지 않다.

09. 답 ⑤
해설 (가)는 액체로 흐르는 성질이 있고, 분자 사이의 거리가 비교적 가깝다. (나)는 기체로 분자 사이의 거리가 가장 멀고, 담는 그릇에 따라 부피가 변한다. (다)는 고체로 규칙적인 배열을 갖는다.

10. 답 ②
해설 문제에서 설명하는 것은 고체 상태이다.
 - 고체 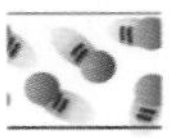 - 액체 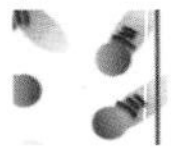 - 기체

11. 답 ③, ④
해설 A - 승화(기체 → 고체) , B - 액화 , C - 응고, D - 승화(고체 → 기체) , E - 기화 , F - 융해이다.
바른 풀이 ① 언 빨래가 마르는 것은 D - 승화 (고체 → 기체), ② 고드름이 녹는 것은 F - 융해, ⑤ 알코올이 증발하는 것은 E - 기화이다.

12. 답 ②, ④, ⑤
해설 물과 식초는 액체 상태인 (나)이고, 설탕은 같은 가루 물질은 담는 그릇에 따라 모양도 달라지고 흐르는 것 같지만, 알갱이 자체의 모양은 변하지 않으므로 얼음과 같은 고체 상태인 (가)이다. (다)는 기체 상태의 분자 모형으로 수증기가 이에 해당된다.

13. 답 (1) (가) (2) (다)
해설 분자 사이의 인력은 고체 > 액체 > 기체 이고, 부피는 고체 < 액체 < 기체 이다.

14. 답 ①, ②
해설 ①, ② A 과정은 승화(기체 → 고체)이므로 분자 사이의 인력이 강해지고, B 과정은 응고이므로 분자 사이의 거리가 가까워진다.
바른 풀이 ③ 상태 변화가 일어나도 분자의 개수는 달라지지 않는다.
④ 물을 제외한 대부분의 물질들은 D 과정(융해)에서 부피가 증가한다.
⑤ 새벽에 이슬이 맺히는 현상은 C 과정(액화)이다.

15. 답 ⑤

해설 보기의 예는 모두 응고 현상으로 입자 사이의 거리가 감소하며 인력은 강해지고 부피는 작아지므로 ⑤이다. 또한 입자의 배열은 규칙적으로 변하며 입자의 수는 변함없다.

16. 답 ③
바른 풀이 ③ 분자의 개수, 종류, 크기, 성질은 상태 변화할 때 변하지 않으므로 물질의 질량이나 성질은 변하지 않는다.

17. 답 ③
바른 풀이 ③ (나)에서 (다)로 상태 변화할 때 부피는 증가하지만 질량은 항상 일정하다.

18. 답 ②
바른 풀이 ② 상태 변화가 일어나도 분자의 크기는 변하지 않는다.
해설 ①, ④, ⑤ 버터를 녹였을 때 상태만 변화한 것으로 분자의 개수, 성질, 종류는 같다.
③ 버터가 고체에서 액체가 되었으므로 분자 사이의 거리가 멀어졌다.

19. 답 ⑤
해설 ⑤ 물 분자는 굽은 모양으로 얼음으로 상태 변화 할때 빈 공간이 많은 육각 고리 모양 구조를 이루기 때문에 얼음의 부피가 증가하게 된다.
바른 풀이 ①, ②, ③, ④ 액체에서 고체로 상태가 변화할 때, 분자의 크기, 성질, 개수는 변하지 않고, 분자 운동이 둔해진다.

20. 답 ④, ⑤
해설 A - 승화(기체 → 고체), B - 응고, C - 액화, D - 융해, E - 기화, F - 승화(고체 → 기체) ④ 얼었던 강물이 녹는 것은 D(액화)이다.
⑤ 눈으로 만든 눈사람은 고체 상태이다. 영하의 날씨에 눈사람은 기체 상태로 상태 변화하기 때문에 물로 녹지 않고 크기가 작아진다. 이는 승화(F)이다.
바른 풀이 ① 풀잎에 이슬이 맺힌다. - C 액화
② 겨울철 유리창에 성에가 생긴다. - A 승화(기체 → 고체) ③ 젖은 머리카락을 헤어드라이로 말린다. - E 기화

21. 답 찌그러진 탁구공을 뜨거운 물에 넣으면 탁구공 속 기체의 온도가 높아지므로 기체의 분자 운동이 활발해져 기체의 부피가 증가한다.
해설 찌그러진 탁구공을 뜨거운 물에 넣으면 탁구공 내부기체의 온도가 높아져 기체 분자들의 운동이 활발해지고 분자 사이의 거리가 멀어져 기체의 부피가 증가하므로 탁구공이 부풀어 오른다.

22. 답 변화 없다.
해설 고체 양초를 가열하였더니 융해되어 액체 양초가 되었다. 고체 양초가 액체 양초가 되면 분자의 배열이 불규칙해지면서 부피가 증가하지만 분자의 개수, 크기, 종류는 달라지지 않으므로 양초를 녹이기 전후의 질량은 같다.

4강. Project 1

논/구술 64~65쪽

01 얼음은 녹아서 물이 생기는데, 드라이아이스는 액체 상태로 변하지 않고 바로 기체 상태로 변한다. 아이스크림을 포장할 때 얼음을 넣는다면 얼음이 녹아서 생긴 물로 인해 아이스크림과 섞일 수 있고, 더 빨리 녹을 수도 있다.

해설 얼음은 0℃에서 상태 변화하고, 드라이아이스는 -56.4℃에서 상태 변화하므로 아이스박스나 아이스크림 포장봉지에 드라이아이스를 넣어 두면 더 차갑고, 더 오래 아이스크림을 보관할 수 있다. 또한 얼음은 상태 변화하여 생긴 액체 물이 상자에 고이지만, 드라이아이스는 액체 상태를 거치지 않고 바로 기체로 상태 변화하므로 아이스크림을 변질시키지 않는다.

02 이산화 탄소 고체가 이산화 탄소 액체로 상태 변화하는 압력과 온도는 5.14기압, -56.4℃이므로, 주사기 안의 압력은 5.14기압보다 높고, -56.4℃보다 높은 온도일 것이다.

탐구-탐구 전 확인 문제 66~67쪽

1. 드라이아이스가 승화하여 기체로 날아가기 때문이다.

2. 이산화 탄소 기체가 날아가면서 금속 물체에 진동을 전달하기 때문이다.

3. 드라이아이스 조각을 물에 넣으면 용기 주변으로 하얀 안개가 생겨나고, 비눗물에 넣으면 뿌연 비눗방울이 생긴다.

4. (1) 드라이아이스를 지퍼백에 담아 둔다.
(2) 유리판으로 반쯤 덮은 집기병에 드라이아이스를 담고 드라이아이스가 모두 사라지는 순간 유리판으로 집기병을 덮는다.
(3) 수상치환으로 포집한다. 등

5. 상태, 성질

탐구-이산화 탄소 기체의 성질 68~69쪽

〈양초를 이용하는 경우〉

실험 방법 : 이산화 탄소 기체는 불을 끄게 하는 성질이 있으므로 키가 다른 양초를 세워두고 가운데에 드라이아이스를 놓고 어떤 양초가 먼저 꺼지는지 관찰한다.

실험 결과 : 이산화 탄소 기체는 불을 끄는 성질이 있으므로 키가 다른 양초를 세워 두고, 드라이아이스를 중간에 놓아 두면 아래쪽 양초가 먼저 꺼지므로 이산화 탄소 기체가 공기보다 무겁다는 것을 알 수 있다.

〈비눗방울을 이용하는 경우〉

실험 방법 : 드라이아이스가 들어 있는 수조 안에 공기를 불어 넣은 비눗방울을 넣어 본다.

실험 결과 : 비눗방울 안에는 공기가 들어 있는데, 드라이아이스가 들어 있는 곳에서 위로 떠오르므로 공기가 이산화 탄소 기체보다 가볍다는 것을 알 수 있다.

Ⅱ 분자 운동과 기체

5강. 분자 운동

개념확인 72~75쪽

1. (다), (나), (가)
2. ㉠ 확산 ㉡ 온도 ㉢ 운동
3. ㉠ 증발 ㉡ 확산
4. ㉠ 기화 ㉡ 증발 ㉢ 끓음

확인+ 72~75쪽

1. ③ 2. (1) X (2) O (3) X 3. ④
4. (1) O (2) X (3) O (4) X

1. 답 ③
바른 풀이 ③ 고체 상태의 분자는 제자리에서 진동 운동을 한다.

2. 답 (1) X (2) O (3) X
바른 풀이 (1) 진공 속에서 확산 속도가 가장 빠르다.
(3) 같은 물질인 경우 기체 상태일 때 확산 속도가 가장 빠르다.

3. 답 ④
해설 ④ 분자 사이의 인력이 약할수록 증발이 더 잘 일어난다.
바른 풀이 ① 온도가 높을수록 증발이 더 잘 일어난다.
② 습도가 낮을수록 증발이 더 잘 일어난다.
③ 표면적이 넓을수록 증발이 더 잘 일어난다.
⑤ 액체의 표면에서 액체가 기체로 변하는 기화 현상이다.

4. 답 (1) O (2) X (3) O (4) X
바른 풀이 (2) 증발은 모든 온도에서 일어난다.
(4) 증발은 액체 표면에서만 일어난다.

생각해보기 72~75쪽

★ 액체 향수의 뚜껑을 열어 교실에 두면 복도에서도 향수 냄새를 맡을 수 있다. 이것은 향수 분자가 스스로 운동해서 멀리 퍼져 나간 것이다. 또, 물에 넣은 잉크를 저어주지 않아도 퍼지는 것은 잉크 분자가 스스로 운동을 해서 퍼져 나간 것이다.

★★ 강철(고체)로 된 수저 표면에 입힌 은은 강철 속으로 확산된다. 그러나 엄청나게 느린 속도로 일어나기 때문에 눈으로 확인할 수가 없다. 고체 속으로의 확산은 일어나기는 하지만 일상 생활에서 관찰하기가 어렵다.

★★★ 음식이나 과일은 수분이 증발되면 푸석푸석해지거나 딱딱해진다. 수분 증발을 막고 신선한 보관을 위해 과일이나 빵을 비닐 봉투에 넣어 보관하거나, 떡이나 채소를 랩으로 싸서 보관한다.

★★★★ 빨래가 마르는 것, 염전에서 소금을 얻는 것 등은 모두 증발 현상이다. 음식을 할 때 물을 끓이는 것, 실험을 할 때 알코올 램프를 이용해 액체를 끓이는 것 등은 끓음 현상이다.

개념 다지기 76~77쪽

01. ①, ②, ③ 02. ⑤ 03. ③ 04. ④
05. ④ 06. ①, ⑤

01. 답 ①, ②, ③
해설 ①, ②, ③ 고체 상태 분자는 진동 운동, 액체 상태 분자는 비교적 자유로운 운동, 기체 상태 분자는 매우 활발한 운동을 한다.
바른 풀이 ④ 기체 상태에서는 인력이 약하기 때문에 분자들이 매우 자유롭고 활발하게 움직인다.
⑤ 고체 상태의 분자는 제자리에서 진동 운동을 한다.

02. 답 ⑤
해설 ⑤ 기체 분자는 매우 자유로운 운동을 하므로 분자 사이의 인력이 약하고, 분자의 운동이 빠르다.
바른 풀이 ① 상태 변화에 따라 분자 운동이 빨라지기도, 느려지기도 한다.
② 온도가 높을수록 분자 운동이 빨라진다.
③ 분자들은 항상 끊임없이 움직인다.
④ 기체 상태의 분자가 가장 활발하게 운동한다.

03. 답 ③
해설 ③ 분자들이 스스로 움직이기 때문에 확산 현상이 일어난다.

04. 답 ④
바른 풀이 ④ 기체 > 액체 > 고체 순으로 확산 속도가 빠르다.

05. 답 ④
해설 ④ 증발은 액체의 표면에서 일어나는 기화 현상이다. 표면적이 넓을수록 증발할 수 있는 면적이 많아지기 때문에 증발이 더 잘 일어난다.

06. 답 ①, ⑤
해설 ①, ⑤ 증발과 끓음은 모두 기화 현상이며 끓음은 액체 전체적으로 일어난다.
바른 풀이 ② 액체는 모든 온도에서 증발로 기화할 수 있다.
③ 증발하면 분자 사이의 거리는 멀어진다.
④ 증발 현상은 분자 운동의 증거이다.

유형 익히기 & 하브루타 78~81쪽

[유형5-1] (라), (다), (나), (가) 01. ①
02. (1) ㉠ 높을수록 ㉡ 작을수록
(2) ㉢ 기체 ㉣ 고체
[유형5-2] ㉠ 가열 ㉡ 확산 03. ⑤ 04. ⑤
[유형5-3] ㉠, ㉡ 05. ② 06. ②
[유형5-4] (가) 증발 (나) 끓음 07. ⑤ 08. ⑤

[유형5-1] 답 (라), (다), (나), (가)
해설 분자 운동은 기체 > 액체 > 고체 순서로, 온도가 높을수록 빠르다. (가) 0℃ 고체, (나) 0℃ 액체, (다) 100℃ 액체, (라) 100℃ 기체이므로 (라) > (다) > (나) > (가) 순으로 분자 운동이 빠르다.

01. 답 ①
해설 ① 분자는 끊임없이 스스로 운동한다.
바른 풀이 ② 온도가 높을수록 분자 운동이 활발하다.
③ 기체 상태의 분자가 가장 활발하다.
④ 분자의 질량이 작을수록 활발하다.
⑤ 고체 상태의 분자가 제자리에서 진동 운동만 한다.

[유형5-2] 답 ㉠ 가열 ㉡ 확산
해설 냄새가 퍼져나가는 것은 확산 현상이다. 온도가 높을수록, 분자의 질량이 작을수록 분자 운동이 더 활발해 져서 확산 속도가 빨라진다. 따라서 음식을 가열할 때, 음식 냄새가 더 빨리 퍼진다.

03. 답 ⑤
해설 ⑤ 확산은 물질의 상태가 기체일 때, 진공에서 퍼져나갈 때 가장 빠르다.

04. 답 ⑤
해설 ⑤ 빵의 냄새 분자가 확산되어 제과점 근처에서도 빵 냄새를 맡을 수 있다.
바른 풀이 ①, ②, ③, ④ 나머지 설명은 모두 증발에 관한 내용이다.

[유형5-3] 답 ㉠, ㉡
바른 풀이 ㉢은 끓음, ㉣은 확산 현상의 예이다.

05. 답 ②
해설 ② 어항의 물이 증발하여 줄어들게 된다.

바른 풀이 ①, ③, ④, ⑤는 각각 액화, 융해, 승화, 융해이다.

06. 답 ②

해설 ② 비가 오는 날에는 햇볕이 들지 않고 습도가 높다. 맑은 날은 햇볕이 강하고 습도가 낮아 빨래가 잘 마른다.

바른 풀이 ①, ③, ④, ⑤ 온도가 높을수록, 바람이 강할수록, 분자 사이의 인력이 작을수록, 공기와 닿는 면적이 클수록 증발이 잘 일어난다.

[유형5-4] 답 (가) 증발 (나) 끓음

해설 액체 표면에서 일어나는 기화 현상은 증발, 액체 내부와 표면 모두에서 일어나는 기화 현상은 끓음이다.

07. 답 ⑤

해설 ⑤ 그림은 액체 내부에서도 액체가 기체로 상태 변화하는 끓음을 나타내고 있다. 끓음 현상이 일어나기 위해서는 끓는점 이상의 외부의 열을 받아야 한다.

바른 풀이 ①, ②, ④ 증발에 대한 설명이다.
③ 융해에 대한 설명이다.

08. 답 ⑤

해설 ⑤ 증발은 분자가 스스로 운동하여 액체 표면에서 일어나는 현상이다.

바른 풀이 ① 증발은 기화 현상이다.
② 분자 사이의 인력이 작을수록 잘 일어난다.
③ 증발은 모든 온도에서 일어난다.
④ 증발은 액체 표면에서만 일어난다.

창의력 키우기 82~85쪽

01

〈예시 답안1〉 햅쌀과 묵은쌀을 냄새로 구분한다, 유통 기한이 지난 식품을 골라내어 신선한 식품을 선택할 수 있도록 해준다.
〈예시 답안2〉 로봇에 폭발 물질의 냄새를 감지하는 전자 코를 부착하여 폭발물을 찾아낸다.
〈예시 답안3〉 독성 기체를 감지하는 전자 코로 기체 오염 지역을 찾아낸다.

해설 전자 코는 사람이 맡지 못하는 냄새도 인식할 수 있다. 사람의 5배의 성능으로 후각을 감지할 수 있으므로 더 정교하게 냄새를 구별할 수 있다. 따라서 후각을 이용한 모든 활동에 넓게 이용할 수 있다. 가스 저장 시설이나 폭발 사고 현장과 같이 위험한 곳에 전자 코를 부착한 로봇을 보내어 상황을 살필 수 있고, 화성 탐사 로봇에 방사성 물질을 감지하는 전자 코를 부착해 화성의 방사능 성분을 감지할 수 있다.

02

〈예시 답안〉 습도가 높아지면 땀이 잘 증발하지 않아 몸이 끈적끈적 해지며 체온을 낮추기가 힘들어져 같은 온도라도 더 덥게 느껴진다.

해설 공기 중의 수증기가 많은 날에는 땀의 증발도 더디게 일어나게 된다. 습도가 높아지면 땀이 잘 증발하지 않아 체온을 낮추기가 힘들어지고 같은 온도라도 더 덥게 느껴진다. 이러한 불쾌감을 극복하려면 손수건이나 티슈 등으로 땀을 자주 닦아주어야 한다. 습도를 낮추기 위해 제습기를 가동하고 난방을 하거나 습기 제거제를 사용한다. 제습기 대신 향초를 피워 벽지의 수분을 제거하거나 옷장에 신문지를 넣어 공기 중의 습기를 흡수하는 것도 한 방법이다.

03

〈예시 답안〉 김은 작은 액체 물방울이지만 물방울이 증발해서 수증기가 되면 기체가 되어 눈에 보이지 않는 것이다.

해설 주전자에서 나온 김은 수증기가 대기 중의 찬 공기를 만나 상태 변화한 작은 물방울로, 기체가 아닌 액체 상태이기 때문에 눈에 보이는 것이다. 물방울이 증발해서 수증기가 되면 기체로 상태 변화하기 때문에 눈에 보이지 않게 된다. 즉, 물방울 표면에 있는 물 분자가 기화하여 수증기가 되고, 공기 중으로 날아가게 되어 눈으로 볼 수 없는 것이다.

04

〈예시 답안〉 땀이 증발하면서 몸의 열을 흡수해 체온이 낮아지면서 추워지는 것을 방지하는 것이다.

해설 운동 선수들은 경기를 하면서 많은 양의 땀을 흘리게 된다. 이때 흘린 땀들이 잠시 쉬는 사이 증발하게 되는데, 증발은 기화 현상으로 열을 흡수하는 상태 변화이다. 즉, 증발하면서 주위의 열을 흡수하기 때문에 주변 온도는 낮아지게 되며, 몸의 온도도 더욱 낮아지게 된다. 이처럼 땀의 증발에 의해 체온이 낮아지는 경우를 방지하기 위해서 긴 옷을 입는 것이다.

05

〈예시 답안〉 입술 보호제에는 유분기가 많아 입술을 보호해 주지만 침은 수분이 많아 증발이 잘 일어난다. 침이 증발하면서 주위의 열을 흡수하여 더 건조해지고, 피부 온도가 떨어져 입술이 더 많이 트게 된다.

해설 입술에 침을 묻히면 침 속의 수분이 증발하면서 입술이 더 건조해지고, 쉽게 튼다. 차가운 겨울 바람이 더 분다면 더 빨리 증발하게 된다. 수분이 증발할 때는 주변의 온도를 빼앗아 가기 때문에 입술 피부의 온도가 떨어지게 되고 결국 건조한 상태에서 피부의 온도가 현저하게 떨어지게 되어, 더 많이 트게 되는 것이다.

스스로 실력 높이기 86~89쪽

01. (1) O (2) X (3) O 02. ㄱ, ㄷ 03. ㄱ, ㄷ, ㄹ
04. ㉠ 수소 ㉡ 진공 05. (1) O (2) X (3) X (4) O
06. (1) O (2) X (3) O (4) X
07. ㉠ 높고 ㉡ 건조하며 ㉢ 불 때
08. ㉠ 증 ㉡ 증 ㉢ 확 ㉣ 증
09. (1) O (2) O (3) X (4) X 10. ⑤ 11. ①, ④, ⑤
12. ①, ③, ⑤ 13. ①, ②, ④ 14. ⑤
15. ① 16. ①, ③, ⑤ 17. ②
18. ③ 19. ①, ④ 20. ⑤
21. 온도가 높을수록 분자 운동이 활발하므로 찬물보다 더운물에서 잉크가 더 빠르게 확산된다.
22. 헤어 드라이어에서 나오는 따뜻한 바람이 물 분자의 운동 속도를 증가시켜 증발 현상이 빨리 일어나게 하기 때문이다.

01. 답 (1) O (2) X (3) O
바른 풀이 (2) 같은 온도와 같은 물질일 때 고체 < 액체 < 기체의 순으로 분자 운동이 빠르다.

02. 답 ㄱ, ㄷ
해설 ㄱ, ㄷ. 분자는 모든 방향으로 운동하고, 온도가 높을수록 빠르다.
바른 풀이 ㄴ. 분자는 스스로 끊임없이 움직인다.
ㄹ. 고체 상태에서 분자는 진동 운동을 한다.

03. 답 ㄱ, ㄷ, ㄹ
바른 풀이 ㄴ. 분자의 질량이 작을수록 확산 속도가 빠르다.

05. 답 (1) O (2) X (3) X (4) O
해설 (2), (3) 모든 분자는 스스로 움직인다. 모기향 연기도 스스로 움직여 확산된다.

06. 답 (1) O (2) X (3) O (4) X
바른 풀이 (2) 에탄올의 인력이 물의 인력보다 약하기 때문에 먼저 증발한다. 온도가 더 높아지면 에탄올은 더 빨리 증발하게 된다.
(4) 모든 분자는 스스로 움직인다. 물은 에탄올 보다 분자 사이의 인력이 강하기 때문에 증발이 천천히 일어난 것이다.

07. 답 ㉠ 높고 ㉡ 건조하며 ㉢ 불 때
바른 풀이 온도가 높고, 습도가 낮으며(건조하며), 바람이 불 때 증발이 활발하게 일어난다.

09. 답 (1) O (2) O (3) X (4) X
바른 풀이 (3) 온도가 높을수록 증발은 잘 일어나게 된다. 따라서 온도가 높을수록 저울이 빨리 수평을 이룬다.
(4) 이 실험은 증발에 관한 것이다. 모기향 연기가 방으로 퍼져나가는 것은 확산과 관련있다.

10. 답 ⑤
바른 풀이 ⑤ 물질의 질량이 작을수록 분자의 움직임이 빠르다.

11. 답 ①, ④, ⑤
바른 풀이 ② 풍선 안의 기체가 스스로 운동을 해서 터진 것이 아니라 풍선이 외부의 물리적인 힘으로 터진 것이다.
③ 가열하여서 끓은 것은 외부의 열을 받아서 기화한 끓음 현상이다.

12. 답 ①, ③, ⑤
바른 풀이 ②, ④ 증발에 의한 현상들이다.

13. 답 ①, ②, ④
바른 풀이 ③ 온도가 높은 곳에서 확산이 더 빠르다. 따라서 더운 물에서 확산이 더 빠르다.
⑤ 확산은 기체, 액체에서 모두 일어난다.

14. 답 ⑤
해설 이슬이 사라지는 것은 증발 현상이다.
ㄴ. 논바닥이 갈라지는 것은 땅 속의 수분이 모두 증발했기 때문이다.
ㄷ. 빨래의 표면적이 넓을수록 증발이 더 잘 일어난다.
바른 풀이 ㄱ. 모기향 연기가 퍼져 나가는 것은 확산 현상이다.

15. 답 ①
바른 풀이 ① 설탕과 물 분자 모두 여러 방향으로 움직인다.

16. 답 ①, ③, ⑤
바른 풀이 ② 바람이 강할수록 증발이 잘 일어난다.
④ 액체 분자 사이의 인력이 작을수록 증발이 잘 일어난다.

17. 답 ②
해설 ② 분자들이 스스로 운동하여 공기 중으로 이동했기 때문이다.

18. 답 ③
해설 ㄱ, ㄹ. 얼굴에 묻은 알코올이 금방 사라지는 것과 교실 바닥의 물이 사라지는 것은 증발에 의한 현상이다.
바른 풀이 ㄴ은 확산, ㄷ은 끓음 현상이다.

19. 답 ①, ④
바른 풀이 ② 냄새가 퍼지는 현상은 확산 현상이고, 염전에서 소금을 얻는 것은 증발을 이용한 것이다.
③ 공기와 닿은 표면적이 넓을수록 증발은 잘 일어난다.
⑤ 증발은 액체의 표면에서 기화되는 현상이다.

20. 답 ⑤
바른 풀이 ⑤ (가)는 증발, (나)는 끓음 현상으로 모두 액체에서 기체로 기화된 것이다.

21. 답 온도가 높을수록 분자 운동이 활발하므로 찬물보다 더운물에서 잉크가 더 빠르게 확산된다.
해설 더운물의 온도가 더 높으므로 잉크의 분자 운동이 더 활발해서 빠르게 확산되었기 때문이다.

22. 답 헤어 드라이어에서 나오는 따뜻한 바람이 물 분자의 운동 속도를 증가시켜 증발 현상이 빨리 일어나게 하기 때문이다.
해설 헤어 드라이어로 젖은 머리를 말리면, 물이 가열되어 물 분자의 운동 속도가 증가하고, 물 분자가 수증기로 기화하는 증발 현상이 빨리 일어나게 되므로 머리를 빨리 말릴 수 있다.

6강. 기체의 성질

개념확인 90~95쪽

1. (가) < (나) < (다) 2. ㉠ 감소 ㉡ 커지고 ㉢ 증가 ㉣ 작아진다 3. 증가한다
4. 2 5. ㉠ 일정 ㉡ 감소 ㉢ 증가
6. 낮아, 부피

확인+ 90~95쪽

1. (1) O (2) X (3) O 2. ④ 3. ⑤ 4. ④
5. ③, ④, ⑤ 6. ㉠ 멀어 ㉡ 둔해 ㉢ 낮아

1. 답 (1) O (2) X (3) O
바른 풀이 (2) 기체의 분자 수가 적으면 기체의 압력도 작다.

2. 답 ④
해설 보일 법칙에서 압력과 부피를 곱한 값은 일정하다. 그래프에서 (압력 × 부피)의 값이 4이므로, 1(기압) × ㉠(L) = 4이다. 따라서 ㉠에 들어갈 부피의 값은 4 L 이다.

3. 답 ⑤
해설 외부 압력이 증가하면 부피가 감소하고, 기체 분자가 용기 벽과 충돌하는 횟수가 증가해 용기 내부 기체의 압력이 증가한다.

4. 답 ④
해설 샤를 법칙은 기체에만 적용된다. 헬륨, 수소, 산소, 질소는 상온에서 기체이지만, 에탄올은 상온에서 액체이므로 샤를 법칙이 적용되지 않는다.

5. 답 ③, ④, ⑤
해설 온도가 증가하면 기체 분자들의 움직임이 활발해져 용기 벽과 충돌하는 횟수가 증가하며, 기체 분자 사이의 거리가 증가하여 기체의 부피가 증가한다.

생각해보기 90~95쪽

★ 설피를 신으면 바닥에 닿는 면적이 증가해 압력이 낮아진다.

★★ 하늘 높이 올라가면 외부 압력이 낮아져 풍선 내부 기체의 부피가 증가하다가 터지게 된다.

★★★ 높은 곳에 올라가면 외부 압력이 낮아져 몸의 내부 압력과 맞지 않아 귀가 먹먹해진다.

★★★★ 안쪽 그릇에 차가운 물을 넣고 바깥 그릇을 따뜻한 물에 담그면 그릇 안 기체의 분자 운동이 차이가 나서 바깥 그릇이 더 팽창하게 되고, 그릇 사이의 기체의 움직임도 활발해져 그릇을 쉽게 분리할 수 있다.

★★★★★ 열기구 속의 공기가 뜨거워지면 기체 분자들의 움직임이 활발해져 기체의 부피가 증가한다.

★★★★★★ 기체 분자들의 움직임이 활발해지면서 용기 내부의 압력이 증가한다.

개념 다지기 96~97쪽

01. ⑤ 02. ③, ④, ⑤ 03. ③ 04. ②
05. ①, ④, ⑤ 06. ③, ④

01. 답 ⑤
해설 바닥에 닿는 면적이 가장 작을 때 압력이 가장 크다. 따라서 바닥에 가장 큰 압력을 주는 부분은 ⑤이다.

02. 답 ③, ④, ⑤
해설 기체 분자는 끊임없이 운동하며 용기 벽에 충돌하기 때문에 풍선 내부에 모든 방향으로 같은 크기의 압력이 작용한다.

03. 답 ③
해설
㉢ 샴푸의 펌프식 꼭지를 누르면 용기 내부 압력이 증가해 용액이 용기 밖으로 나온다. - 보일 법칙
바른 풀이 ㉠ 열기구 속의 공기가 뜨거워지면 기체 분자들의 움직임이 활발해져 기체의 부피가 증가한다. - 샤를 법칙
㉡ 오줌싸개 인형을 찬물에서 뜨거운 물로 옮기면 인형 내부 기체 분자들의 움직임이 활발해져 물을 밖으로 내보낸다. - 샤를 법칙

04. 답 ②
해설 피스톤에 올려 놓은 추의 무게가 증가하면 용기 내부의 압력은 증가하며, 부피는 감소한다.

05. 답 ①, ④, ⑤
해설 비닐 장갑 내부의 온도가 낮아지면 분자의 운동 속도가 느려져 충돌 횟수가 줄어들고 비닐 장갑의 부피가 작아진다.

06. 답 ③, ④
해설 ③, ④ 오줌싸개 인형의 원리는 온도의 증가, 감소에 의한 부피 변화를 이용한 샤를 법칙이다.
바른 풀이 ①, ②, ⑤는 압력의 증가, 감소에 의한 부피 변화를 이용한 보일 법칙과 관계있다.

유형 익히기 & 하브루타 98~101쪽

[유형6-1] (가), (다), (나)
01. ① 02. ㉠ 많아 ㉡ 둥근
[유형6-2] ④ 03. ③ 04. ㉠ 25 ㉡ 4
[유형6-3] 300 05. ③ 06. ②
[유형6-4] ③ 07. ① 08. ①

[유형6-1] 답 (가), (다), (나)
해설 압력은 단위 면적 당 무게를 의미한다. 압력 = $\frac{무게}{면적}$
벽돌의 무게는 모두 같으므로 벽돌 한 개의 무게를 1로 계산하면
(가) = $\frac{1}{1}$ = 1, (나) = $\frac{1}{3}$, (다) = $\frac{2}{3}$ 가 되므로
(가)의 압력이 가장 크고, (다), (나) 순이 된다.

01. 답 ①
해설 물의 양이 적은 (가)의 압력이 가장 작고, 물의 양이 같은 (나)와 (다) 중 스펀지에 닿는 면적이 좁은 (다)의 압력이 더 크다.

[유형6-2] 답 ④
해설 압력과 부피를 곱한 값은 항상 일정하다. 따라서 2(기압) × V = 10, V = 5 L 이다.

03. 답 ③
해설 보일 법칙에서 압력과 부피를 곱한 값은 일정하다. 문제의 그래프에서 (압력 × 부피)의 값이 4이므로 ㉠ (기압) × 4(L) = 4, ㉡ (기압) × 1(L) = 4이고, ㉠은 1(기압), ㉡은 4(기압)이다.

04. 답 ㉠ 25 ㉡ 4
해설 보일 법칙에서 압력과 부피를 곱한 값은 일정하다. 문제에 제시된 표에서 압력과 부피의 곱이 50이므로, 2(기압) × ㉠(mL) = 50, ㉡(기압) × 12.5(mL) = 50이고, ㉠은 25(mL), ㉡은 4(기압)이다.

[유형6-3] 답 300
해설 압력과 기체의 양이 일정할 때, 온도가 273℃ 증가할 때마다 기체의 부피는 0℃일때 부피의 2배씩 증가한다. 기체의 온도가 0℃의 3배가 되었으므로 기체의 부피도 3배가 증가하여 300 mL 가 된다.

05. 답 ③
해설 압력과 기체의 양이 일정할 때, 온도가 273℃ 증가할 때마다 기체의 부피는 0℃일때 부피의 2배씩 증가한다. 기체의 온도가 273℃ 증가했으므로 기체의 부피는 150 mL 에서 2배 증가한 300 mL 이다.

06. 답 ②
해설 압력과 기체의 양이 일정할 때, 온도가 273℃ 증가할 때마다 기체의 부피는 0℃일때 부피의 2배씩 증가한다. 기체의 부피가 2배 증가했으므로 기체의 온도는 0℃에서 273℃로 증가했다.

[유형6-4] 답 ③
해설 하늘 높이 올라가면 외부 압력이 낮아져 풍선 내부 기체의 부피가 증가하며 크기가 점점 커진다. 부피가 커지면 풍선 내부 기체 분자들의 사이가 넓어져 충돌하는 횟수가 감소하고, 내부 기체의 압력이 감소해 결국 터지게 된다.

07. 답 ①
해설 찌그러진 탁구공을 따뜻한 물에 넣으면 탁구공 내부의 온도가 올라가 기체 분자들의 움직임이 활발해진다. 운동이 활발해진 분자들은 탁구공 내부에 충돌하는 횟수가 증가하고, 탁구공 내부의 부피가 증가해 찌그러진 부분이 다시 펴진다.

08. 답 ①
해설 동전에 물을 묻혀 병 위에서 움직이지 않도록 고정시킨 후, 차가운 빈 병을 양손으로 감싸면 빈 병 내부가 체온으로 따뜻해진다. 온도가 증가하면 기체 분자들의 움직임이 활발해지면서 부피가 증가해 동전이 달그락거리게 된다.

창의력 & 토론마당 102~105쪽

01 모양이 찌그러진 풍선의 부피가 점점 커져 팽팽하고 동그랗게 펴진다.

해설 물속 깊이 들어갈수록 외부 압력은 증가한다. 때문에 물속 깊은 곳에서는 풍선의 부피가 감소해 모양이 찌그러진다. 풍선을 가지고 수면 위로 올라가면 풍선을 누르고 있던 외부 압력이 약해지며, 부피가 점점 커지고, 팽팽하게 펴져 원래의 모양을 갖추게 된다.

02 공기가 들어 있는 신발은 탄성이 매우 우수해 신발 속의 공기 부피를 순간적으로 줄였다가 늘리면서 체중으로부터 받는 압력을 완화시키고 충격을 흡수해 안정감을 준다.

해설 몸무게가 공기의 부피를 줄이는데 사용되므로 발바닥이 땅에 닿을 때의 충격을 완화시켜 준다.

03 〈예시 답안〉
1. 밥이 잘 지어진다.
2. 폐가 쪼그라들어 숨쉬기 힘들어진다.
3. 기체가 들어간 물건들의 크기가 모두 작아진다.

해설 1. 밥은 높은 압력에서 잘 지어진다. 압력 밥솥을 사용하면 밥이 잘 지어지는 것도 이와 같은 원리이다.
2. 압력이 높아지면 가슴을 누르는 외부 압력으로 인해 폐의 부피가 감소하고 충분한 호흡을 하지 못해 숨쉬기 힘들어진다.
3. 외부 압력이 증가하면 풍선, 탁구공, 과자 봉지와 같이 기체가 들어 있는 모든 것들의 부피가 감소한다.

04 찬물에 들어갈 때 바가지 속 공기의 부피가 감소하기 때문이다.

해설 바가지 두 개를 마주 보도록 포개어 공기가 통하지 않도록 한 뒤, 차가운 물에 담갔다 꺼내면 바가지 속의 공기가 차가워지며 순간적으로 응축해 부피가 감소한다. 포개진 바가지 사이의 내부 압력이 감소하게 되고 외부 압력에 의해 두 바가지가 붙어 있게 되는 것이다.

05 (1) 수중 18 m 지점에서 기체의 부피는 지상에서 기체의 부피의 $\frac{1}{3}$ 배이다.
(2) 폐 안의 공기가 세 배로 부풀어 폐가 터질 위험이 커진다. 숨을 내쉬면 혈액에 녹아 있는 기체가 빨리 배출되어 혈관 내부로 나오는 양이 줄어든다.

해설 (1) 일정한 온도에서 외부의 압력이 n배 커지면 기체의 부피는 $\frac{1}{n}$ 배로 줄어든다. 수중 18m 지점에서 기체의 압력은 지상의 3배이므로, 기체의 부피는 지상의 $\frac{1}{3}$ 배가 된다.
(2) 연구원들이 폐에 숨을 머금은채 수면으로 올라가면 지상으로 올라갈수록 외부로부터 가해지는 압력이 감소하므로 폐 안의 공기의 부피가 커져 폐가 터질 위험이 커진다. 압력이 큰 수중에서는 혈액에 질소 기체가 많이 녹아 있는데 위로 올라오면 혈액에 녹아 있던 질소가 외부로 배출되어 혈관을 막아 위험한 상태가 된다. 숨을 내쉬면 이러한 기체를 어느 정도 줄일 수 있다.

스스로 실력 높이기 106~109쪽

01. < 02. ㄴ, ㄷ 03. ㉠ 커지고 ㉡ 작아진다
04. 커진다 05. ㉠ 커지고 ㉡ 작아진다
06. 샤를 07. 20 08. ⑤ 09. 10
10. ②, ⑤ 11. ①, ② 12. ② 13. ④
14. ③ 15. ③ 16. ②, ③, ④
17. ⑤ 18. ③ 19. ① 20. ④
21. 풍선이 점점 커지다가 터진다.
22. 여름철에 자동차 바퀴 안 공기의 부피가 증가하기 때문에 공기를 적게 넣는다.

01. 답 <
해설 손가락에 닿는 면적이 A보다 B가 작다. 따라서 면적이 더 작은 B의 압력이 더 크다.

02. 답 ㄴ, ㄷ
해설 ㄴ, ㄷ 스키와 설피는 발보다 면적을 넓게 해 압력을 낮춘 것이다.
바른 풀이 ㄱ. 끝이 뾰족해 면적이 좁은 삽은 압력을 높인 것이다.

04. 답 커진다
해설 주사기의 피스톤을 뒤로 잡아당기면 외부 압력이 낮아진다. 외부 압력이 낮아지면 주사기 내부 기체의 부피가 증가해 마시멜로의 크기가 커진다.

06. 답 샤를
해설 온도에 따른 부피의 변화는 샤를 법칙이다.

07. 답 20
해설 압력과 기체의 양이 일정할 때, 온도가 273℃ 증가할 때마다 기체의 부피는 0℃ 때의 부피의 2배가 증가한다. 기체의 온도가 273℃ 증가했으므로 기체의 부피는 10 mL 에서 2배 증가한 20 mL 이다.

08. 답 ⑤
해설 압력은 단위 면적 당 무게를 의미한다. 압력 = $\frac{무게}{면적}$
① $\frac{30}{120} = \frac{1}{4}$ ② $\frac{60}{100} = \frac{3}{5}$ ③ $\frac{80}{80} = 1$
④ $\frac{100}{60} = \frac{5}{3}$ ⑤ $\frac{120}{30} = 4$

09. 답 10
해설 보일 법칙에서 압력과 부피를 곱한 값은 일정하다. 표에서 압력과 부피를 곱한 값이 100 이므로, P(기압) × 10(L) = 100, P 는 10(기압)이다.

10. 답 ②, ⑤
해설 스노보드, 바퀴가 많은 화물차는 압력을 작게해서 이용하는 경우이고, 모종삽, 날카로운 칼은 압력을 크게 해서 사용하는 물건이다.

11. 답 ①, ②
해설 압력이 일정할 때 일정량의 기체가 들어 있는 용기를 가열해도 분자의 크기와 수는 변하지 않는다. 분자의 운동 속도, 기체의 충돌 횟수, 기체의 부피는 증가한다.

12. 답 ②
바른 풀이 ② 추의 개수를 절반으로 줄이면 기체의 부피는 증가하고, 압력은 감소한다.

13. 답 ④
해설 보일 법칙에서 압력과 부피를 곱한 값은 일정하다. 그래프에서는 (압력) × (부피)의 값이 20이므로, 4(기압) × ㉠(L) = 20, 8(기압) × ㉡(L) = 20이다. 따라서 ㉠은 5(L) ㉡은 2.5(L) 이다.

14. 답 ③

해설 가스통에 열이 가해지면 안쪽에 있던 기체의 부피가 커지면서 통이 폭발할 수 있기 때문에 남은 뷰테인 가스가 밖으로 나올 수 있도록 구멍을 뚫어서 버린다.

15. 답 ③
해설 압력과 부피의 곱은 항상 일정해서 압력이 증가할수록 부피가 곡선을 그리며 감소한다.

16. 답 ②, ③, ④
해설 페트병이 시원한 냉장고에 들어가면 부피가 감소하며 찌그러진다. 이와 같이 온도에 따라 부피에 영향을 받는 것은 오줌싸개 인형, 탁구공, 열기구이다.

17. 답 ⑤
해설 샤를 법칙은 온도에 따른 부피의 변화를 나타낸다. 온도에 따른 부피의 변화를 이용한 것은 뜨거운 물에 넣은 농구공과 뷰테인 가스통이다. 보온병 꼭지는 압력에 따라 부피가 변하는 것을 이용한 것이다.

18. 답 ③
해설 압력과 기체의 양이 일정할 때, 온도가 273℃ 증가할 때마다 기체의 부피는 2배씩 증가한다. 기체의 온도가 0℃의 3배가 되었으므로 기체의 부피도 3배가 증가하여 30 mL 가 된다.

19. 답 ①
해설 온도가 변해도 기체 분자의 수와 크기는 변하지 않는다. 실린더를 냉각시키면 기체 분자의 충돌 횟수, 운동 속도, 부피는 감소한다.

20. 답 ④
바른 풀이 ④ 압력이 변해도 기체의 분자 수는 변하지 않는다.
해설 ① 압력과 부피를 곱한 값은 항상 일정하다.
② 압력이 커지면(C) 기체의 부피는 감소하고, 압력이 작아지면(A) 기체의 부피는 증가한다.
③ 압력이 클 때(C) 기체 분자의 충돌 횟수가 많아진다.
⑤ A에서 C쪽으로 갈수록 분자 사이의 거리가 가까워지고, C에서 A쪽으로 갈수록 분자 사이의 거리가 멀어진다.

21. 답 풍선이 점점 커지다가 터진다.
해설 하늘로 올라가면 외부 압력이 낮아지기 때문에 풍선의 부피가 점점 커지다가 터진다.

22. 답 여름철에 자동차 바퀴 안 공기의 부피가 증가하기 때문에 공기를 적게 넣는다.
해설 여름철에 온도가 올라가면 자동차 바퀴 안 공기의 분자 운동이 활발해져 부피가 증가한다. 따라서 공기를 적게 넣어 타이어가 터지는 것을 방지한다.

7강. Project 2

서술 110~111쪽

01
1. 알갱이의 가장 긴 부분의 길이를 잰다.
2. 알갱이의 가장 짧은 부분의 길이를 잰다.
3. 눈금실린더에 물을 넣고 알갱이를 넣어 본다. 등

해설 알갱이의 크기를 비교할 때는 가장 길거나 가장 짧은 부분의 길이를 재서 간단하게 길이를 비교하는 방법이 있고, 알갱이 전체 부피를 재는 방법이 있다. 부피는 눈금실린더에 물을 넣고 알갱이를 집어 넣어 늘어난 물의 부피만큼이 알갱이의 부피이다.

02
알갱이의 딱딱한 껍질 부분에 구멍이 있거나 흠집이 있으면 알갱이가 터지지 않는다.

해설 옥수수 알갱이의 껍질에 흠집이 생기거나 구멍이 있으면 옥수수 알에서 기화된 수증기가 흠집이나 구멍을 통해 빠져나가서 충분한 압력이 형성되지 않기 때문에 팝콘이 되지 않고 그대로 익는다.

탐구-3 보일법칙 114~115쪽

1. 〈예시답안〉

2. 진공 실험기 안의 공기를 빼내면 지우개 분자 주변의 기압은 낮아진다. 지우개는 고체로, 고체는 분자 사이의 인력이 커서 압력에 의해 부피가 잘 변하지 않는다.

3. 〈예시답안〉

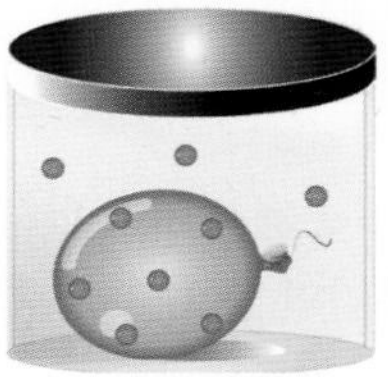

4. 진공 실험기 안의 분자 수가 줄어 들어 풍선의 외부 압력이 줄어 들기 때문이다.

5. 늘어나는, 공기(기체)

1.
해설 지우개 분자의 분포는 변함없고, 공기 분자의 수는 줄어들게 그리면 된다.

3.
해설 풍선 안 분자는 서로서로 더 멀어지고, 풍선 바깥의 공기 분자 수를 줄여 그리면 된다. 풍선 안의 분자와 풍선 바깥의 분자의 간격이 비슷하면 더 정확하다. 풍선 바깥의 압력이 줄어들면 풍선은 외부 압력과 같아질 때까지 부피가 증가한다.

탐구-4 샤를법칙 117~118쪽

1. 〈예시 답안〉

2. 온도가 증가하면서 압축된 공기가 바깥으로 빠져나가면서 동전을 건드리기 때문이다.

3. 〈예시 답안〉

4. <

5. 병 내부보다 병 외부의 기체의 압력이 커서 동전을 받쳐주기 때문에 동전이 떨어지지 않는다.

1.
해설 병 외부는 큰 변화가 없고, 병 내부는 분자 수가 많아진다. 낮은 온도로 병 내부의 기체 분자의 운동이 둔해져 압력이 낮아지기 때문에 외부 압력과 내부 압력이 같아지기 위해 병 안으로 기체들이 유입된다.

3.
해설 병 외부는 큰 변화가, 병 내부의 기체 분자 수는 줄어든다. 온도가 높아지면 병 내부의 기체들의 운동이 활발해져 부피가 증가하기 때문이다.

5.
해설 병 내부보다 병 외부의 기체의 압력이 크므로 병의 바깥 부분에서 안쪽으로 압력이 작용하므로 동전이 떨어지지 않는다.

Ⅲ 물질의 구조

8강. 원소

개념확인 120~123쪽

1. ㉠, ㉡, ㉤
2. ㉠ 원소 기호 ㉡ 원소의 영어 이름 ㉢ 원소의 한글 이름
3. (1) 노란색 (2) 주황색 (3) 청록색
4. ㉠ 분광기 ㉡ 밝은색

확인+ 120~123쪽

1. 아리스토텔레스 2. (1) O (2) O (3) X (4) O
3. ⑤ 4. (1) O (2) X (3) O (4) O

2. 답 (1) O (2) O (3) X (4) O
해설 원소 기호는 항상 알파벳으로 나타내며 첫 번째 글자는 대문자로, 두 번째 글자는 소문자로 적는다. 첫 글자가 같을 때, 두 번째 글자는 그 이름의 알파벳 중에 하나를 선택하여 대문자 뒤에 소문자로 적는다.

4. 답 (1) O (2) X (3) O (4) O
해설 선 스펙트럼은 불꽃색을 분광기로 관찰할 때 특정 부분에만 나타나는 밝은색 선의 띠이다. 원소의 종류에 따라 선의 색깔, 위치, 개수, 굵기가 모두 달라 구성 원소의 추측이 가능해 리튬과 스트론튬 같이 불꽃 반응색이 같은 원소의 구별도 가능하다.

생각해보기 120~123쪽

★ 현재까지 발견된 원소의 개수는 114개로, 이 외에도 더 많은 원소가 존재할 것으로 추측된다.

★★ 원소 기호는 영어 이외에 라틴어, 그리스어, 독일어 등의 어원에서 유래되었다. 철(Fe)의 원소 기호는 라틴어 ferrum 으로부터 나온 것이다.

★★★ 니크롬선은 녹는점이 높아 불꽃 반응색을 띠지 않는다. 니크롬선 외에 백금선의 이용도 가능하다.

★★★★ 맑은 날씨에 하늘을 향해 물을 뿌리면 무지개를 관찰할 수 있다. 비가 갠 후 맑은 날씨에 하늘에 뜬 무지개도 스펙트럼에 해당한다.

개념 다지기 124~125쪽

01. ④	02. ③, ④	03. ①	04. ⑤
05. ①	06. ③		

01. 답 ④
해설 라부아지에는 물 분해 실험을 통해 물은 산소와 수소로 분해되므로 원소가 아님을 증명하였다. 또한, 더 이상 나눌 수 없는 물질을 원소로 정의하고, 33종의 원소를 발표하였다.

02. 답 ③, ④
해설 설탕은 탄소, 수소, 산소로 구성된 것이고, 소금물은 나트륨, 염소로 된 소금과 수소, 산소로 된 물이 섞인 것이다. 공기는 질소, 산소, 아르곤, 이산화 탄소 등 다양한 기체가 섞인 혼합물이다. 은과 철은 원소에 해당된다.

03. 답 ①
바른 풀이 K - 칼륨, Ca - 칼슘, Co - 코발트, Mg - 마그네슘이다.

04. 답 ⑤
해설 원소 기호의 두번째 글자는 소문자로 적는다.
① Cu - 구리 ② C - 탄소 ③ Ca - 칼슘 ④ Cl - 염소

05. 답 ①
해설 불꽃 반응에서 노란색과 보라색을 내는 원소는 나트륨과 칼륨이다. 리튬과 스트론튬은 빨간색, 칼슘은 주황색, 구리는 청록색의 불꽃색을 나타낸다.

06. 답 ③
바른 풀이 ③ 두 물질을 섞어도 불꽃색은 빨간색이 나온다.
해설 ①, ②, ④, ⑤ 리튬과 스트론튬은 불꽃색이 빨간색으로 비슷해 원소의 구분이 어렵지만, 선 스펙트럼으로 명확히 구분할 수 있다.(나)의 물질 X는 리튬과 스트론튬의 혼합물로 칼슘을 포함하지 않는다.

유형 익히기 & 하브루타 126~129쪽

[유형8-1] ⑤	01. ⑤	02. ㅁ, ㅂ
[유형8-2] ① - ㉢, ② - ㉡, ③ - ㉠, ④ - ㉣		
03. ②	04. ㉠ Ca, ㉡ 염소, ㉢ 규소	
[유형8-3] ⑤	05. ①, ②	06. 구리
[유형8-4] 원소 C, D	07. ④	08. 2개

[유형8-1] 답 ⑤
바른 풀이 현재 주기율표 상의 원소는 총 114개이다. 33종의 원소를 주장한 사람은 라부아지에이다.
해설 원소는 물질을 이루는 기본 성분으로, 더 이상 다른 물질로 분해되지 않는다.

01. 답 ⑤
바른 풀이 탄산(H_2CO_3)은 원소가 아니라 C, H, O 로 구성된 화합물이다.
해설 원소는 더 이상 분해되지 않는 물질의 기본 성분이다. 나트륨, 칼륨, 칼슘, 마그네슘은 원소이다.

02. 답 ㅁ, ㅂ
해설 금, 철은 원소이지만, 흙, 불, 돌은 여러 가지 물질이 섞인 혼합물이고, 물은 두 가지 원소(수소, 산소)가 결합한 물질이다.

[유형8-2] 답 ① - ㉢ ② - ㉡ ③ - ㉠ ④ - ㉣
바른 풀이 Carbon(탄소)의 원소 기호는 C, Silicon(규소)의 원소 기호는 Si, Nitrogen(질소)의 원소 기호는 N, Magnesium(마그네슘)의 원소 기호는 Mg이다.

03. 답 ②
바른 풀이 질소의 원소 기호는 N, 나트륨의 원소 기호는 Na, 네온의 원소 기호는 Ne, 염소의 원소 기호는 Cl, 칼슘의 원소 기호는 Ca 이다.

[유형8-3] 답 ⑤
바른 풀이 나트륨은 노란색, 칼륨은 보라색, 리튬은 빨간색, 구리는 청록색의 불꽃색을 가진다.

05. 답 ①, ②
해설 리튬과 스트론튬의 불꽃색은 빨간색, 나트륨의 불꽃색은 노란색, 칼륨의 불꽃색은 보라색, 칼슘의 불꽃색은 주황색이다.

06. 답 구리
해설 청록색의 불꽃색을 띠는 원소는 구리이다.

[유형8-4] 답 원소 C, 원소 D
해설 물질 X의 선 스펙트럼에는 원소 C와 원소 D의 선 스펙트럼을 모두 포함하므로 물질 X에 원소 C와 원소 D가 들어 있다는 것을 알 수 있다.

07. 답 ④
해설 물질 X는 리튬과 구리를 포함하지만 바륨은 포함하지 않는다.

08. 답 2개
해설 미지의 물질 X는 원소 1과 원소 2를 포함하지만 원소3은 포함하지 않는다. 따라서 물질 X에 포함되어 있는 원소는 2개이다.

창의력 & 하부르타 130~133쪽

01 한 가지 원소로 이루어진 물질은 금, 은, 철, 알루미늄, 흑연, 산소 기체, 수소 기체 등이 있다.

해설 금(Au), 은(Ag), 철(Fe), 알루미늄(Al), 흑연(C), 산소 기체(O_2), 수소 기체(H_2)는 한 가지 원소로만 이루어진 물질이다. 이와 같이 한 가지 원소로만 이루어진 물질들을 홑원소 물질이라고 한다.

02 모든 물질의 근원이 물이라면 금속을 포함한 모든 물질은 물로부터 생성이 되어야 한다. 그런데 물은 수소와 산소로 이루어져 있으므로 물이 모든 물질의 근원은 아니다.

해설 물은 수소와 산소가 결합하여 만들어지므로 모든 물질의 근원인 물이 다른 물질로부터 생성이 되어야 한다는 오류가 생기게 된다. 그러므로 물은 모든 물질의 근원이 아니다.

03 〈예시 답안〉 연금술사들이 금을 많이 만들어내 금의 양이 많아지면 금을 구하기가 쉬워지기 때문에 금의 가치가 떨어질 것이므로 값은 저렴해질 것이다.

04 (1) 빨간 불꽃색은 온도가 낮지만, 파란 불꽃색은 온도가 높다. 빨간 불꽃색은 산소가 부족할 때 나타나며, 파란 불꽃색은 산소가 충분할 때 나타난다.
(2) 구리 석쇠의 구리 원소가 불에 닿아 불꽃색을 나타내기 때문이다.

해설 (1) 불꽃은 온도가 높을수록 푸른빛을, 온도가 낮을수록 붉은빛을 띤다.
(2) 구리의 불꽃색은 청록색이다. 구리 석쇠의 코팅이 벗겨지면 코팅 안에 감싸져 있던 구리가 바깥으로 노출되고 구리에 불꽃이 닿았을 때 청록색의 불꽃을 띠게 된다.

05 (1) 빛을 잘 보기 위해서
(2) 빛을 퍼지게(분산)하는 역할을 한다.
(3) 무수히 많다.

해설 (3) 빨강, 주황, 노랑, 초록, 파랑, 남색, 보라색의 구분은 사람들이 편의를 위해 만들어 놓은 임의의 색상일 뿐, 색상에는 정해진 경계가 없어 정확한 수를 셀 수 없다.

스스로 실력 높이기 134~137쪽

01. 분해 02. 칼슘 03. 연금술사 04. 리튬
05. 분광기 06. ①
07. (1) X (2) O (3) X (4) X
08. ③ 09. ④ 10. ③ 11. ④ 12. ③, ④
13. ① 14. ①, ④, ⑤ 15. ⑤
16. ②, ④, ⑤ 17. ④ 18. ③ 19. ③
20. ① 21. 선 스펙트럼 주변이 밝으면 뚜렷한 선을 관찰하기 힘들기 때문에 어둡게 만든다.
22. 모든 물질의 근원은 물이다.

01. 답 분해
해설 원소는 더 이상 분해되지 않는 물질을 이루는 기본 성분으로, 수소, 산소, 탄소, 질소, 구리 등이 있다.

03. 답 연금술사
해설 아리스토텔레스는 물질은 물, 불, 흙, 공기로 이루어져 있고 차가움, 따뜻함, 건조함, 습함의 4가지 성질에 의해 서로 변환된다고 주장하였다. 연금술사는 이런 아리스토텔레스의 4원소설을 바탕으로 값싼 물질을 금으로 바꾸려 노력하였으나 실패하였다.

04. 답 리튬
해설 리튬과 스트론튬의 불꽃색은 빨간색이다.

05. 답 분광기
해설 분광기는 빛의 스펙트럼을 관찰하고 측정하는 장치이다.

06. 답 ①
해설 ①보일은 '원소는 더 이상 분해되지 않는다.'는 원소설을 제안하였다.
바른 풀이 ⑤ 라부아지에는 보일의 원소설을 바탕으로 '물질은 더 이상 분해되지 않는 원소로 이루어져 있다.'는 현대적인 원소의 개념을 제안하였다.

07. 답 (1) X (2) O (3) X (4) X
바른 풀이 (1) 탈레스는 모든 물질의 근원이 물이라고 주장하였다.
(3) 아리스토텔레스는 물질은 물, 불, 흙, 공기로 이루어져 있고 차가움, 따뜻함, 건조함, 습함의 4가지 성질에 의해 서로 변환이 가능하다고 주장하였다.
(4) 보일은 원소는 더 이상 분해되지 않는 물질이라 주장하였다.

08. 답 ③
바른 풀이 ③ 원소는 고체, 액체, 기체의 다양한 형태로 존재한다.
해설 ⑤ 원소에 대한 생각의 변화는 고대, 중세, 근대를 거치며 수차례 변화되어 왔다.
①, ②, ④ 원소는 더 이상 분해되지 않는물질을 이루는 기본 성분으로 총 114종의 원소가 있다. 라부아지에는 최초로 33종의 원소를 이야기하였다.

09. 답 ④
해설 금은 한 가지 원소로 이루어진 물질이지만, 얼음과 뷰테인 가스는 여러 가지 원소가 결합하여 만들어진 물질이고, 공기는 여러 가지 물질이 섞인 혼합물이다. 불은 빛과 열에너지의 형태로 물질은 아니다.

10. 답 ③
바른 풀이 ① 칼슘 Ca, 칼륨 K ② 규소 Si ④ 탄소 C, 구리 Cu ⑤ 알루미늄 Al, 철 Fe

11. 답 ④
해설 ㉠은 돌턴의 원소 기호, ㉡은 연금술사의 원소 기호, ㉢은 현재 사용되는 원소 기호의 모습이다. 중세시대의 연금술사, 근대의 돌턴, 현재의 원소 기호를 차례로 나열하면 원소 기호의 변천 과정은 ㉡ - ㉠ - ㉢ 이다.

12. 답 ③, ④
해설 규소의 원소 기호는 Si, 질소의 원소 기호는 N, 염소의 원소 기호는 Cl, 칼슘의 원소 기호는 Ca, 칼륨의 원소 기호는 K 이다. 따라서 첫 글자가 C인 원소 기호를 가지는 원소는 염소(Cl)와 칼슘(Ca)이다.

13. 답 ①
해설 불꽃 반응 실험은 (가) 니크롬선에 묻은 불순물을 묽은 염산으로 녹여내고, (나) 니크롬선에 시료를 묻혀 (다) 토치의 불꽃에 넣는 순서로 진행한다.

14. 답 ①, ④, ⑤
해설 겉불꽃은 색이 없어 관찰이 쉽고, 온도가 충분히 높으며, 산소 공급이 원활해 속불꽃보다 더 뚜렷한 색상을 관찰 할 수 있다.

15. 답 ⑤
해설 니크롬선에 다른 금속 물질이 묻어 있으면 불꽃색이 겹쳐서 나올 수 있으므로 니크롬선을 묽은 염산에 넣어 니크롬선에 묻은 다른 금속 물질을 녹여서 제거한다.

16. 답 ②, ④, ⑤
해설 ②, ④, ⑤ 금속 원소를 확인하는데 유용하고, 모든 원소를 불꽃 반응으로 확인할 수 없지만, 적은 양의 물질로도 금속 원소의 확인이 가능하다.
바른 풀이 ①, ③ 불꽃 반응 확인은 실험 방법이 비교적 간단하고, 니크롬선은 원소의 불꽃색에 영향을 주지 않는다.

18. 답 ③
해설 화합물 X의 스펙트럼은 ㉠과 ㉡의 선 스펙트럼을 포함하지만 ㉢의 선 스펙트럼은 포함하지 않는다. 따라서 X는 ㉠과 ㉡으로 구성된 화합물이다.

19. 답 ③
해설 리튬과 스트론튬의 불꽃색은 빨간색으로 불꽃 반응 실험만으로 두 원소를 구별하기 어렵기 때문에 선 스펙트럼을 관찰해 구분한다.

20. 답 ①
해설 ① 물질 A는 리튬과 칼슘의 혼합물, 물질 B는 리튬과 스트론튬의 혼합물이므로 물질 A에는 리튬이 포함되어 있다.
바른 풀이 ④, ⑤ 물질 A와 물질 B는 리튬을 공통적으로 포함한다. 선 스펙트럼만으로 원소의 불꽃색을 알 수 없다.

21. 답 선 스펙트럼 주변이 밝으면 뚜렷한 선을 관찰하기 힘들기 때문에 어둡게 만든다.
해설 밝은 공간에서는 스펙트럼의 색을 뚜렷하게 관찰하기 어렵다. 때문에 색을 좀 더 뚜렷하고 선명하게 관찰할 수 있도록 분광기 내부를 어둡게 만들어 사용한다.

9강. 원자와 주기율

개념확인 138~141쪽

1. ㉠ 원자핵 ㉡ 전자 ㉢ 양성자 ㉣ 중성자
2. ㉠ 1 ㉡ 3 ㉢ +8 ㉣ +11
3. 주기율표 4. 원자가 전자

확인+ 138~141쪽

1. (1) O (2) X (3) X (4) O 2. ②
3. (1) O (2) X (3) O (4) O
4. ㉠ 8 ㉡ 6 ㉢ 6 ㉣ 1

1. 답 (1) O (2) X (3) X (4) O
바른 풀이 (2) 원자는 종류에 따라 원자핵의 전하량과 전자의 수가 다르다.
(3) 전자는 (−)전하를 띠며 원자핵 주위를 움직인다.

2. 답 ②
바른 풀이 ② 원자핵과 전자의 크기는 원자에 비해 매우 작기 때문에 원자의 내부는 대부분 빈 공간이다.

3. 답 (1) O (2) X (3) O (4) O
바른 풀이 (2) 세로줄을 족, 가로줄을 주기라고 한다.

4. 답 ㉠ 8 ㉡ 6 ㉢ 6 ㉣ 1
해설 원자 번호와 양성자 수 , 전자수는 모두 같다. 주기율표에서 원자가 속한 족의 번호의 일의 자리는 원자가 전자의 개수와 같다.

생각해보기 138~140쪽

★ 원자핵은 (+)전하를 띤 양성자와 전하를 띠지 않는 중성자로 이루어져 있다. 따라서 원자핵은 (+)전하를 띤다.

★★ 되베라이너가 여러 원소들 중 성질이 비슷한 세개의 원소들이 있음을 발견하였고, 뉼랜즈가 원소들을 질량 순서대로 배열하면 여덟 번째마다 성질이 비슷한 원소가 나타나는 것을 발견하였다. 그 후 멘델레예프가 같은 세로줄에 성질이 비슷한 원소들이 오도록 무게 순으로 배열하여 최초의 주기율표를 만들었다.

개념 다지기 142~143쪽

01. ④　02. ③　03. ②, ③, ⑤　04. ②
05. ②　06. ①

01. 답 ④
바른 풀이 ④ 전자의 크기와 질량은 무시할 수 있을만큼 매우 작다.
해설 ①, ②, ③, ⑤ A는 전자, B는 중성자, C는 원자핵이다. A는 (-)전하를 띠고, B는 전자를 띠지 않는다. 양성자가 3개이므로 C의 전체 전하량은 +3이고, 양성자 수와 전자 수가 같으므로 전기적으로 중성이다.

02. 답 ③
바른 풀이 ③ 원자핵의 전하량은 원자의 종류마다 다르다.

03. 답 ②, ③, ⑤
바른 풀이 ① 원자의 중심에 있는 것은 원자핵이다. 전자는 원자핵 주변을 움직인다.
④ 전자의 질량과 크기는 매우 작기 때문에 무시할 수 있다. 원자핵의 질량이 원자의 질량 대부분을 차지한다.

04. 답 ②
해설 양성자의 수와 전자의 수 원자 번호는 모두 같다. 모든 원자의 원자핵은 1개이다. 하지만 원자핵을 이루는 양성자의 수는 원자의 종류에 따라 다르다.

05. 답 ②
바른 풀이 ② 같은 족의 원소는 원자가 전자 수가 같기 때문에 화학적 성질이 비슷하다.

06. 답 ①
해설 ① 같은 족의 원소가 원자가 전자 수가 같기 때문에 화학적 성질이 비슷하다.

유형 익히기 & 하브루타 144~147쪽

[유형9-1] ㉠ 전자 ㉡ 중성자 ㉢ 양성자 ㉣ 원자핵
01. ②　02. ㉠ (+) ㉡ 양성자 ㉢ (+) ㉣ (−) ㉤ 양성자 ㉥ 전자 ㉦ 중성
[유형9-2] (나), (가), (다)　03. ③　04. ②
[유형9-3] ㉠ 6 ㉡ 6　05. ②　06. ㉠, ㉢
[유형9-4] ㉠ 4 ㉡ 7　07. ③, ⑤　08. 원자가 전자

[유형9-1] 답 ㉠ 전자 ㉡ 중성자 ㉢ 양성자 ㉣ 원자핵
해설 원자의 중심에는 원자핵이 있고, 전자가 원자핵 주위를 빠르게 움직인다. 원자핵은 (+)전하를 띠는 양성자와 전하를 띠지 않는 중성자로 이루어져 있다.

01. 답 ②
바른 풀이 ② 원자는 눈으로 직접 볼 수 없다. 수소 원자의 지름은 10^{-10} m 이다.

[유형9-2] 답 (나), (가), (다)
해설 원자의 질량은 원자핵의 질량과 거의 같다. 따라서 (나)의 질량이 가장 크고, (다)의 질량이 가장 작다.

03. 답 ③
해설 원자핵의 전하는 +6이고, 전자의 총 전하량은 −6이다. 따라서 원자의 전하는 원자핵과 전자의 총 전하량을 더한 값이 0 이므로 중성이다.

04. 답 ②
해설 원자핵과 전자의 크기가 매우 작기 때문에 원자의 내부는 대부분 빈 공간이다.

[유형9-3] 답 ㉠ 6 ㉡ 6
해설 양성자 수와 전자 수는 원자 번호와 같다. 탄소는 원자 번호가 6이므로 주기율표를 보고 양성자 수와 전자 수를 알 수 있다.

05. 답 ②
해설 제시된 원자 모형의 원자핵 전하가 +9이므로 원자 번호가 9라는 것을 알 수 있다.

06. 답 ㉠, ㉢
바른 풀이 원자핵은 1개이다.

[유형9-4] 답 ㉠ 4 ㉡ 7
해설 원자가 전자 수는 원소가 포함된 족의 일의 자리와 같다. 탄소는 14족이고 염소는 17족이다.

07. 답 ③, ⑤
해설 같은 족에 속한 원소들이 화학적 성질이 비슷하다.

창의력 & 토론마당 148~151쪽

01

〈예시 답안 1〉 원자는 원자핵과 전자로 나뉜다.
〈예시 답안 2〉 원자는 핵분열에 의해 더 작은 입자로 쪼개질 수 있다.

해설 돌턴은 질량 보존 법칙, 일정 성분비 법칙 등을 설명하기 위해 원자설을 제안하였다. 하지만 현대 과학의 발달로 몇 가지가 수정되어야 한다. 1. 전자와 원자핵의 발견으로 전자와 원자핵으로 나눌 수 있다. 또한 핵분열에 의해 쿼크와 같은 더 작은 입자로 쪼개질 수도 있다. 2. 원자핵을 이루는 중성자와 양성자의 차이로 같은 원소이면서 질량이 다른 동위원소가 발견되었다. 3. 질량 보존 법칙(반응 전후에 전체 질량은 일정하다.)을 설명할 수 있다. 하지만 핵반응에 의해 다른 원자로 바뀔 수 있게 되었다.

02

〈예시 답안〉

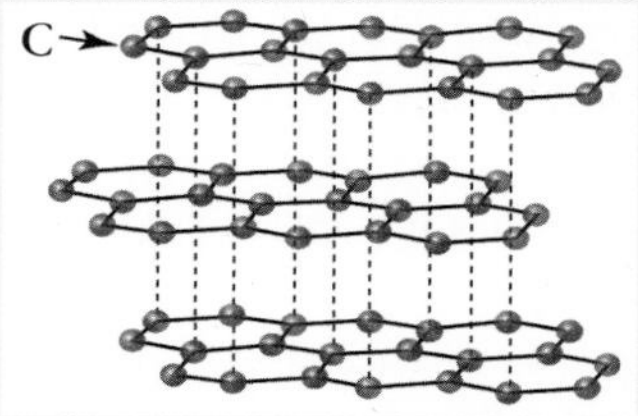

▲ 흑연의 원자 구조 모형

해설 같은 원소로 이루어진 물질이지만 원자의 공간 배열에 따라 다른 성질을 갖는다. 물질의 성질은 그 물질을 구성하는 원자의 종류와 수에 따라 크게 달라지지만같은 원자로 이루어진 물질이라도 원자의 배열에 따라 물질의 성질이 달라질 수 있다.

03

〈예시 답안 1〉 그 당시에는 빛과 열에 대한 개념이 제대로 확립되지 않았기 때문에 물질로 생각했을 것이다.
〈예시 답안 2〉 빛과 열은 분해할 수 없으므로 원소로 생각했을 것이다.

해설 라부아지에는 동식물 및 광물계에 포함된 원소로 기체에 해당하는 물질들을 첫 번째 묶음으로 분류 하였다. 이 묶음에 빛, 열, 산소, 질소, 수소가 포함된다. 빛과 열은 물질이 아닌 에너지의 한 형태이다. 라부아지에의 분류는 오류가 많은데다가 원소들간의 규칙성을 보이지는 않지만 화학에 대한 올바른 이해를 갖게 하였고, 원소들 사이의 관계에 관심을 두어 현대 화학이 발전하는데 많은 공헌을 하였다.

04

〈예시 답안 1〉 원자를 이루는 양성자와 전자 수가 더 많아지므로 크기가 더 커질 것이다.
〈예시 답안 2〉 원자가 전자 수는 같지만 주기가 클수록 전자의 개수는 많아지므로 원자의 크기도 커질 것이다.

해설 원자가 같은 족일때, 주기가 클수록 원자의 크기도 커진다. 원자를 구성하는 전자의 수가 많아지기 때문이다. 하지만 같은 주기에서는 족의 번호가 클수록 원자핵(+)의 전하가 많아 전자를 끌어당기는 힘이 더 세기 때문에 원자의 크기는 작아진다.

05

(1) 멀리 떨어져 나갈 수 있다. 원자가 전자가 안쪽의 전자보다 핵과 멀리 있어 떨어져 나가기 쉽다.
(2) 마그네슘의 (+)전하가 더 크기 때문에 전자를 끌어 당기는 힘이 더 크다. 따라서 마그네슘의 전자는 나트륨의 전자보다 쉽게 떨어지지 않는다.

해설 원자가 전자를 잃거나 얻은 입자를 이온이라고 한다. 최외각 전자 수가 8개가 될 때 원자는 가장 안정된 상태가 되므로 원자는 최외각 전자를 8로 만들기 위해 전자를 잃거나 얻어 이온의 형태가 된다.

스스로 실력 높이기 152~155쪽

01. ㉠ 원자핵 ㉡ 전자
02. ㉠ (+) ㉡ 양성자 ㉢ (+) ㉣ (−)
03. (1) O (2) X (3) O (4) X (5) O 04. ㄱ, ㄴ, ㄷ
05. ㄱ, ㄴ 06. ㉠ 원자 번호 ㉡ 주기율표
07. (1) X (2) X (3) O 08. Ca, Mg
09. 17번 10. ⑤ 11. ④ 12. ② 13. ④
14. ③ 15. ⑤ 16. ③ 17. ③ 18. ④
19. ② 20. ④ 21. 원자핵을 이루는 양성자의 (+)전하와 전자의 총 (−)전하가 같아서 총 전하량이 0이 되기 때문이다.
22. 원자가 전자의 개수가 같기 때문이다.

03. 답 (1) O (2) X (3) O (4) X (5) O
바른 풀이 (2) 원자의 종류에 따라 전자의 수, 양성자의 수가 다르다.
(4) 원자핵과 전자의 크기는 매우 작다. 따라서 원자 내부 공간은 대부분 비어있다.

04. 답 ㄱ, ㄴ, ㄷ
바른 풀이 ㄹ. 모든 전자는 원자핵 주위를 움직인다. 전자가 총 8개 이므로 원자핵 주위에서 움직이는 전자는 총 8개이다.

05. 답 ㄱ, ㄴ
바른 풀이 ㄷ. (가), (나), (다) 모두 원자핵의 (+)전하량과 전자의 총 전하량이 같으므로 중성이다.

07. 답 (1) X (2) X (3) O
바른 풀이 (1) 주기율표의 세로줄은 족이다.
(2) 주기율표의 가로줄은 주기이다.

08. 답 Ca, Mg
해설 원자가 전자 수가 같은 원자들이 화학적 성질이 비슷하다.

09. 답 17
해설 중성 원자의 모형이므로 전자의 개수를 보고 알 수 있다. 염소의 전자의 개수는 17개이므로 양성자의 수도 17개이며 원자핵의 전하량은 +17이다. 따라서 원자 번호는 17이다.

10. 답 ⑤
해설 ⑤ 원자는 종류에 따라 양성자 수가 다르므로 원자핵의 (+)전하량이 다르다.
바른 풀이 ① 원자핵은 양성자로 인해 (+)전하를 띤다.
② 원자핵은 양성자와 중성자로 이루어져 있다.
③ 중심에는 원자핵이 있다.
④ 원자핵의 질량은 매우 커서 원자의 질량 대부분을 차지한다.

11. 답 ④
해설 ④ 양성자 수가 6개, 전자 수가 6개이므로 (+)전하량과 (-)전하량이 같다.
바른 풀이 ① 전자의 수는 6개 이다.
② 원자핵은 1개이다. 원자핵 안의 양성자와 중성자가 각각 6개이다.
③ 이 원자는 중성이다.
⑤ 원자핵은 원자의 가운데에 있고 전자가 원자핵 주위를 움직인다.

12. 답 ②
바른 풀이 ② 원자핵과 전자는 너무 작기 때문에 원자의 대부분은 빈 공간이다.

13. 답 ④
바른 풀이 ㄴ. 원자의 중심에 있으며 움직이지 않는 것은 원자핵이다.

14. 답 ③
해설 헬륨의 원자 번호는 2이고, 전자 수는 2개이므로 이 둘을 더한 값은 4이다.

15. 답 ⑤
해설 ㄴ. 원자의 질량은 원자핵이 대부분 차지하므로 원자핵과 같은 원자 번호가 클수록 크다.
ㄷ. B와 D의 원자가 전자 수는 같지만 전체 전자의 개수는 다르다.
바른 풀이 ㄱ. A와 B는 같은 주기에 있으므로 화학적 성질은 비슷하지 않다. 문제에 제시된 원소 중 화학적 성질이 비슷한 원소는 B와 D이다.

16. 답 ③
해설 ㄱ. 탄소의 전자 수 : 6개, ㄴ. 수소의 양성자 수 : 1개,
ㄷ. 헬륨의 원자핵 수 : 1개이므로 총 8개이다.

17. 답 ③
해설 같은 주기에 있는 원소는 2주기 원소인 Be과 B이다.

18. 답 ④
해설 같은 족에 있는 원소는 15족 원소인 N와 P이다.

19. 답 ②
해설 칼슘(Ca)은 원자 번호가 20이고, 원자 번호 = 양성자 수 = 전자 수이므로 전자 수는 20개이다. 칼슘(Ca)은 2족 원소이므로 가장 바깥에 있는 전자의 개수는 2개이다.

20. 답 ④
해설 · 질소보다 무거운 것은 질소보다 원자 번호가 큰 원소이다.
· 염소보다 전자 수가 작은 것은 염소보다 원자 번호가 작은 원소이다.
· 나트륨과 같은 주기에 있는 것은 마그네슘, 알루미늄, 규소, 인, 황, 염소, 아르곤이다.
· 베릴륨과 화학적 성질이 비슷한 것은 같은 족에 있는 마그네슘과 칼슘이다.

21. 답 원자핵을 이루는 양성자의 (+)전하와 전자의 총 (−)전하가 같아서 총 전하량이 0이 되기 때문이다.
해설 원자핵의 (+)전하량과 (−) 전하를 띠는 전자의 수가 같기 때문에 중성이다.

22. 답 원자가 전자의 개수가 같기 때문이다.
해설 같은 족 원소들은 각 원자에 들어 있는 전자 중 원자가 전자의 개수가 같기 때문에 성질이 비슷하다. 1족의 원소는 알칼리 금속이라 부르며, 물이나 산소와 격렬하게 반응하는 특징이 있다. 18족 원소는 비활성 기체로 다른 원소들과 잘 반응하지 않는 특징이 있다.

10강. Project 3

논/구술 156~157쪽

01

21번. Sc(스칸듐) - 유럽 스칸디나비아 반도
63번. Eu(유로퓸) - 유럽
71번. Lu(루테튬) - 파리의 옛이름(Lutecia)
97번. Bk(버클륨) - 미국 캘리포니아 버클리
98번. Cf(캘리포늄) - 미국 캐리포니아주

02

(1) 과학자 이름
(2) 해설 참조

(1) 과학자
해설 퀴륨 - 퀴리 부부, 아인슈타이늄 - 아인슈타인, 노벨륨 - 노벨, 멘델레븀 - 멘델레예프
(2) 103번. Lr(로렌슘) - 어니스트 로렌스
104번. Rf(러더포듐) - 어니스트 러더포드
109번. Mt(마이트너륨) - 리제 마이트너
100번. Fm(페르뮴) - 엔리코 페르미
64번. Gd(가돌리늄) - 가돌린

탐구-1 158~159쪽

(1) 가장 바깥 전자 껍질에 있는 전자의 수가 같다. (18족은 1주기 제외)

(2) 전자가 들어 있는 전자 껍질의 수가 같다.

탐구-2 탐구 해석 및 일반화 160~161쪽

1.

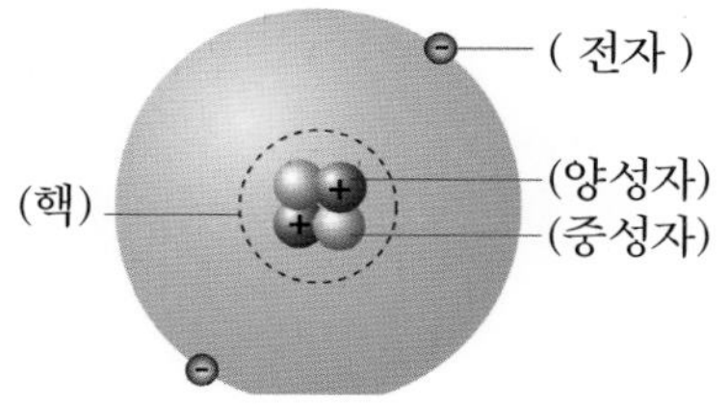

2. (1)

원자	베릴륨	탄소	플루오린	네온
양성자수	4	6	9	10
중성자수	5	6	10	10

(2) ① 원자핵은 중성자와 양성자로 되어 있다.
② 원자 번호가 증가하면 중성자의 수가 대체로 증가한다.
③ 다른 종류의 원자는 양성자의 수가 서로 다르다.
④ 다른 종류의 원자도 중성자 수는 같을 수 있다. 등

Ⅳ 화합물

11강. 이온

개념확인 164~167쪽

1. (1) O (2) X (3) O (4) X
2. ㉠ 얻어서 ㉡ 음이온 ㉢ −2　　3. ④
4. ㉠ 철 이온 ㉡ 황화 이온 ㉢ K^+ ㉣ NO_3^-

1. 답 (1) O (2) X (3) O (4) X
바른 풀이 (2) 원자가 전자를 얻으면 (-)전하, 전자를 잃으면 (+)전하를 띤다.
(4) 원자와 그 원자의 양이온은 양성자 수는 같고 전자 수는 다르다.

3. 답 ④
바른 풀이 ④ 마그네슘 원자와 (+)전하의 총량은 같고, (−)전하의 총량은 더 적다.
해설 ①, ②, ③, ⑤ Mg^{2+}는 마그네슘 이온으로 전자를 2개 잃어서 (+)전하를 띤 양이온이다. 따라서 이온 형성 과정은 $Mg \rightarrow Mg^{2+} + 2$ ⊖ 이다.

확인+ 164~167쪽

1. 양이온　2. ⑤　3. ⑤　4. ⑤

1. 답 양이온
해설 원자가 전자를 잃어서 형성되므로 양이온이다.

3. 답 ⑤
해설 전자를 가장 많이 얻어서 된 이온은 음이온인 S^{2-}이고, 전자를 가장 많이 잃어서 된 이온은 양이온인 Al^{3+}이다.

4. 답 ⑤
바른 풀이 ㄱ. Cl^-는 염화 이온이고, ㄴ. H^+는 수소 이온이다.

생각해보기 164~167쪽

★ 리튬, 나트륨, 칼륨, 마그네슘, 칼슘은 금속으로 1족과 2족 원소이다. 가장 바깥쪽 전자가 1~2개이므로 전자를 잃고 양이온이 되기 쉽다.
★★ 음이온이 되면 전자가 많아지는데, 전자 사이의 반발력이 커져서 서로 밀어내므로 원자일 때보다 크기가 커진다.
★★★ 전자를 주고 받으면서 양이온과 음이온이 되므로 양이온과 음이온은 함께 존재한다.

개념 다지기 168~169쪽

01. ⑤ 02. (가) 양이온 (나) 음이온 03. ④
04. ④ 05. ③ 06. ③

01. 답 ⑤
바른 풀이 ⑤ 원자가 전자를 얻거나 잃어서 이온이 되므로 원자와 이온은 전자 수가 서로 다르다.

03. 답 ④
바른 풀이 ④ B 이온의 이온식은 B^{2-}이다.
해설 ①, ② A이온은 양이온이므로 양성자 수가 전자 수보다 많고, B이온은 음이온이므로 양성자 수가 전자 수보다 적다.
③ A 이온의 이온식은 A^{+}이다.
⑤ 원자 번호를 모르기 때문에 전체 전자 수를 알 수 없어 두 이온의 전체 전자 수를 비교할 수 없다.

04. 답 ④
해설 ④ 전자를 2개 얻어서 형성된 음이온이므로 이온식은 O^{2-}이다.

05. 답 ③
바른 풀이 ① Cl + ⊖ → Cl^{-}
② Na → Na^{+} + ⊖
④ S + 2 ⊖ → S^{2-}
⑤ Al → Al^{3+} + 3 ⊖

06. 답 ③
바른 풀이 염소 원자에서 형성된 이온은 염화 이온이라 읽는다.

유형 익히기 & 하브루타 170~173쪽

[유형11-1] ⑤ 01. 양이온 : A, 음이온 : B, C
02. (1) 양 (2) 음 (3) 양
[유형11-2] · 원자 : (가) · 양이온 : (나), (라)
· 음이온 : (다) 03. 음이온, −1 04. ④
[유형11-3] · 이온식 : Cl^{-}
· 이온의 이름 : 염화 이온
05. 전체 전하 : +1, 이온식 : X^{+} 06. ②
[유형11-4] (1) A^{2+} (2) B^{-} 07. ⑤ 08. ②

[유형11-1] 답 ⑤
바른 풀이 ⑤ 원자와 그 원자로부터 형성된 이온은 양성자 수는 같고, 전자 수가 다르다.
해설 ①, ②, ③, ④ 전기적으로 중성인 원자가 전자 2개를 잃고 양이온이 되는 과정으로, 전체 전하는 +2이다.

01. 답 양이온 : A, 음이온 : B, C
해설 A는 전자를 잃었으므로 양이온, B와 C는 전자를 얻었으므로 음이온이다.

02. 답 (1) 양 (2) 음 (3) 양
해설 원자가 전자를 잃어서 원자보다 전자가 적어지면 양이온, 원자가 전자를 얻어서 원자보다 전자가 많아지면 음이온이다.

[유형11-2] 답 · 원자 : (가) · 양이온 : (나), (라) · 음이온 : (다)
해설 양성자와 전자의 수가 같으면 원자, 양성자 수가 전자수보다 많으면 양이온, 양성자 수가 전자 수보다 적으면 음이온이다.

03. 답 음이온, −1
해설 원자핵이 +9이고, 전자 10개의 총 전하량은 −10이므로 이온의 전체 전하량은 −1인 음이온이다.

04. 답 ④
해설 (나)와 (라)의 양성자 수는 같고, (라)가 전자를 1개 얻어 생성된 (나)의 음이온이다.

[유형11-3] 답 · 이온식 : Cl^{-} · 이온의 이름 : 염화 이온
해설 전자를 한 개 얻었으므로 전체 전하는 −1이 된다. 원소의 이름이 소로 끝나는 것은 원소 이름에서 '소' 자를 생략하고 뒤에 '화 이온'을 붙인다.

05. 답 · 전체 전하 : +1 · 이온식 : X^{+}
해설 핵 전하는 +4, 전자는 −3이므로 전체 전하는 +1이다.

06. 답 ②

바른 풀이 ② 산소 원자는 전자 수가 8개이고, 이온은 2개의 전자를 얻어서 형성되었으므로 산화 이온의 전자의 총 전하량은 −10이다 .

[유형11-4] 답 (1) A^{2+} (2) B^{-}

해설 (1) A는 전자를 2개를 잃고 이온이 되므로 전체 전하는 +2인 양이온이다.
(2) B는 전자 1개를 얻어 이온이 되므로 전체 전하는 −1인 음이온이 된다.

07. 답 ⑤

해설 ① F + ⊖ → F^{-}
② K → K^{+} + ⊖
③ Mg → Mg^{2+} + 2 ⊖
④ O + 2 ⊖ → O^{2-}

08. 답 ②

해설 ㄴ. 칼슘은 전자를 2개 잃어서 형성된 양이온으로 Ca → Ca^{2+} + 2 ⊖ 이다.

바른 풀이 ㄱ, ㄷ. 칼슘이 이온이 될 때 전자 수가 감소하므로 (+)전하의 총량보다 (−)전하의 총량이 더 적다.

창의력 키우기 174~177쪽

01

기체 원자에서 전자가 튀어 나와 이온화되었으므로 기체에서 형성된 이온은 양이온이다.

해설 플라즈마는 기체 원자가 에너지를 얻어 고온의 기체 이온과 전자로 분리된 상태이다. 전자가 핵에서 멀리 떨어졌기 때문에 기체 이온은 (+)전하를 띠게 되므로 양이온이라 할 수 있다. 고온의 기체에서 떨어졌던 전자가 다시 기체 이온과 합쳐지면서 빛 형태의 에너지를 내놓는데 그 빛을 우리가 보는 것이다.

02

염화 이온

해설 나트륨 이온이 많은 강물은 짜지 않고, 염화 이온이 많은 바닷물이 짜다. 따라서 짠 맛이 나게 하는 이온은 염화 이온이다. 바닷물이 짜게 느껴지는 것은 하나의 이온 때문이라기 보다는 염화 이온과 나트륨 이온으로 형성된 소금 때문이지만, 주어진 자료를 통해 염화 이온의 영향이 더 크다고 추측할 수 있다.

03

(1) 색이 다르고 성질도 다르므로 같은 물질이 아니다.
(2) 질량과 부피를 각각 측정하여 밀도를 비교한다. 녹는점을 측정한다. 등

해설 (1) 철과 산화 철은 완전히 다른 물질이다. 이름에 철이 들어 있지만, 철은 금속이고, 산화 철은 화합물로 성질이 완전히 다르다.
(2) 물질의 특성 중 하나를 선택해서 확인한다. 단위 부피당 질량을 측정하여 밀도를 비교하거나, 녹는점이나 끓는점을 측정하여 비교한다.

04

안쪽의 전자는 핵과 가까이 있어 정전기적 인력이 바깥에 있는 전자보다 더 크게 작용하기 때문에 바깥쪽의 전자가 안쪽의 전자보다 떼어내기 더 쉽다.

해설 핵과 가까이 있는 전자가 상대적으로 핵의 전하를 더 크게 느낄 수 있다는 것에 중점을 둔다.
전자가 느끼는 핵의 전하량은 핵의 (+)전하량과 전자 사이의 반발력, 그리고 안쪽 껍질에 있는 전자가 핵을 가리는 가리움 효과 등 여러 가지가 작용한다. 문제에서 같은 원자이므로 핵의 전하량과 전자 사이의 반발력은 같다. 그런데 안쪽에 있는 전자가 핵을 가리므로 바깥쪽의 전자는 안쪽에 있는 전자보다 핵의 전하를 덜 느끼게 된다. 따라서 안쪽에 있는 전자보다 바깥쪽에 있는 전자를 떼어내는데 에너지가 덜 들게 된다.

05

(1) 아이오딘은 녹말과 반응하기 전 바이타민과 먼저 반응하므로 바이타민이 반응하여 모두 이온으로 된 이후 녹말과 반응하여 청남색으로 변한다. 그러므로 녹말과 반응하기 전 넣어 준 아이오딘의 양이 많을수록 바이타민의 양이 많은 것이다.
(2) 콜라와 포도 주스는 색깔이 있으므로 아이오딘 용액의 색이 바뀌는 것을 확인하기가 어렵다.

해설 (1) 바이타민이 녹아 있는 용액에 아이오딘 용액을 한방울씩 떨어뜨리면 바이타민 C가 아이오딘에 의해 산화(전자를 잃는 현상)되는데 바이타민 C가 모두 산화되면 아이오딘이 녹말과 반응하여 청남색으로 변한다. 바이타민 C가 많이 들어 있을수록 청남색으로 변할 때까지 들어 가는 아이오딘의 양이 많은 것이다.

스스로 실력 높이기 178~181쪽

01. (1) 이온 (2) 전자 (3) 음이온
02. (1) X (2) O (3) X
03. (가) 원자 (나) 양이온 (다) 음이온
04. +1　05. 음이온　06. 2
07. 양이온 : ㄱ, ㄷ 음이온 : ㄴ, ㄹ　08. X^{2-}
09. (1) 나트륨 (2) 마그네슘 (3) 염화
10. (1)－㉣, (2)－㉠, (3)－㉡, (4)－㉢　11. ④
12. ②　13. ②　14. ③　15. ②　16. ③
17. ⑤　18. ③　19. ②
20. ㉠ : ③ ㉡ : ⑤ ㉢ : ①
21. 철과 산화 철은 밀도와 녹는점이 다르므로 다른 물질이다.
22. (다). 원자핵의 (+) 전하량이 전자의 총 (−)전하량보다 많아 전체 전하가 (+)이기 때문이다.

2. 답 (1) X (2) O (3) X
바른 풀이 (1) 원자가 전자를 잃는 양이온은 원자보다 이온이 전자 수가 적다.
(3) 원자가 전자를 잃고, 양이온이 되면 (+)전하를 띤다.

3. 답 (가) 원자 (나) 양이온 (다) 음이온
해설 (가)는 양성자와 전자 수가 같으므로 원자, (나)는 양성자 수가 전자 수보다 많으므로 양이온, (다)는 양성자 수가 전자 수보다 적으므로 음이온이다.

4. 답 +1
해설 양성자의 전하량은 +3이고, 전자 수는 2개로 전하량이 −2이므로 전체 전하는 +1 이다.

5. 답 음이온
해설 양성자 수는 9개, 전자 수는 10개이므로 전체 전하는 -1이고, 음이온이다.

6. 답 2
해설 원소 이름(Cu) 뒤에 2+이므로 잃어버린 전자 수는 2개이다.

7. 답 · 양이온 : ㄱ, ㄷ · 음이온 : ㄴ, ㄹ
해설 양이온은 (+)전하를, 음이온은 (−)전하를 띤다.

8. 답 X^{2-}
해설 전자 2개를 얻었으므로 원소 기호 오른쪽 상단에 2−를 붙인다.
9. 답 (1) 나트륨 (2) 마그네슘 (3) 염화
해설 양이온은 원자 이름에 '이온'을 붙이고, 음이온은 원자 이름에 '화 이온'을 붙인다. 이름이 소로 끝나는 음이온은 소를 지우고 '화 이온'을 붙인다.

11. 답 ④
해설 양이온은 원자가 양성자를 얻은 것이 아니라, 원자가 전자를 잃어서 (+)전하의 총합이 (−)전하의 총합보다 많아 전체 전하가 (+)이다.

12. 답 ②
해설 양성자 수는 같고 전자 수가 다른 모형을 찾는다. (가)는 양성자가 4개, 전자가 4개이다. (나)는 양성자가 3개, 전자가 3개이다. (다)는 양성자가 4개, 전자가 5개이다. (라)는 양성자가 5개 전자가 3개이다. 따라서 원자 (가)가 원자가 전자를 얻어 (다) 음이온이 형성되었다.

13. 답 ②
바른 풀이 ② 이름이 소로 끝나는 원소는 소를 지우고 '화 이온'을 붙인다. 주어진 이온식은 염화 이온이라 읽는다.

14. 답 ③
해설 A 이온은 전자를 1개 얻어 음이온이 되었다.

15. 답 ②
해설 전자를 2개 잃어 양이온이 되었으므로 Mg^{2+}이 해당된다.

16. 답 ③
해설 전자의 이동량은 숫자로 나타내므로 전자의 이동량이 가장 많은 이온은 Al^{3+}이다.

17. 답 ⑤
바른 풀이 ⑤ 모형을 식으로 나타내면 $Na \rightarrow Na^{+} +$ ⊖ 이다.

18. 답 ③
해설 ① $K \rightarrow K^{+} +$ ⊖　② $Ca \rightarrow Ca^{2+} + 2$ ⊖
④ $S + 2$ ⊖ $\rightarrow S^{2-}$　⑤ $Al \rightarrow Al^{3+} + 3$ ⊖

19. 답 ②
바른 풀이 ㄴ, ㄹ. F^{-}는 플루오린화 이온이고, Ca^{2+}는 칼슘 이온이다.

21. 답 철과 산화 철은 밀도와 녹는점이 다르므로 다른 물질이다.
해설 자석에는 둘 다 붙지만 10 g 의 부피가 서로 다르므로 두 물질의 밀도는 서로 다르다. 또한, 물질의 특성인 녹는점이 다르므로 철과 산화 철은 서로 다른 물질이라고 할 수 있다.

22. 답 (다). 원자핵의 (+) 전하량이 전자의 총 (−)전하량보다 많아 전체 전하가 (+)이기 때문이다.
해설 (다) : 원자핵의 전하가 +10이고, 전자가 8개이므로 (+)전하를 띠는 양이온이다.
바른 풀이 (가) : 원자핵의 전하가 +3이고, 전자가 3개이므로 이온이 아니다. (나) : 원자핵의 전하가 +7이고, 전자가 8개이므로 (−)전하를 띠는 음이온이다.

12강. 화합물

개념확인 182~185쪽

1. 이온 결합 2. 이온 결합 화합물 3. 공유 결합
4. 분자

확인+ 182~185쪽

1. 1 : 2 2. AgCl, 염화 은 3. 1
4. (1) 2 (2) 2 (3) 3 (4) 1 : 3

1. 답 1 : 2
해설 염화 칼슘은 Ca^{2+} 1개(총 전하량 +2)와 Cl^- 2개(총 전하량 −2)가 결합하여 총 전하량이 0인 상태로 결합한다.

2. 답 AgCl, 염화 은
해설 이온 화합물을 쓸 때에는 양이온을 먼저 쓴 뒤 음이온을 쓴다. 읽을 때는 음이온을 먼저 읽고, 양이온을 읽는다.

3. 답 1
해설 수소 원자는 각각 1개의 전자를 내놓아 1쌍 (2개)의 전자쌍을 공유한다.

생각해보기 185쪽

★ 공유 결합의 결과로 분자를 생성한다. 하지만 이온 결합 화합물은 하나의 분자 상태로 존재하는 것이 아니라 여러 개의 양이온과 음이온이 반복적으로 연결되는 결정 구조이다. 따라서 이온 결합 화합은 분자 상태가 아니라 결정 구조라고 말한다.

개념 다지기 186~187쪽

01. ③ 02. ④ 03. ③ 04. ⑤ 05. ⑤
06. ④

01. 답 ③
바른 풀이 ③ 양이온과 음이온은 이온 결합하여 중성이 된다. 항상 1 : 1로 결합하지는 않는다.

02. 답 ④
해설 ④ NaCl은 Na^+과 Cl^-이 1 : 1로 결합한 것이다.
바른 풀이 ① $MgCl_2$는 Mg^{2+}과 Cl^-이 1 : 2로 결합한 것이다.
② $CaCl_2$는 Ca^{2+}과 Cl^-이 1 : 2로 결합한 것이다.
③ $BaCl_2$는 Ba^{2+}과 Cl^-이 1 : 2로 결합한 것이다.
⑤ Fe_2O_3는 Fe^{3+}과 O^{2-}이 2 : 3으로 결합한 것이다.

03. 답 ③
해설 ① CaO는 산화 칼슘이다.
② $CaCO_3$는 탄산 칼슘이다.
④ $MgCl_2$는 염화 마그네슘이다.
⑤ $CaCl_2$는 염화 칼슘이다.

04. 답 ⑤
바른 풀이 ⑤ 결합에 참여하는 원자들은 원자가 전자 수에 따라 1개 이상의 전자를 공유할 수 있다.

05. 답 ⑤
바른 풀이 ⑤ 탄소 원자와 산소 원자의 개수비는 1 : 2 이다.

06. 답 ④
해설 ④ CH_3OH은 C 1개, H 4개, O 1개로 총 6개이다.
바른 풀이 ① O_2는 O 2개이다.
② NH_3는 N 1개, H 3개로 총 4개이다.
③ CH_4는 C 1개, H 4개로 총 5개이다.
⑤ H_2O_2는 H 2개, O 2개로 총 4개이다.

유형 익히기 & 하브루타 188~191쪽

[유형12-1] ③
01. ㉠ Cl ㉡ Na^+ ㉢ NaCl 02. 중성
[유형12-2] ②, ④
03. ① 04. ㉠ 양이온 ㉡ 음이온
[유형12-3] (1) 공유 결합 (2) H_2O
05. ㉠ 공유 ㉡ 분자 06. ①
[유형12-4] ① 07. (1) 3 (2) 45
08. (1) ㉡ (2) ㉢ (3) ㉠

[유형12-1] 답 ③
해설 ③ A 원자는 전자 2개를 잃어 양이온이 되고, 그 전자를 B 원자가 받아 음이온이 된다. 이 과정에서 양이온과 음이온이 1 : 1의 개수비로 결합하므로 이에 해당하는 화합물은 ③ MgO이다.

01. 답 ㉠ Cl ㉡ Na^+ ㉢ NaCl
해설 나트륨 이온(양이온)과 염화 이온(음이온)은 1 : 1의 개수비로 결합하여 NaCl(염화 나트륨)을 형성한다.

[유형12-2] 답 ②, ④
바른 풀이 ① 양이온 : Mg^{2+}, 음이온 : Cl^- 이다.
③ MgO는 산화 마그네슘이다.

03. 답 ①
바른 풀이 ① 양이온과 음이온은 정전기적 인력에 의해 서로 결

합을 한다. 전자쌍을 공유하는 것은 공유 결합 화합물이다.

[유형12-3] 답 (1) 공유 결합 (2) H_2O

해설 (1) 물은 수소 원자 2개와 산소 원자 1개가 전자를 공유한 공유 결합의 형태이다.

06. 답 ①

해설 3HCl는 H(수소)와 Cl(염소)가 1 : 1로 공유 결합하여 HCl(염화 수소) 3개를 나타낸다.

[유형12-4] 답 ①

해설 ① 수증기의 분자식은 H_2O이다.

바른 풀이 ② 염화 나트륨은 이온 결정이므로 분자식으로는 나타낼 수 없고, 화학식으로 나타낼 수 있다.

③ 수증기가 액화하면 분자 사이의 거리가 가까워진다.

④ 염화 나트륨은 염화 이온과 나트륨 이온이 계속해서 반복적으로 연결되는 결정 구조이다.

⑤ 수증기가 얼음으로 상태 변화하면 분자 사이의 거리가 가까워지고 분자에는 변화가 없기 때문에 성질은 달라지지 않는다.

07. 답 (1) 3 (2) 45

해설 (1) 설탕에 포함된 원소의 종류는 C(탄소), H(수소), O(산소) 총 3종류이다.

(2) 설탕 한 분자 속에 포함된 원자의 총 개수는 탄소 12개, 수소 22개, 산소 11개이므로 총 45개이다.

창의력 & 토론마당 192~195쪽

01

〈예시 답안 1〉 이온 결합 화합물은 전자가 이동하여 결합하는 것이고, 공유 결합 화합물은 전자를 공유하는 것이기 때문에 공유 결합이 더 강할 것이다.

〈예시 답안 2〉 이온 결합 화합물은 양이온과 음이온 사이의 인력이 매우 강한 고체 결정 상태이지만, 공유 결합 화합물은 액체 상태나 기체 상태로도 존재하므로 이온 결합 화합물이 더 강할 것이다.

해설 이온 결합은 금속 원소와 비금속 원소의 결합이고, 공유 결합은 비금속 원소 끼리의 결합이다. 일반적으로 공유 결합의 세기와 이온 결합의 세기는 비슷하다. 하지만 분자들 사이의 인력에 차이점이 있다. 이온 결합 물질은 결정 전체에 걸쳐 강한 인력이 작용하고, 공유 결합 물질은 분자끼리 거대한 구조를 형성하지 않는다.

02

(1) · 양이온이 되기 쉬운 족 : 1족, 2족, 13족
· 음이온이 되기 쉬운 족 : 15족, 16족, 17족

(2) 〈예시 답안〉 1족과 17족. 1족의 원소들은 원자가 전자가 1개이므로 전자 1개를 잃어 양이온이 되기 쉽다. 17족의 원소들은 원자가 전자가 7개 이므로 전자 1개를 얻어 음이온이 되기 쉽다. 따라서 전자 1개씩을 주고 받을 수 있어 이온 결합이 잘 형성된다.

해설 주기율표의 1족, 2족, 13족의 원소들은 원자가 전자 수가 각각 1개, 2개, 3개인 원소로, 원자가 전자를 잃고 양이온이 되기 쉽다. 주기율표의 15족, 16족, 17족의 원소들은 원자가 전자 수가 각각 5개, 6개, 7개이며, 전자를 얻고 음이온이 되기 쉽다. 이온은 가장 바깥 껍질의 전자가 8개인 상태로 유지하려고 하기 때문에 1족과 17족, 2족과 16족이 1 : 1의 개수비로 이온 결합을 형성한다.

03

〈예시 답안〉

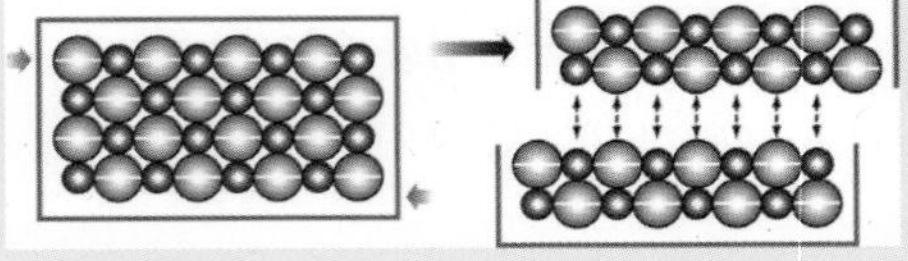

이온 결합 화합물이 규칙적으로 배열되어 있다가 힘을 받아 층이 옆으로 밀리면서 같은 전하를 띠는 이온들이 만나게 되어 반발력이 생기기 때문이다.

해설 이온 결정은 매우 단단하지만 힘을 주게 되면 쉽게 쪼개지거나 부서진다. 이온 결정에 힘을 주게 되면 이온 층이 옆으로 밀리면서 마주 보는 두 층의 경계에서 같은 전하를 띤 이온들이 만나게 되고, 같은 종류의 전하를 띤 이온들 사이에 반발력(척력)이 작용하기 때문에 쪼개지거나 부서진다.

04

(1) 원자가 전자를 8개로 배치하기 위해서 각각 2개의 전자가 필요하므로 2개씩 전자를 공유한다.

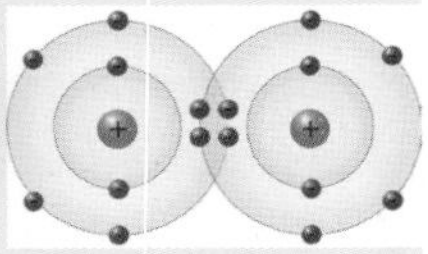

(2) 〈예시 답안〉

① H_2 ② H · + · H → H:H ③ H−H 등

해설 (1) 산소는 원자가 전자가 6개이므로 8개의 전자를 배치하기 위해서는 2개의 전자가 필요하다. 따라서 산소 원자 2개가 결합하여 산소 분자를 형성하기 위해서는 2개의 전자쌍을 공유해야 한다. 이와 같이 전자쌍 2개를 공유하는 결합을 2중 결합이라고 한다.

(2) 공유 결합을 표시하는 방법으로 원자가 전자를 점으로 표시하여 나타내는 방법을 이용하는데 이것을 루이스 전자점식(H:H)이라고 한다. 또 공유 전자쌍만을 선으로 나타내기도 하는데 이것을 구조식(H-H)이라고 한다.

05

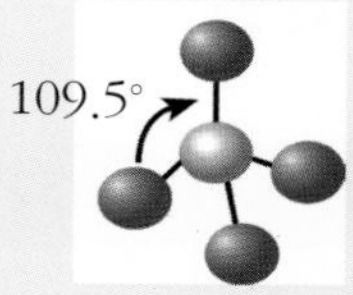

메테인을 이루는 탄소와 수소의 공유 전자쌍 사이의 반발이 최소한으로 일어나게 하려면 각각의 수소 원자들이 정사면체 꼭짓점에 위치하게 된다.

해설 수소 4개가 탄소 주위에서 각각 공유 결합을 하고 있으므로 총 4개의 공유 전자쌍이 존재하게 된다. 4개의 공유 전자쌍 사이의 반발이 최소가 되기 위해서 각각의 수소 원자는 꼭짓점에 배치되어야 하므로 결합각도는 109.5°가 된다.

스스로 실력 높이기 196~199쪽

01. 화학식 02. NaCl, 염화 나트륨
03. ㉠ 1 : 2 ㉡ $CaCl_2$ 04. XY_2 05. ㄷ
06. ㉠ 산소 ㉡ 수소 ㉢ 공유
07. (1) N_2 (2) 염화 칼륨 (3) 이산화 탄소
08. (1) O (2) O (3) X
09. ㉠ 물 분자 ㉡ 수소 원자
10. (1) 2 (2) 5개 (3) 2 : 3 11. ②
12. ③ 13. ③ 14. ②
15. ②, ③, ④ 16. ③ 17. ①, ③
18. ②, ④ 19. ④ 20. ②
21. 공통점 : 같은 원소(수소, 산소)로 이루어져 있다, 두 종류의 원소로 이루어져 있다 등
차이점 : 분자를 이루는 원자 수가 다르다. 분자식이 다르다 등
22. 베릴륨 원자 주위에 공유 전자쌍이 전자쌍 사이의 밀어내는 힘을 받기 때문에 양쪽으로 위치한다.

03. **답** ㉠ 1 : 2 ㉡ $CaCl_2$
해설 (1) 칼슘 이온은 전자를 2개 잃은 것이고, 염화 이온은 전자를 1개 잃은 것이다. 칼슘 이온과 염화 이온이 이온 결합을 하려면 전하량 총합이 0이 되어야 하기 때문에 1 : 2의 개수비로 결합하여야 한다.

04. **답** XY_2
해설 X 이온은 전자를 2개 잃은 것이고, Y 이온은 전자를 1개 얻은 것이다. 두 모형이 결합해 전하량 총합이 0인 화합물이 생성되기 위해서는 X 이온 1개와 Y 이온 2개가 결합하여야 한다.

05. **답** ㄷ
해설 그림은 A가 전자 2개를 B에게 주어 A^{2+}이 되고, B는 전자 2개를 얻어 B^{2-}이 되어 서로 결합하는 모형이다. 이 때 A와 B가 각각 1개씩 결합하였으므로 양이온과 음이온의 개수비가 1 : 1인 화합물을 찾으면 된다.

08. **답** (1) O (2) O (3) X
바른 풀이 (3) 공유 결합을 하는 원자들은 대부분 전기적으로 중성을 띠고 있다.

11. **답** ②
바른 풀이 ② 이온의 화학식은 양이온을 먼저 쓰고, 음이온을 쓴다. 따라서 염화 나트륨의 화학식은 NaCl이다.

12. **답** ③
해설 ③ 전자를 2개 잃은 양이온과 전자 1개를 얻은 음이온 2개가 1 : 2의 개수비로 결합한 것으로 $CaCl_2$이다.

13. **답** ③
바른 풀이 ③ 이온 결합 화합물은 독립적인 분자 상태가 아니라 무수히 많은 양이온과 음이온이 결합된 결정 형태로 있다.

14. **답** ②
해설 ② 이온 결합할 때, 한 원자에서 전자를 잃어 양이온이 되면, 다른 원자가 그 전자를 받아 음이온이 되고, 두 이온이 서로 다른 전하를 띠고 있어 정전기적 인력에 의해 결합한다. 염화 나트륨의 경우, 나트륨 원자가 전자를 잃어 나트륨 이온이 되고, 나트륨 원자의 전자를 염소 원자가 받아 염화 이온이 된다.

15. **답** ②, ③, ④
바른 풀이 ① A는 전자를 잃기 전 원자 상태이므로 전하를 띠지 않는다.
⑤ E는 이온 결합 된 상태로 분자 상태가 아니라 결정 상태로 존재한다.

16. **답** ③
바른 풀이 ③ 모형은 수소 원자와 산소 원자가 서로 전자쌍을 공유해서 결합하는 공유 결합을 나타낸 모형이다. 공유 결합에서 이온화 과정은 일어나지 않는다.

17. **답** ①, ③
바른 풀이 ② 구리 원자 또는 금속 결합 물질이다.
④ 마그네슘 원자 또는 금속 결합 물질이다.
⑤ 염화 나트륨은 이온 결합 화합물이다.

18. 답 ②, ④

해설 분자식을 통해서 분자의 종류와 개수, 분자를 이루는 원자의 종류와 개수를 알 수 있다.

19. 답 ④

바른 풀이 ④ (다)는 서로 다른 원자가 1 : 4의 개수비로 결합한 상태이다. NH_3는 질소 1개와 수소 3개가 1 : 3의 개수비로 결합한 것이다.

20. 답 ②

해설 각 모형의 분자 수는 (가) 4개 (나) 3개 (다) 3개이고, 분자 1개를 구성하는 원자의 개수는 (가) 2개 (나) 3개 (다) 5개이다.

21. 답 공통점 : 같은 원소(수소, 산소)로 이루어져 있다. 두 종류의 원소로 이루어져 있다. 등

차이점 : 분자를 이루는 원자 수가 다르다. 분자식이 다르다. 등

해설 물(H_2O)은 수소 원자 2개와 산소 원자 1개가 결합한 것이고, 과산화 수소(H_2O_2)는 수소 원자 2개와 산소 원자 2개가 결합한 분자이다. 물과 과산화 수소 모두 수소와 산소의 같은 원소로 이루어진 분자이지만, 분자를 이루는 원자 수가 달라 성질이 다른 화합물이다.

22. 답 베릴륨 원자 주위에 공유 전자쌍이 전자쌍 사이의 밀어내는 힘을 받기 때문에 양쪽으로 위치한다.

해설 공유 전자쌍 사이의 반발이 최소가 되기 위해서 각각의 수소 원자(H)가 베릴륨 원자(Be)의 양끝에 180°의 각도로 위치한다.

13강. 이온의 확인

개념확인 200~203쪽

1. (1) $K^+ + OH^-$ (2) $Na^+ + Cl^-$
2. ㉠ 양이온 ㉡ 음이온 3. 양이온, 음이온 4. ③

확인+ 200~203쪽

1. (1) O (2) X (3) O 2. ② 3. ④ 4. ④

1. 답 (1) O (2) X (3) O

바른 풀이 (2) 염화 나트륨을 물에 녹이면 이온화되어 나트륨 이온과 염화 이온이 생성된다.

2. 답 ②

해설 소금(염화 나트륨), 황산 구리, 과망가니즈산 칼륨, 수산화 칼륨은 물에 녹아 이온화되어 전류를 흐르게 하는 전해질이지만, 설탕은 물에 분자 상태로 녹기 때문에 전하를 띠지 않아 전류를 흐르게 하지 못하므로 전해질이 아니다.

3. 답 ④

해설 질산 납 수용액의 납 이온(Pb^{2+})과 황화 나트륨 수용액의 황화 이온(S^{2-})이 결합하면 검은색의 황화 납(PbS) 앙금이 생성된다. $Pb^{2+} + S^{2-} \rightarrow PbS \downarrow$

4. 답 ④

해설 보일러의 관석과 주전자의 물때는 탄산 칼슘을 생성하는 앙금 생성 반응이다. 화장실 변기의 때는 변기의 더러운 이물질들이 모여 생성된 분변 찌꺼기이다.

생각해보기 200~203쪽

★ 설탕은 탄소, 수소, 산소로 구성된 분자로 물에 녹아도 이온화되지 않기 때문에 설탕물은 전류가 흐르지 않는다.

★★ 소금물에 녹아 있는 이온은 Na^+과 Cl^-이고, 황산 구리 수용액에 녹아 있는 이온은 Cu^{2+}과 SO_4^{2-}이다. 황산 이온과 구리 이온의 전하량은 2, 염화 이온과 나트륨 이온의 전하량은 1로 황산 구리 수용액의 전하량이 두 배이므로 전류가 더 잘 흐른다.

★★★ 조개 껍데기의 주성분은 탄산 칼슘이다.

★★★★ 조영제는 위와 장을 X선 촬영할 때 쉽게 관찰하기 위해 마시는 황산 바륨이다.

개념 다지기 204~205쪽

01. ③	02. ③	03. ④	04. ④	05. ③
06. ④				

01. 답 ③
해설 질산 은 수용액($AgNO_3$)이 이온화되면 1 : 1의 비율로 질산 이온(NO_3^-)과 은 이온(Ag^+)이 생성된다.

02. 답 ③
해설 양이온은 (−)극 쪽으로, 음이온은 (+)극 쪽으로 이동한다. 칼슘 이온(K^+), 구리 이온(Cu^{2+})은 (−)극 쪽으로, 수산화 이온(OH^-), 황산 이온(SO_4^{2-})은 (+)극 쪽으로 이동한다.

03. 답 ④
바른 풀이 ④ 나트륨 이온(Na^+)은 (−)극 쪽으로 이동하고, 염화 이온(Cl^-)은 (+)극 쪽으로 이동한다.

04. 답 ④
해설 염화 칼슘 수용액의 칼슘 이온(Ca^{2+})과 탄산 나트륨 수용액의 탄산 이온(CO_3^{2-})이 만나면 흰색의 탄산 칼슘($CaCO_3$) 앙금이 생성된다. $Ca^{2+} + CO_3^{2-} \rightarrow CaCO_3\downarrow$

05. 답 ③
해설 질산 납 수용액의 납 이온(Pb^{2+})과 황화 나트륨 수용액의 황화 이온(S^{2-})이 결합하면 검은색의 황화 납(PbS) 앙금이 생성된다. $Pb^{2+} + S^{2-} \rightarrow PbS\downarrow$

06. 답 ④
해설 석회수에 이산화 탄소(입김)를 넣어 주면 탄산 칼슘이 생성되므로 석회수가 뿌옇게 흐려진다. 따라서 이 실험은 이산화 탄소를 확인하기 위한 것이다.

유형 익히기 & 하브루타 206~209쪽

[유형13-1] (1) Cl^- (2) $CuSO_4$ (3) K^+ (4) MnO_4^-		
01. ② 02. ②		
[유형13-2] ②	03. ④	04. ⑤
[유형13-3] ④	05. ②	06. ③
[유형13-4] ②	07. ②	08. ⑤

[유형13-1] 답 (1) Cl^- (2) $CuSO_4$ (3) K^+ (4) MnO_4^-
해설 (1) $NaCl \rightarrow Na^+ + Cl^-$
(2) $CuSO_4 \rightarrow Cu^{2+} + SO_4^{2-}$
(3) $KOH \rightarrow K^+ + OH^-$
(4) $KMnO_4 \rightarrow K^+ + MnO_4^-$

01. 답 ②
바른 풀이 ① $KOH \rightarrow K^+ + OH^-$
③ $CuSO_4 \rightarrow Cu^{2+} + SO_4^{2-}$
④, ⑤ $NaCl \rightarrow Na^+ + Cl^-$

02. 답 ②
해설 수산화 칼슘의 화학식($Ca(OH)_2$)을 통해 칼슘 이온(Ca^{2+})과 수산화 이온(OH^-)이 1 : 2의 개수비로 결합하는 것을 알 수 있다. 칼슘 이온 하나, 수산화 이온 두 개 또는 그 배수로 그려진 그림을 찾으면 된다. 따라서 2개의 칼슘 이온과 4개의 수산화 이온이 그려진 ②가 답이다.

[유형13-2] 답 ②
해설 황산 이온(SO_4^{2-})은 음이온이므로 (+)극(→, 오른쪽) 쪽으로 이동하고, 구리 이온(Cu^{2+})은 양이온이므로 (−)극(←, 왼쪽) 쪽으로 이동한다.

03. 답 ④
바른 풀이 ④ 나트륨 이온(Na^+)은 양이온이므로 (−)극 쪽으로 이동한다.

04. 답 ⑤
해설 양이온은 (−)극 쪽으로, 음이온은 (+)극 쪽으로 이동한다. 따라서 나트륨 이온(Na^+), 구리 이온(Cu^{2+})은 (−)극 쪽으로, 염화 이온(Cl^-), 과망가니즈산 이온(MnO_4^-)은 (+)극 쪽으로 이동한다.

[유형13-3] 답 ④
해설 염화 나트륨 수용액의 염화 이온(Cl^-)과 질산 은 수용액의 은 이온(Ag^+)이 만나면 흰색의 염화 은(AgCl) 앙금이 생성된다. $Ag^+ + Cl^- \rightarrow AgCl\downarrow$

05. 답 ②
해설 염화 칼슘 수용액의 칼슘 이온(Ca^{2+})과 탄산 나트륨 수용액의 탄산 이온(CO_3^{2-})이 만나면 흰색의 탄산 칼슘($CaCO_3$) 앙금이 생성된다. $Ca^{2+} + CO_3^{2-} \rightarrow CaCO_3\downarrow$

06. 답 ③
해설 질산 납 수용액의 납 이온(Pb^{2+})과 아이오딘화 칼륨 수용액의 아이오딘화 이온(I^-)이 결합하면 아이오딘화 납(PbI_2)의 노란색 앙금이 생성된다. $Pb^{2+} + 2I^- \rightarrow PbI_2\downarrow$

[유형13-4] 답 ②

해설 석회수($Ca(OH)_2$)에 입김(CO_2)을 불어 넣으면 탄산 칼슘 앙금이 생성되므로 석회수가 뿌옇게 흐려진다.
$Ca^{2+} + CO_3^{2-} \rightarrow CaCO_3 \downarrow$

07. **답** ②
해설 칼슘 이온과 탄산 이온이 들어 있는 지하수를 보일러 용수로 사용하면 열이 가해질 때 칼슘 이온과 탄산 이온이 반응하여 흰색의 탄산 칼슘 앙금을 생성하는데, 이를 관석이라 한다.

08. **답** ⑤
해설 보일러의 관석, 주전자의 물때, 석회동굴 속 종유석, 조개 속 진주의 성분은 모두 탄산 칼슘이지만, X선 촬영에 사용되는 조영제는 황산 바륨이다.

창의력 키우기 & 토론마당 210~213쪽

01

진주의 주성분이 석회질($CaCO_3$)이기 때문이다.

해설 칼슘 이온(Ca^{2+})과 탄산 이온(CO_3^{2-})이 결합하면 흰색 앙금($CaCO_3$)이 생성된다. 진주는 이러한 탄산 칼슘을 주성분으로 하기 때문에 대부분 흰색이지만, 조개가 서식하는 주변 환경에 따라 다른 성분이 첨가되면 검은색, 회색, 분홍색 등의 다양한 색의 진주가 생성되기도 한다.

02

신체가 노랗게 변한다.

해설 카드뮴 이온(Cd^{2+})은 황화 이온(S^{2-})과 반응하면 옅은 노란색의 황화 카드뮴(CdS)을 생성한다. 따라서 카드뮴 이온에 중독된 사람이 황화 이온이 든 음식을 섭취하면 몸이 노랗게 변할 것이다. 하지만 이는 이론적인 내용일 뿐 음식 중에 황이 포함된 음식은 있지만 황화 이온이 단독으로 존재하는 음식은 없다.

03

은에 독극물이 닿았을 때 은수저가 검게 변해 독극물의 첨가 유무를 확인할 수 있었기 때문이다.

해설 독극물은 황화 이온(S^{2-})을 포함한다. 황화 이온이 은 이온(Ag^+)과 반응하면 검은색 앙금의 황화 은(Ag_2S)을 생성한다. 조선시대 궁중이나 양반집에서는 이러한 은수저의 원리를 이용해 독살의 위험을 피했다.

04

(1) 운동시 체내 수분이 땀으로 증발하여 몸안에서 수분 섭취를 필요로 하기 때문이다.
(2) 이온 음료는 체액의 성분과 비슷해 수분이 빠르게 흡수되기 때문이다.

해설 (1) 격렬한 운동을 하면 많은 에너지를 소비하면서 열이 나고, 올라간 열을 낮추기 위해 땀을 배출시킨다. 배출된 땀은 증발하면서 몸 안의 열을 식히는데, 이 과정에서 몸 안에서 수분 섭취를 필요로 하는 갈증이 생긴다.
(2) 그래프를 보면 땀의 성분과 이온 음료의 성분이 상당히 일치하는 것을 알 수 있다. 땀은 체액 성분의 일종으로 체액의 성분과 비슷한 이온 음료를 섭취하면 수분을 빠르게 흡수할 수 있어 물보다 갈증을 더 쉽게 해소해 준다.

05

고체 상태의 소금(NaCl)은 나트륨 이온(Na^+)과 염화 이온(Cl^-)이 강하게 결합하고 있어 이온이 자유롭게 이동할 수 없으므로 전기가 통하지 않는다.

해설 소금(염화 나트륨)이 물에 녹으면 염화 이온과 나트륨 이온으로 이온화된다. 바닷물은 전하를 띤 염화 이온과 나트륨 이온이 이동하면서 전류가 흐를 수 있지만, 고체 상태의 염화 나트륨은 나트륨 이온(Na^+)과 염화 이온(Cl^-)이 강하게 결합하고 있어 자유롭게 이동할 수 없으므로 전류가 흐르지 않는다.

스스로 실력 높이기 214~217쪽

01. 전류	02. Cl^-	03. (1) X (2) X (3) O	
04. OH^-	05. ㄴ	06. −, +	07. ㄱ
08. (1) O (2) X (3) O		09. 탄산 칼슘	
10. $CaCO_3$	11. ④	12. ①	13. ⑤
14. ④	15. ②	16. ③, ④, ⑤	17. ②
18. ②	19. ③	20. ⑤	

21. 대리석의 주성분이 탄산 칼슘이기 때문에 하얗게 보인다.
22. 이온화된 소금물이 전류를 잘 흐르게 한다.

03. **답** (1) X (2) X (3) O
바른 풀이 (1) $CuSO_4 \rightarrow Cu^{2+} + SO_4^{2-}$
(2) $NaCl \rightarrow Na^+ + Cl^-$

05. **답** ㄴ (-)극

해설 나트륨 이온(Na^+)은 양이온이므로 (-)극 쪽으로 이동한다.

07. 답 ㄱ
해설 염화 나트륨 수용액의 염화 이온(Cl^-)과 질산 은 수용액의 은 이온(Ag^+)이 만나면 흰색의 염화 은(AgCl) 앙금이 생성된다. $Ag^+ + Cl^- \rightarrow AgCl \downarrow$

08. 답 (1) O (2) X (3) O
바른 풀이 (2) 앙금은 양이온과 음이온이 강하게 결합하는 물질로 두 가지 이상의 전해질을 섞었을 때 생성된다. 하지만 항상 앙금이 생성되는 것은 아니다.

09. 답 탄산 칼슘
해설 석회수에 입김을 불어 넣으면 이산화 탄소와 수산화 칼슘이 반응하여 탄산 칼슘 앙금이 생성되므로 석회수가 뿌옇게 흐려진다.

10. 답 $CaCO_3$
해설 조개 껍데기와 조개 속 진주의 주성분은 탄산 칼슘이다.

11. 답 ④
해설 이온화식에서 황산 구리 수용액의 황산 이온과 구리 이온은 1 : 1 비율로 반응한다. 따라서 수용액에 황산 이온이 10개 들어 있다면 구리 이온도 10개 들어 있다.

12. 답 ①
해설 과망가니즈산 이온(MnO_4^-)과 칼륨 이온(K^+)은 1 : 1로 반응하므로 물에 녹았을 때 이온의 수가 서로 같다.

13. 답 ⑤
바른 풀이 ⑤ 구리판은 양이온, 음이온을 끌어당기며 전기가 흐르도록 돕는 역할을 한다.
해설 ①, ④ 소금(염화 나트륨)은 물에 녹아 염화 이온과 나트륨 이온으로 나뉘어지는 전해질로, 물에 많은 양의 소금을 녹일수록 전류가 세지며 전구의 밝기가 밝아진다.
②, ③ 염화 이온은 (+)극, 나트륨 이온은 (−)극으로 이동한다.

14. 답 ④
해설 A^- 2개 당 B^{2+} 1개와 결합하므로 이온화식은 $BA_2 \rightarrow B^{2+} + 2A^-$ 이다.

15. 답 ②
바른 풀이 ㉠ $KOH \rightarrow K^+ + OH^-$
㉢ $CuSO_4 \rightarrow Cu^{2+} + SO_4^{2-}$

16. 답 ③, ④, ⑤
해설 은 이온(Ag^+)과 만나 앙금을 생성하는 이온은 염화 이온(Cl^-), 탄산 이온(CO_3^{2-}), 황산 이온(SO_4^{2-}) 등이다.
$Ag^+ + Cl^- \rightarrow AgCl$(흰색)$\downarrow$,
$2Ag^+ + CO_3^{2-} \rightarrow Ag_2CO_3$(흰색)$\downarrow$,
$2Ag^+ + SO_4^{2-} \rightarrow Ag_2SO_4$(흰색)$\downarrow$

17. 답 ②
해설 질산 납 수용액의 납 이온(Pb^{2+})과 황화 나트륨 수용액의 황화 이온(S^{2-})이 결합하면 황화 납(PbS)의 검은색 앙금이 생성된다. $Pb^{2+} + S^{2-} \rightarrow PbS \downarrow$

18. 답 ②
해설 보일러의 관석, 주전자의 물때, 석회동굴 속 종유석의 성분은 탄산 칼슘이다.

19. 답 ③
해설 소금물(염화 나트륨 수용액)의 염화 이온(Cl^-)과 질산 은 수용액의 은 이온(Ag^+)이 만나면 흰색의 염화 은(AgCl) 앙금이 생성되어 가라앉는다. $Ag^+ + Cl^- \rightarrow AgCl \downarrow$

21. 답 대리석의 주성분이 탄산 칼슘이기 때문에 하얗게 보인다.
해설 대리석의 주성분은 탄산 칼슘으로 석회암이 변성되어 만들어진 것이다. 순수한 대리석의 성분은 흰색이지만, 대리석에 금속 성분이 섞이면 적, 황, 회색에서 흑, 녹 등의 색을 내기도 한다.

22. 답 이온화된 소금물이 전류를 잘 흐르게 한다.
해설 고체 상태의 소금(염화 나트륨)은 나트륨 이온(Na^+)과 염화 이온(Cl^-)이 강하게 결합하고 있어 자유롭게 이동할 수 없으므로 전류 가 통하지 않는다.

14강. Project 4

논/구술 218~219쪽

01

소금이 고체 상태일 때는 양이온과 음이온이 강하게 결합하여 움직이지 못하고, 소금이 물에 녹으면 양이온과 음이온으로 이온화되어 자유롭게 움직일 수 있기 때문이다.

02

1. 물속에 사는 조개들은 껍데기 없이 물고기처럼 움직일 것이다.
2. 낮은 바다에 있던 산호초가 모두 사라진다.
3. 계란을 삶으면 껍데기가 모두 물에 녹으므로 껍질을 깔 필요가 없다. 등

탐구-1 220~221쪽

탐구 결과

1.

	소금	설탕	녹말	황산 구리
고체	×	×	×	×
수용액	○	×	×	○

탐구 문제

1. ・고체/수용액에서 전류가 흐르지 않는 물질 : 설탕, 녹말
・이유 : 이온 결합 화합물이 아니므로 비전해질이다.

2. 수용액 상태에서 전류가 흐르는 물질 : 소금, 황산 구리
・이유 : 고체 상태에서는 이온이 자유롭게 움직이지 못하지만 수용액 상태에서는 이온화하여 이온이 자유롭게 움직일 수 있으므로 전류가 흐르게 한다.

창의력과학

세페이드

영재학교·과고
과학 대회
시리즈

1. 창의력 과학의 결정판 : 기본 이론 정리, 창의력 문제를 통한 확장된 사고력, 탐구와 서술 프로젝트까지 창의력 확장 활동의 모든 것을 수록하였습니다.

2. 단계별 맞춤 학습 : 물리, 화학, 생명과학, 지구과학을 중등기초 단계부터 고등Ⅱ 단계, 영재교, 과고 창의기출 150제 까지 5단계로 구성하였습니다.

3. 유형별 학습 : 소단원별로 대표적인 유형의 문제와 적용 문제를 담았습니다.

4. 풍부한 창의력 문제 : 소단원별로 실생활 적용형, 개념 서술형 등 STEAM 형태의 창의력 문제를 풍부하게 담았습니다.

5. 단원별 탐구, 서술 프로젝트 : 대단원별로 서술, 논술, 탐구 활동 등의 프로젝트를 구성하였습니다.

6. 스스로 풀어 보는 문제 : 소단원별로 각 유형의 풍부한 문제를 스스로 풀도록 구성하였습니다.

무한상상

무한상상 교재 활용법

무한상상은 상상이 현실이 되는 차별화된 창의교육을 만들어갑니다.

아이앤아이 시리즈

특목고, 영재교육원 대비서

	아이앤아이 영재들의수학여행	아이앤아이 꾸러미	아이앤아이 꾸러미120제	아이앤아이 꾸러미48제	아이앤아이 꾸러미과학대회	창의력과학 아이앤아이 I&I
	수학 (단계별영재교육)	수학, 과학	수학, 과학	수학, 과학	과학	과학
6~7세	출시예정 수, 연산, 도형, 측정, 규칙, 문제해결력, 워크북 (6권)					
초 1~2	 수와연산, 도형, 측정, 규칙성, 자료와 가능성, 문제해결력키우기 (6권)		 수학, 과학 (2권)	 수학, 과학 (2권)		
초 3~4	출시예정 수와연산, 도형, 측정, 규칙성, 자료와 가능성, 문제해결력키우기 (6권)				 과학토론대회, 과학산출물대회, 발명품대회 등 대회출전 노하우	
초 4~5	출시예정 수와연산, 도형, 측정, 규칙성, 자료와 가능성, 문제해결력키우기 (6권)					
초 6	출시예정 수와연산, 도형, 측정, 규칙성, 자료와 가능성, 문제해결력키우기 (6권)		 수학, 과학 (2권)	 수학, 과학 (2권)		
중등					 과학토론대회, 과학산출물대회, 발명품대회 등 대회출전 노하우	 물리(상,하), 화학(상,하), 생명과학(상,하), 지구과학(상,하) (8권)
고등						